U0937897

实践导向型高职教育系列教材

总主编　丁金昌　谢志远

网络基础与应用实务

陈国浪　主　编

张雅洁　吴晓胜　朱　敏　副主编

科学出版社

北　京

内 容 简 介

本书引领读者从认识网络到应用网络，然后再学习如何组建网络。全书以项目为主线，每个项目下又设有任务，在“任务分析”中了解理论，在“实现步骤”中理解理论，每个项目和实际应用紧密配合，学用结合，实用性强。

本书侧重实际应用，操作应用部分占有很大的篇幅；各个任务逐层深入、螺旋推进，便于读者熟练掌握网络的主要操作技能。本书不但方便教师教学，而且方便学生学习。

本书可作为高职院校非计算机网络专业的相关教材，也可以作为职业培训用书，同时还可以作为广大计算机网络初学者的自学用书。

图书在版编目(CIP)数据

网络基础与应用实务/陈国浪主编. —北京：科学出版社，2016
（实践导向型高职教育系列教材）
ISBN 978-7-03-046900-7

Ⅰ. ①网… Ⅱ. ①陈… Ⅲ. ①计算机网络-高等职业教育-教材
Ⅳ. ①TP393

中国版本图书馆 CIP 数据核字（2016）第 004226 号

责任编辑：李 娜 赵宝平 袁星星 / 责任校对：王万红
责任印制：吕春珉 / 封面设计：艺和天下设计部

科学出版社出版
北京东黄城根北街 16 号
邮政编码：100717
http://www.sciencep.com

北京虎彩文化传播有限公司 印刷
科学出版社发行 各地新华书店经销
*
2016 年 1 月第 一 版 开本：787×1092 1/16
2021 年 8 月第七次印刷 印张：14 1/2
字数：344 000

定价：32.00 元

（如有印装质量问题，我社负责调换〈虎彩〉）
销售部电话 010-62134988 编辑部电话 010-62135763-2047

总 序

教材是教师“教”和学生“学”的重要依据。教材建设是高职院校教学基本建设的重要内容之一，是进一步深化教学改革，巩固教学改革成果，提高教学质量，培养高素质技术技能型人才的重要保障，也是体现高职院校办学水平的重要标志。

随着“校企合作、工学结合”人才培养模式的改革与实践不断深化，自2010年，温州职业技术学院开始实施“双层次多方向”人才培养方案，构建以能力为重的课程体系，实行“学中做、做中学”的教学模式。

“学中做”完成技术知识的获得和单一技能的训练。通过教学设计，将专业课程的知识点和技能点融合起来组织教学，采用边学边做的教学模式来完成。

“做中学”完成综合项目训练。综合项目是指每一门专业课程结束前，要设计一个综合性的实训项目，该项目要把该门课程的技能点、知识点串联起来，即“连点成线”。通常教师要把企业的真实项目经过教学化改造以后，设计成任务驱动的形式，让学生去练习。通过“做中学”的教学模式，学生在完成综合项目训练的过程中，既巩固专业课程的知识点和技能点，又提高了综合运用能力。

经过多年的教学改革实践探索和总结，编者积累了一些经验。为了进一步总结“学中做、做中学”教学改革的经验，提炼教学改革成果，把改革的思路和成果固化为教材，编写了这套“实践导向型高职教育系列教材”。

这套系列教材以培养学生实践操作的技术技能为目标，既注重一定的技术知识介绍和技术技能操作训练的内容，更注重技术知识和技术技能的融合，将二者内化成职业能力的内容，体现出高职教育专业特色、课程特色和校本特色，满足高职教育课堂教学“学中做、做中学”的需求。

在教材编写过程中，一方面要求参编教师具备编写教材所必需的教学经验、实践能力和研究能力，另一方面鼓励行业企业专业技术人员参与，实现教材内容与生产实践对接。我院教师深入企业中，研究具体的职业岗位能力要求，组织教材内容。企业专业技术人员把企业的诉求反馈给教师或者直接参与教材编写。

本系列教材每册均由两大部分构成：

第一部分：将本课程的知识点与技能点逐一进行梳理编排并有机结合，适合于“学中做”的教学；

第二部分：设计一个综合实训项目覆盖书中阐述的知识点与技能点并加以融合，适合于“做中学”的教学。

本系列教材总主编和编写人员在各自的专业领域均有着深入的研究和丰富的实践经验，从而保证了教材的编写质量。

由于编者水平有限，本系列教材不足之处在所难免，敬请各位读者多提宝贵意见，以便进一步修正和完善。

丁金昌

2015 年 4 月

前 言

当今信息社会，在“网络经济”和“电子商务”热潮的影响下，人们的生产生活都与计算机网络息息相关，政府上网、企业上网、学校上网、家庭上网等已经成为社会的常态。人们希望掌握一些计算机网络的基本知识，社会的信息化建设也需要大量掌握计算机网络基础知识和应用技术的专门人才。

目前，非计算机专业的计算机网络课程已被教育部非计算机专业计算机基础课程教学指导委员会列为计算机基础课程体系的六门核心课程之一。计算机网络课程是一门理论性、实践性、应用性很强的课程，具有知识更新快、信息量大、多学科交叉等特点，而对于非计算机专业来说，学时一般都偏少，所以教学难度大。如何在有限的学时内将这门课的基本理论知识讲透，同时让学生学到很多实用的技能是每个任课教师面临的巨大挑战。编写本书的目的就是帮助读者快速学习网络应用知识，掌握常见的组网技术，从而让读者在学习、生活和工作中都能体会到网络所带来的便捷。

本书在内容编写上力求务实，是作者在结合多年的教学授课经验和企业相关工作经验的基础上精心编写而成。全书共六个项目，每一个项目下又设有任务，每个项目所包含的知识体系既相对独立，又和全书内容相互融合。

项目一　网络应用基础，主要从 Internet 应用入手让读者了解生活中常见的网络应用；

项目二　组建局域网，从实用的角度出发，让读者认识局域网，以最简单的双机组网入手，学习组建家庭网、办公局域网，并使局域网共享上网，学习具体的操作技能；

项目三　Windows 系统应用，以目前应用最广泛的 Windows 7 为例，介绍人们生活中常见系统应用；

项目四　Windows 网络服务，以 Windows 7 的“服务器版”——Windows Server 2008 R2 为平台，介绍常见网络服务 DNS、DHCP、Web 及 FTP 的配置和应用；

项目五　Windows 系统安全，从用户角度出发，介绍常见的系统安全配置和安全防护技术，如防火墙技术等；

项目六　综合实训，以企业组网为背景，完整展现中小型局域网组网的基本流程、主要技术和常见网络应用，是对学生所掌握基本技能的综合实训，从而强化学生的综合技能，更深入地理解相关知识。

全书以实际操作应用为主，图文并茂，深入浅出，每个项目后均附有思考题和以实际应用为背景的练习题。

书中实训项目所包含任务逐层深入、螺旋推进，不但便于教师备课和课程实践的安排，使学生更容易接受知识和操作技能，而且也方便网络初学人员自学。

本书由陈国浪担任主编，并编写项目二、项目五、项目六、项目一的任务三和项目四的任务一，吴晓胜编写项目四的任务二至任务五，朱敏编写项目一的任务一和任务二，张雅洁编写项目三，最后由陈国浪统稿总纂。

在撰写本书过程中，我们参考了大量的著作和文献，书中未一一列出，在此一并向有关作者和出版社表示衷心的感谢！

由于计算机网络技术发展非常迅速，涉及的知识面广，加之编写时间紧，编者水平有限，虽经编者艰苦努力，但书中难免存在错漏之处，恳请读者批评指正，以不断完善本书。

编　者

2015年7月

目　录

项目一 网络应用基础

2015 年 7 月 23 日，中国互联网络信息中心（CNNIC）发布了第 36 次《中国互联网络发展状况统计报告》。“报告”显示，截至 2015 年 6 月，我国网民规模达 6.68 亿，互联网普及率为 48.8%，半年共计新增网民 1894 万人。可以说，互联网让世界变成了“鸡犬之声相闻”的地球村，网络改变了人类的生存方式。从基于信息获取和沟通娱乐需求的个性化应用，到与医疗、教育、交通等公用服务深度融合的民生服务，未来，在云计算、物联网及大数据等应用的带动下，互联网将推动农业、现代制造业和生产服务业的转型升级。

本项目的主要目的是通过日常生活中的 Internet 应用初识网络，活动任务如下：

1）网络信息搜索与下载。

2）电子邮件收发。

3）微信的使用。

任务一 网络信息搜索与下载

任务说明

Internet 作为世界上最大的互联网络，它也是一个集各个部门、各个领域内各种信息资源为一体的超级资源网。凡是加入 Internet 的用户，都可以通过各种工具访问所有信息资源，查询各种信息库、数据库，获取自己所需的各种信息资料。

本任务通过浏览器的设置与使用认识 Internet，并搜索所需要的文本、图像和声音等信息，采用多种方式下载保存信息，了解互联网最基本的应用。

任务分析

本任务要求在 Internet 中搜索并下载所需要的文本、图像和声音等信息。因此，完成本任务需要掌握以下知识：

1）Internet 基本知识。

2）Internet 的主要应用。

3）WWW 的基本概念。

1. Internet 基本知识

Internet 是一个以 TCP/IP 协议连接各个国家、各个地区、各个机构的计算机网络（包括各种局域网和广域网）的数据通信网，它将数万个计算机网络、数千万台主机互连在一起，形成的一个世界上覆盖面最广、规模最大的计算机网络；从信息资源的角度来说，Internet 是一个集各个部门、各个领域的信息资源为一体的，供网络用户共享的信息资源网。Internet 又称为国际互联网，起源于 1969 年美国国防部下属的高级研究计划局所开发的军用实验网络——ARPAnet，最初只连接了位于不同地区的 4 台计算机。

1980 年，用于异构网络互联的 TCP/IP 协议研制成功，并投入正式使用。于是所有采用 TCP/IP 协议的计算机都可加入 Internet，实现信息共享和相互通信。这为 Internet 的发展奠定了基础。

1985 年，美国国家科学基金会（National Science Foundation，NSF）提供巨资建造了全美五大超级计算中心。为了使全国的科学家、工程师能共享这类超级计算设施，NSF 首先在全国建立按地区划分的计算机广域网，然后将这些广域网与超级计算中心相连，最后再将各超级计算中心互连起来。1990 年，它全面取代 ARPAnet，成为 Internet 当时的主干网。

20 世纪 80 年代以来，由于 Internet 在美国获得迅速发展和巨大成功，全世界其他国家和地区也都先后建立了各自的 Internet 骨干网，并与美国的 Internet 相连，形成了今天连接上百万个网络，拥有几亿个网络用户的庞大的国际互联网，使 Internet 真正成为全球性的网络。随着 Internet 规模的不断扩大，向全世界提供的信息资源和服务也越来越丰富，由最初的文件传输、电子邮件等发展成包括信息浏览、文件查找、图形化信息服务等。所涉及的领域包括政治、军事、经济、新闻、广告、艺术等，已经发展成为一种传输信息的新载体。尤其是 WWW 的出现，更使 Internet 成为全球最大的、开放的、由众多的网络相互连接而成的计算机互联网，终于发展演变成今天成熟的 Internet。Internet 的出现与发展，极大地推动了全球由工业化向信息化的转变，成了一个信息社会的缩影。

Internet 在中国的发展可以追溯到 1986 年，当时，中国科学院等一些科研单位通过长途电话拨号到欧洲一些国家，进行国际联机数据库检索，这可以说是我国使用 Internet 的开始。1993 年 3 月，中国科学院高能物理研究所为了支持国外科学家使用北京正负电子对撞机做高能物理实验，开通了一条 64Kb/s 国际数据信道，连接高能所和美国斯坦福线性加速器中心（SLAC）。

1994 年 4 月，中国科学院计算机网络信息中心（CNIC）通过 64Kb/s 国际线路连到美国，开通路由器，正式接入 Internet。到 1995 年 5 月，中国公用计算机互联网（Chinanet）开始向公众提供 Internet 服务，此时才真正标志着 Internet 进入中国。

自 1994 年初我国正式加入 Internet，成为 Internet 的第 71 个成员单位以来，入网用户数量增长很快。目前，我国已经建成了四大骨干网络，包括中国公用计算机互联网（Chinanet）、中国教育与科研计算机网（CERnet）、中国科学技术计算机网（CSTnet）及中国金桥互联网（CHINAGBN）。Internet 在未来将成为社会信息基础设施的核心，也将是计算、通信、娱乐、新闻媒体和电子商务等多种应用的共同平台。

2. Internet 的主要应用

Internet 发展到今天，已不单纯是一个计算机网络，它包括了世界上的任何东西，从知识到信息，从经济到军事，几乎无所不包，无所不含。使用 Internet，可以坐在行驶的汽车里查看朋友发来的信件；可以参加各种论坛，发表见解；可以学习知识、请教问题；还可以与远方的朋友玩游戏。Internet 已经发展成为一个内容广泛的社会，已成为人们在工作、生活、娱乐等方面获取和交流信息不可缺少的工具。其主要功能表现以下几个方面。

（1）WWW 服务

万维网（World Wide Web，WWW）是目前 Internet 上较为流行、较受欢迎也是较新的信息浏览服务。它最早于 1989 年出现于欧洲的粒子物理实验室（CERN），该实验室是由欧洲 12 国共同出资兴办的。建立 WWW 的初衷是为了让科学家们以更方便的方式彼此交流思想和研究成果。

WWW 是一个将检索技术与超文本技术结合起来、遍布全球的检索工具。它遵循超文本传输协议（Hyper Text Transfer Protocol，HTTP），以超文本（Hypertext）或超媒体（Hypermedia）技术为基础，将 Internet 上各种类型的信息（包括文本、声音、图形、图像、影视信号）集合在一起，存放在 WWW 服务器上，供用户快速查找。通过使用 WWW 浏览器，一个不熟悉网络的人几分钟就可实现漫游 Internet。电子商务、网上医疗、网上教学等服务都是基于 WWW、网上数据库和新的编程技术实现的。

WWW 在 Internet 上使用得非常广泛，以至于世界上大多数的公司、机构已建立了自己的 Web 站点，设置自己风格的主页，以利于检索者记住它们。所谓主页（Home Page）是指一个 Web 站点的首页。它是进入一个新站点首先看到的页，包含了连接同一站点其他项的指针，也包含了到别站点的链接。

WWW 可谓功能强大，它不仅能展现文字、图像、声音、动画等超媒体文件，还可以运行使用者单一界面存取各种网络资源服务的实用理念。

（2）文件传输

在 Internet 上有许多极有价值的信息资料，当用户想从一个地方获取这些信息资料或者将自己的一些信息资料放到网络中的某个地方时，用户就可以使用 Internet 提供的文件传输协议（File Transfer Protocol，FTP）服务将这些资料从远程文件服务器上传到本地主机磁盘上。相反，用户也可使用文件传输协议将本地主机上的信息资料通过 Internet 传到远程某主机上。

FTP 是一种实时的联机服务，在进行工作前必须首先登录到对方的计算机上，登录后才能进行文件的搜索和文件传送的有关操作。普通的 FTP 服务需要在登录时提供相应的用户名和口令，当用户不知道对方计算机的用户名和口令时就无法使用 FTP 服务。为此，一些信息服务机构为了方便 Internet 的用户通过网络使用他们公开发布的信息，提供了一种“匿名 FTP 服务”。

（3）电子邮件

电子邮件（E-mail）是 Internet 上提供和使用颇为广泛的一种服务，它不仅可以发送文本文件、图片、程序等，还可以传输多媒体文件（例如，图像和声音等）、订阅电子杂志、参与学术讨论、发表电子新闻等。利用电子邮件可以在短时间内将信件发给远方的朋友，使用方便，传送快速，费用低廉。

电子邮件好比是邮局的信件一样，不过它的不同之处在于，电子邮件是通过 Internet 与其他用户进行联系的快速、简洁、高效、价廉的现代化通信手段。它有很多的优点，如电子邮件比通过传统的邮局邮寄信件要快很多，同时在不出现黑客蓄意破坏的情况下，信件的丢失率和损坏率也非常小。

使用电子邮件服务首先要拥有一个完整的电子邮件地址，它由用户账号和电子邮件域名两部分组成，中间使用“@”相连，如 wzy2006@wzvtc.cn、cgl@126.com 等。用来收发电子邮件的软件工具很多，在功能、界面等方面各有特点，但它们都有以下几个基本的功能。

1）传送邮件：将邮件传递到指定电子邮件地址。

2）浏览信件：可以选择某一邮件，查看其内容。

3）存储信件：可将邮件转储在一般文件中。

4）转发信件：用户如果觉得邮件的内容可供其他人参考，可在信件编辑结束后，根据有关提示转寄给其他用户。

（4）远程登录

远程登录（Telnet）是 Internet 提供的基本信息服务之一，是提供远程连接服务的终端仿真协议。它可以使一台计算机登录到 Internet 上的另一台计算机上，而这台计算机就成为所登录计算机的一个终端，分享该计算机提供的资源和服务，感觉就像在该计算机上操作一样。Telnet 提供了大量的命令，这些命令可用于建立终端与远程主机的交互式对话，可使本地用户执行远程主机的命令。例如，可以用远程登录的方式使用 Internet 上的某台大型机处理用户的海量数据。

（5）新闻讨论组

现实社会中，人们通过广播、报纸、电视等新闻媒体了解当今世界的动态和发展； 在 Internet 社会中，也提供这种服务，这便是新闻讨论组。

目前，Internet 上有几千个新闻组，讨论的内容从文艺到天文，从电影到宗教，从哲学到计算机等，无所不包，无所不含。通过这些新闻组，人们可以了解各个领域的最新动态。存放新闻的服务器叫做新闻服务器，各服务器之间没有直接联系，不同的新闻服务器讨论的题目可从几十个到几千个不等。Internet 上的用户可对某个新闻服务器上的讨论话题发表见解。

（6）电子公告牌

电子公告牌（Bulletin Board System，BBS）是与新闻讨论组类似的另一种服务。在 Internet 上存在着另一种服务器，它通过字符和网页两种界面与用户交流。用户通过这种服务器可发布信息、获取信息、收发电子邮件、与人交谈、多人聊天、就某个问题表决。这是在青年学生中很受欢迎的服务。

（7）电子商务

电子商务是近年来迅速发展的一项新业务，它是指在 Internet 上利用电子货币进行结算的一种商业行为。网上书城、网上超市、网上拍卖……可以说是风起云涌，它不但改变着人们的购物方式，也改变着商家的经营理念，更是由于它的广阔发展前景，成为了 Internet 吸引商业用户的一个重要的方面。

除了这些，网络上还有许多其他功能，例如，网上炒股、网络游戏等，随着科技的发展，还会有更多的服务和功能，它会更加方便我们的生活。

3. WWW 的基本概念

WWW 的出现被认为是 Internet 发展史上的一个重要的里程碑，它对 Internet 的发展起了巨大的推动作用，做出了重大的贡献。犹如 Microsoft 公司的 Windows 操作系统对个人计算机发展的贡献一样。它对系统原来的用户使用界面进行了改头换面的革命，通过文字、图像和声音等各种方式，向人们全方位地展示了 Internet 上五彩缤纷的信息世界。这里应当指出，WWW 本身是多种技术组合的产物，它可以不依赖于 Internet 的存在而运行。不过，WWW 与 Internet 相结合，却使 Internet 如虎添翼，WWW 的应用为 Internet 的进一步普及铺平了道路。也许可以说，目前以至未来的一段时间内，每一个 Internet 的用户迟早都必须学会 WWW 的使用。对于每一位 Internet 的用户来说，WWW 几乎成了 Internet 的同义词。

WWW 服务的基础是 Web 页面，Internet 上的每一个网页都具有一个唯一的名称标志，通常称为 URL 地址，即统一资源定位符（Uniform Resource Locator，URL），它是用于完整地描述 Internet 上网页和其他资源的地址的一种标志方法。这种地址可以是本地磁盘，也可以是局域网上的某一台计算机，更多的是 Internet 上的站点。简单地说，URL 就是 Web 地址，俗称“网址”。每个站点都包括若干个相互关联的页面，每个 Web 页即可展示文本、图形图像和声音等多媒体信息，又可提供一种特殊的链接点。这种链接点指向一种资源，可以是另一个 Web 页面、另一个文件、另一个 Web 站点，这样可使全球范围的 WWW 服务连成一体。这就是所谓的超文本和超链接技术。超媒体则是超文本的自然扩展，是超文本与多媒体的组合。在超媒体中，链接的除了文本文件以外，还有音像和动画等。

WWW 应用的目的是帮助广大用户在 Internet 上以统一的方式去获取位于不同地点、具有不同表示方式的各式各样的信息资源。但是在 Internet 上这些资源数以百万计，能不能利用一种简便有效的工具对它们进行查阅和浏览？假如有了这样的浏览工具，又应当如何在 Internet 这个信息资源的大海洋中找到自己需要的信息资料？第一个问题涉及 WWW 浏览器；第二个问题则是统一资源定位器所要完成的任务。而这两者的联合使用则是通过 WWW 的客户机/服务器这种运行机制来实现的。

信息浏览是通过 WWW 服务来实现的，有时也简称 Web，中文名称叫万维网。万维网并不是独立于 Internet 的另一个网络，而是基于“超文本”技术将位于全世界 Internet 上不同网址的相关数据有机地编织在一起，连接成的一个信息网，由接点和超链接组成的、方便用户在 Internet 上搜索和浏览信息的超媒体信息查询服务系统，它采用超文本传输协议。

4. 网络下载

网络下载模式经历了从最原始的 IE 浏览器下载，到后来的利用下载工具下载，下载速度越来越快。现在网上有多种下载工具，但它们使用的下载原理是各不相同的，使用起来效果也有差别。现在网上流行的下载方式主要有 HTTP 方式、FTP 方式及 P2P 下载方式等。

一般的网络下载网站中，大部分采用的是 HTTP 方式，所以 HTTP 方式是最常见的网络下载方式。这种方式可以通过浏览器或迅雷等软件下载。基于 HTTP 的 Web 下载方式示意图如图 1-1-1 所示。

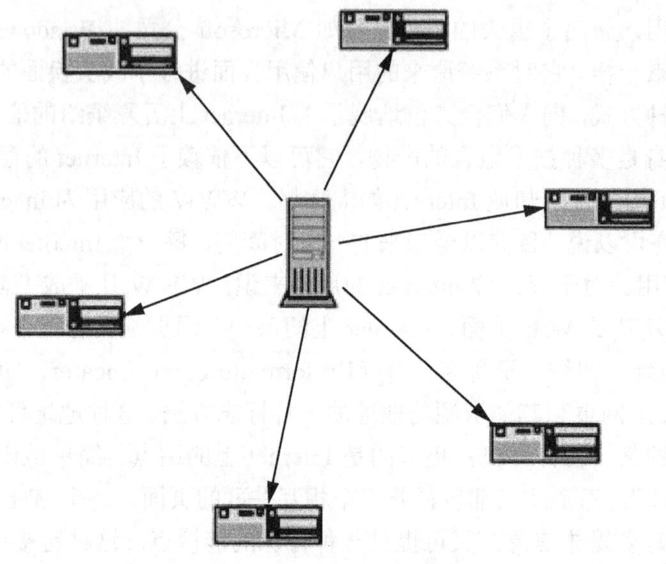

图 1-1-1　Web 下载方式示意图

FTP，是用于 Internet 网络的最简单的协议。同 HTTP 一样，FTP 也是一种 TCP/IP 应用协议。FTP 主要用于将文件从网络上的一台计算机传送到另一台计算机。FTP 的一个突出优点，就是可在不同类型的计算机和操作系统之间传送文件，无论是个人计算机、服务器、大型机，还是 DOS 平台、Windows 平台、UNIX 平台，只要双方都支持 TCP/IP 族中 FTP 协议，就可以很方便地交换文件。FTP 只提供文件传送的一些基本的服务，它使用 TCP 可靠的运输服务。在 FTP 的工作模式中，文件传输分为"上传"（Upload）和"下载"（Download）两种。"上传"是指用户将本地文件上传到 FTP 服务器上，"下载"则是指用户将远程 FTP 服务器上的文件下载到本地计算机上。

P2P 下载方式与 HTTP 方式正好相反，该种模式不需要服务器，而是在用户机与用户机之间传播，也可以说每台用户机都是服务器，讲究"人人平等"的下载模式。每台用户机在下载其他用户机上文件的同时，还提供被其他用户机下载的功能，所以使用该种下载方式的用户越多，其下载速度就会越快。基于 P2P 下载方式的 BT 下载示意图如图 1-1-2 所示。

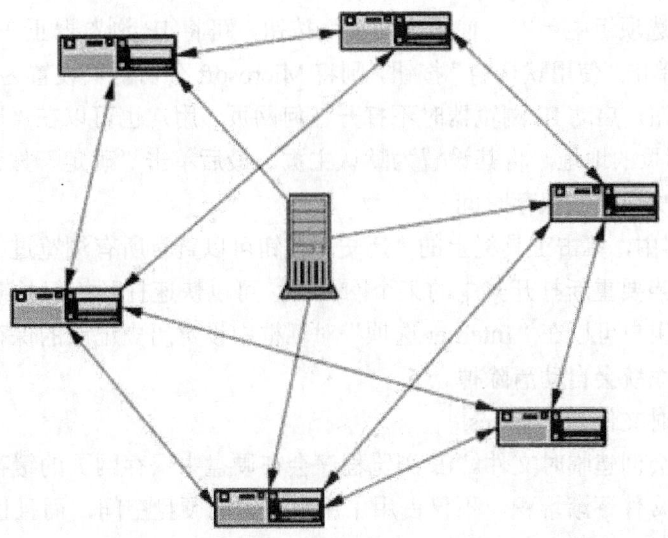

图 1-1-2　BT 下载示意图

实现步骤

1. 浏览器的设置

(1) 设置默认主页

运行 IE 浏览器后打开的第一个网页称为主页。IE 浏览器可以设置三种方式的主页，分别是“使用当前页”、“使用默认值”和“使用新选项卡”，用户可以根据个人的使用习惯更改设置。首先启动 IE 浏览器，选择“工具”→“Internet 选项”命令，打开“Internet 选项”对话框，选择“常规”选项卡，如图 1-1-3 所示。

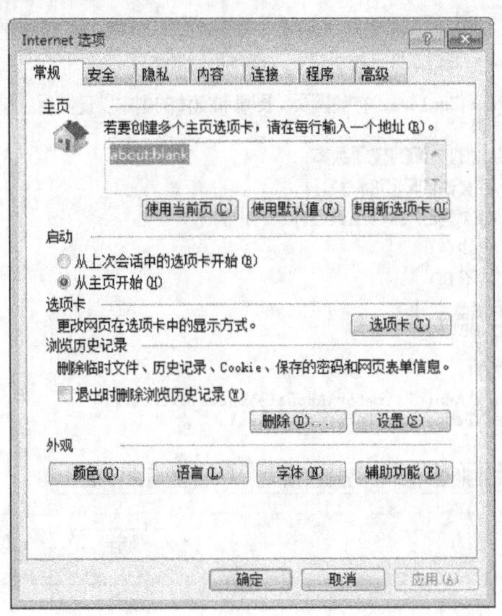

图 1-1-3　“Internet 选项”对话框

在“主页”选项组中单击“使用当前页”按钮，可将 IE 浏览器正在浏览的 Web 网页设置为主页；若单击“使用默认值”按钮，则将 Microsoft 公司网页设置为主页；若单击“使用新选项卡”按钮，启动 IE 浏览器时不打开任何网页。用户也可以在“地址”文本框中直接输入某 Web 网页的地址，将其设置为默认主页。最后单击“确定”按钮。

（2）设置历史记录的保存时间

在 IE 浏览器中，单击工具栏上的“历史”按钮可以查看所有浏览过的网页的记录，这个功能的作用是当要重新打开其中的某个网页时，可以快速打开。但长期下来历史记录会越来越多，这时用户可以在“Internet 选项”对话框中设定历史记录的保存时间，这样超过保存时间的记录系统会自动清除掉。

（3）删除临时文件和 Cookies

上网浏览时会创建临时文件。IE 浏览程序会在硬盘中保存网页的缓存，以提高以后浏览的速度。临时文件逐渐堆积，不仅占用了用户宝贵的硬盘空间，而且也极大地影响了系统的运行效率。Cookies 是访问网站时留下的一些临时文件，记录用户 ID、密码、浏览过的网页、停留的时间等信息，当再次来到该网站时，网站通过读取 Cookies，得知相关信息，就可以做出相应的动作，可以加快网页的访问速度。它同样会占用越来越多的磁盘空间，从而降低浏览速度。因此有必要时需要删除这些东西。

IE 浏览器的临时文件可以设定最大的空间，达到这个空间以后，再出现临时文件就会替换一些目前没用的临时文件。删除临时文件和 Cookies，可在“Internet 选项”中选择“常规”选项卡，单击“Internet 临时文件”选项组中的“删除 Cookies”和“删除文件”按钮可分别删除 Cookies 和临时文件。单击“Internet 临时文件”选项组中的“设置”按钮，在弹出的“网站数据设置”对话框中可以设置临时文件夹使用的磁盘空间，如图 1-1-4 所示。

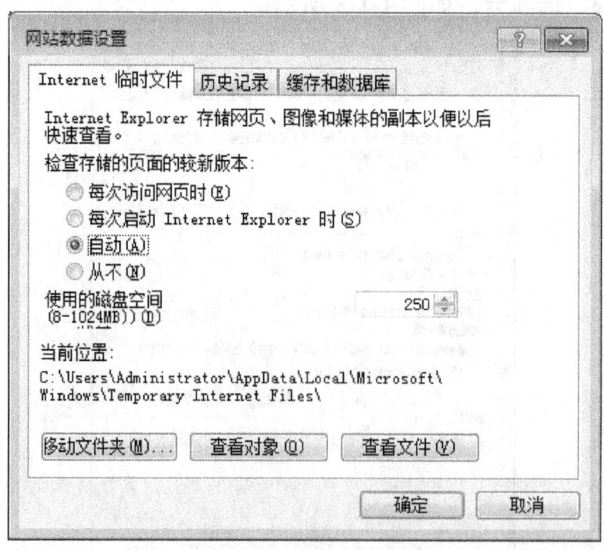

图 1-1-4　临时文件磁盘空间设置

2. 信息搜索

网络上的信息可用海量来形容，那么怎么才能找到自己所需要的信息呢？常用的方法是使用搜索引擎进行搜索，现在知名度较高的搜索引擎有百度（Baidu），百度实质上也是一个网站，只不过它的主要功能是提供网络的资源搜索服务。

（1）使用百度进行网页搜索

打开浏览器，在地址栏中输入 http://www.baidu.com，进入百度的主界面。在主界面的搜索输入框中输入要搜索的关键字，如“温州职业技术学院”，单击“百度一下”按钮或按 Enter 键，便可搜索到关于温州职业技术学院的相关信息，如图 1-1-5 所示。当关键字越不具体时，搜索到的结果就越多，为了缩小搜索范围，进行更精确的查询，可输入多个关键字，中间可用空格隔开。

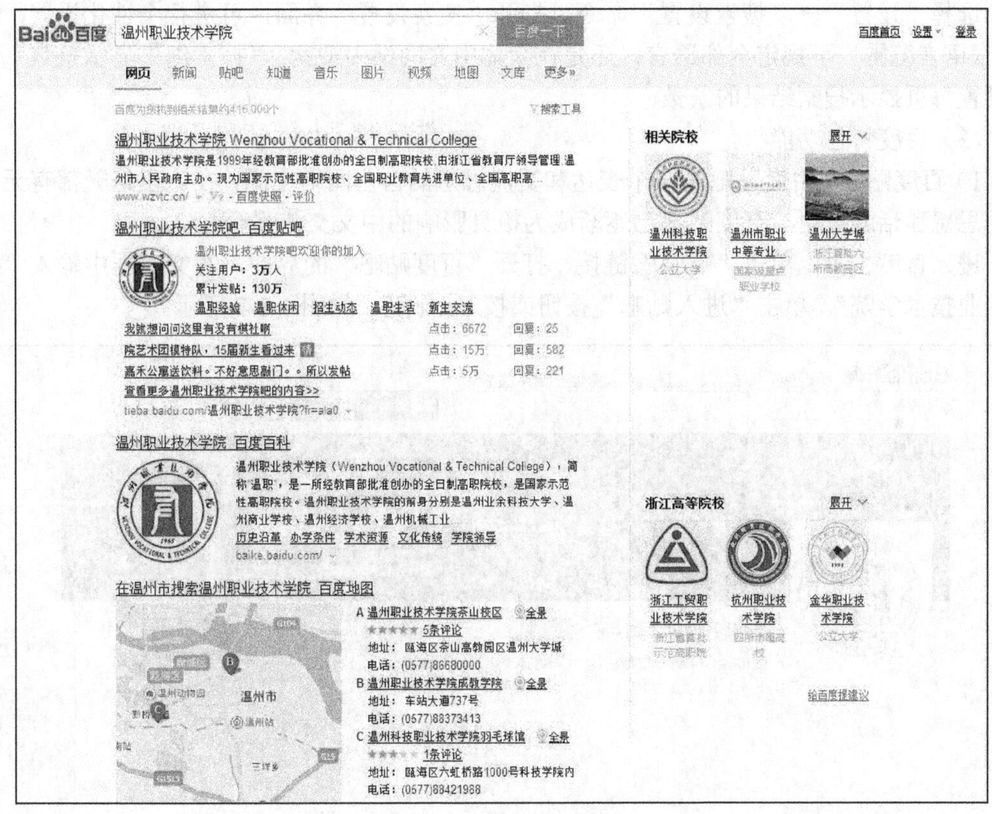

图 1-1-5 百度搜索结果

（2）使用百度的高级搜索与个性化设置

在百度主界面上选择“设置”→“高级搜索”命令，打开高级搜索界面，可以进行高级搜索。“高级搜索”对搜索结果进行了细化描述，有“包含以下全部的关键词”“包含以下的完整关键词”“包含以下任意一个关键词”“不包含以下关键词”等项，按实际查询的需要，分别输入关键词，可以进行更精确的查找，如图 1-1-6 所示。

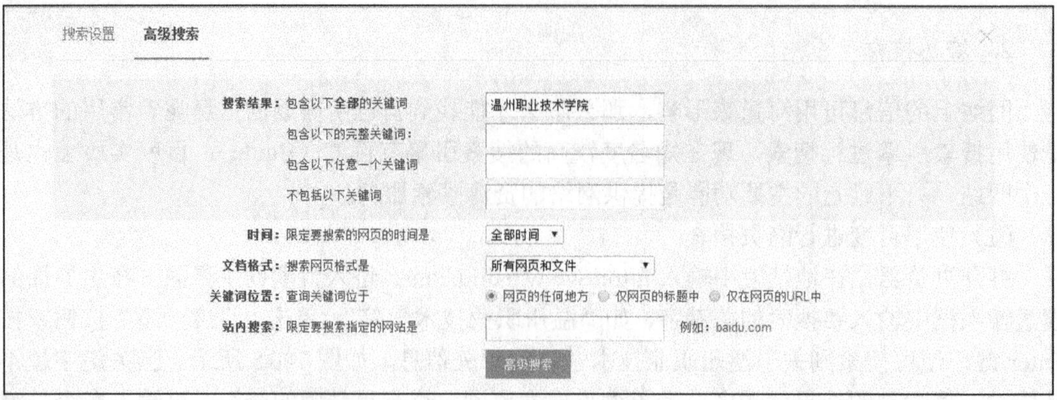
搜索设置
高级搜索
搜索结果：包含以下全部的关键词
温州职业技术学院
包含以下的完整关键词：
包含以下任意一个关键词
不包括以下关键词
时间：限定要搜索的网页的时间是
全部时间
文档格式：搜索网页格式是
所有网页和文件
关键词位置：查询关键词位于
网页的任何地方
仅网页的标题中
仅在网页的URL中
站内搜索：限定要搜索指定的网站是
例如：baidu.com
高级搜索

图 1-1-6　百度高级搜索

选择“设置”→“搜索设置”命令，打开“搜索设置”界面，可进行个性化设置，如“搜索语言范围”可规定全部语言，还是在简体中文网站中搜索，“搜索结果显示条数”可以设置每页显示搜索结果的条数。

（3）百度特色功能

1）百度贴吧。百度贴吧是一个表达和交流思想的自由网络空间，在这里每天都有无数新的思想和话题产生，百度贴吧已逐渐成为极具影响的中文交流平台之一。

进入百度主页，单击“贴吧”链接，打开“百度贴吧”的界面，在文本框中输入“温州职业技术学院”，单击“进入贴吧”按钮或按 Enter 键，如图 1-1-7 所示。

登录 注册 应用中心 会员官网 百度首页
新闻 网页 贴吧 知道 音乐 图片 视频 地图 百科 文库
温州职业技术学院
进入贴吧
全吧搜索
高级搜索
保存到云盘
温州职业技术学院吧
+关注
温州职业技术学院吧欢迎你的加入
签到
11月05日
收起指引
看贴
图片
精品
视频
群组
吧内搜索
【温职院】十一月交易帖，兼职贴，二手转让贴
发贴红色标题

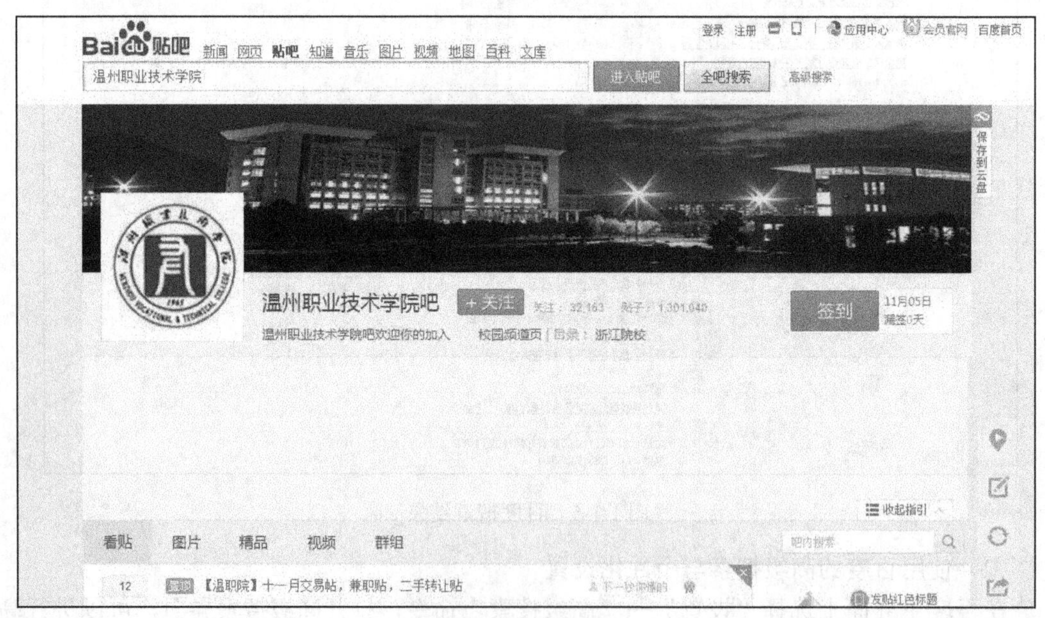

图 1-1-7　百度贴吧

在搜索结果中单击符合主题的条目即可，页末有回复区，可以在这个区域中回复主题，输入内容后，单击“发表贴子”按钮。

2）百度“知道”。用户在生活中攻疑问，可以通过百度的知道功能寻找答案，它好比是一本电子版的民间百科全书，如想知道“牙膏的主要成分是什么？”，可以进行如下操作：

进入百度主页，单击“知道”链接，打开“百度知道”界面，在文本框中输入“温州职业技术学院”，单击“搜索答案”按钮或按 Enter 键，结果如图 1-1-8 所示。就可以从网民的回答中找到合适的答案，答案可能有多种，也不一定相同，但评论会给出一个最佳答案。

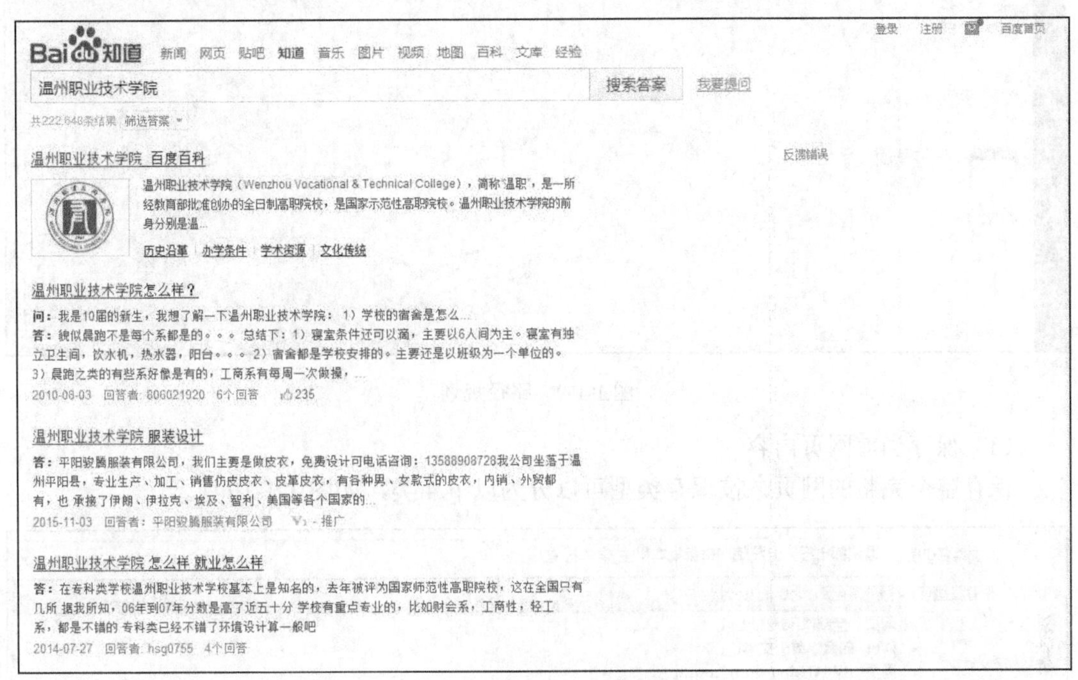

图 1-1-8　百度知道

另外，百度还有其他一些特色功能，如“百度 MP3”等，大家可以自己去使用。

3）百度地图。百度地图是一项网络地图服务。通过使用百度地图，可以查询详细地址，并可以规划点到点路线。

进入百度主界面，单击“地图”链接，打开“百度地图”的界面，在文本框中输入商家、单位、景点、公司的名称或地址等。例如，输入“温州职业技术学院”，单击“百度一下”按钮或按 Enter 键，单击“公交”或“驾车”按钮，可规划出行路线；又如在“请输入起点”文本框中输入出发地址“温州市”，在“请输入终点”文本框中输入到达地址“杭州市”，在下面的下拉列表中选择出行方式，从“驾车”“乘公交或火车”“步行中”选择一项，再单击旁边的“查询线路”按钮，可得到最佳出行线路，并有详细的路线指示，如图 1-1-9 所示。

3. 保存网页

网页上内容会经常更新，对一些具有参考价值的资料，不能用收藏夹的方法进行收藏，而应该将其保存到本地计算机的磁盘中，IE 浏览器可以保存网页的全部内容，包括文字、图像、框架和样式等。

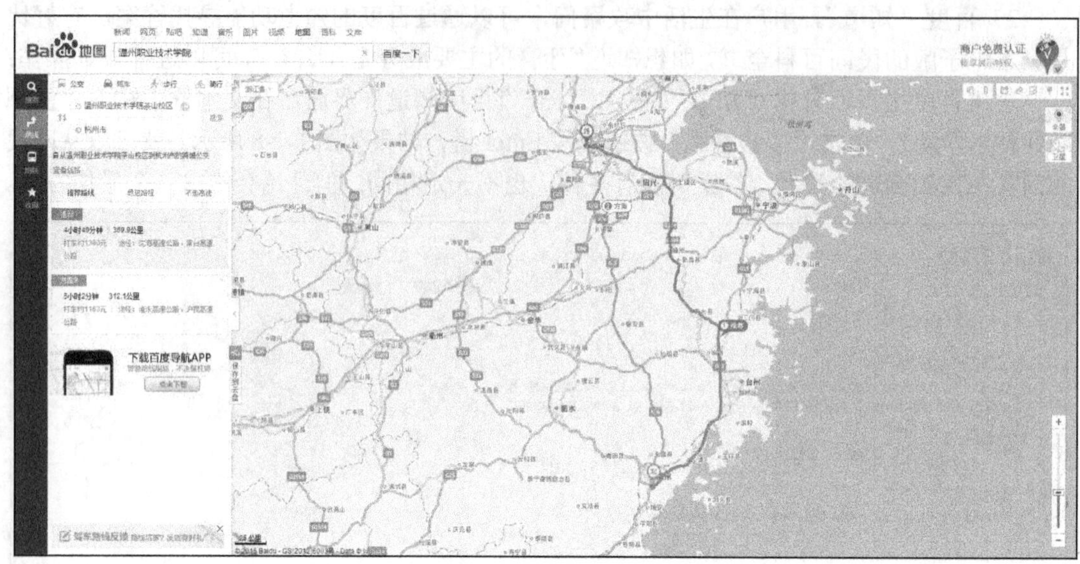

图 1-1-9　路径规划

（1）保存当前网页内容

保存整个完整的网页，按保存类型可以分为以下 4 类，如图 1-1-10 所示。

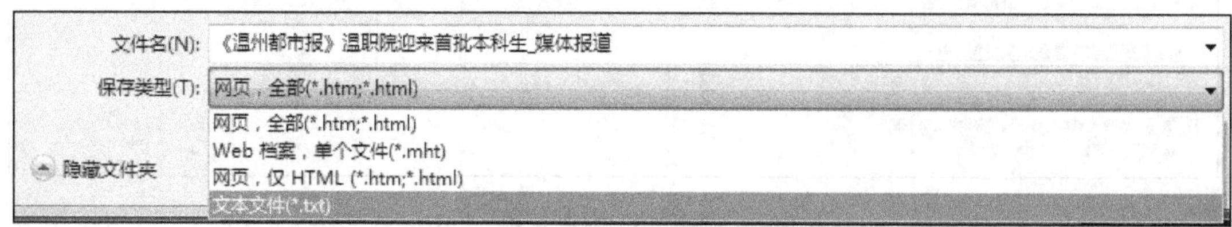

图 1-1-10　保存类型

1）网页，全部（*.htm；*.html）：保存最完整的一种类型。该类型会将页面中的所有元素（包括图片、Flash 动画等）都下载到本地，即最终保存结果是一个网页文件和一个以“网页文件名.files”为名的文件夹，文件夹中保存的为网页中需要用到的图片等资源。

2）Web 档案，单个文件（*.mht）：同样也是保存完整的一种类型。同第一种不同的是，最终保存的结果是只有一个扩展名为.mht 的文件，但不会缺少其中的图片等内容。双击这种类型的文件同样会调用浏览器打开。

3）网页，仅 HTML（*.htm；*.html）：只保存网页中的文字但保留网页原有的格式。保存的结果也是一个单一网页文件，因为不保存网页中的图片等其他内容，所以保存速度较快。

4）文本文件（*.txt）：只保存网页中的文本内容，保存结果为单一文本文件，虽然保存速度极快，但如果网页结构较复杂，保存的文件内容会比较混乱，要找到自己想要的内容也就难了。

（2）保存网页中的图片或部分文字

如果不需要保存整个网页，只需要保存其中的图片或部分文字，可分别选择这些部分进行单独保存。

4. HTTP 方式的下载

基于 HTTP 的下载方法有很多，但最简单的方法是在浏览器的页面中直接单击下载超链接进行下载。但下载速度慢，因此当下载的资源很大的时候，不推荐使用浏览器直接下载。

5. 使用迅雷下载

迅雷是一款功能强大的下载软件。通过高的下载速度、强大的下载后文件管理功能，这款老牌的下载软件赢得了许多用户的喜爱和支持。首先就是下载安装迅雷软件，然后就是要利用迅雷下载文件。在迅雷中下载文件很简单，而且方法也很多，用户完全可以随心所欲地添加下载任务。

（1）使用拖动链接到悬浮窗口

其实，除了上面介绍的方法外，要添加下载任务，还有更简单的方法。要善于利用迅雷的悬浮窗口，可以在浏览器中将一个文件的下载链接地址直接拖动到悬浮窗口。这时，迅雷就会打开“添加新的下载任务”对话框，并在网址栏中自动添加刚刚拖动的下载链接地址。单击“确定”按钮即可下载。

（2）通过 IE 浏览器的快捷菜单下载

在迅雷安装后，系统会自动添加“使用迅雷下载”和“使用迅雷下载全部链接”两个命令到 IE 浏览器的快捷菜单中。用户在浏览网页时，在文件下载链接上右击，从弹出的快捷菜单中选择“使用迅雷下载”命令，就可以下载文件了。在迅雷的主界面，可以查看下载进度，如图 1-1-11 所示；下载完成时，会显示 100%，此时在已下载目录下即可看到下载后的文件。

图 1-1-11　查看下载进度

任务二 电子邮件收发

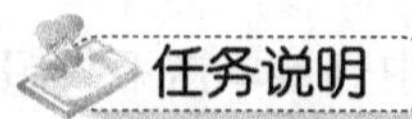

任务说明

电子邮件是 Internet 上提供和使用较广泛的一种服务，它不仅可以发送文本文件、图片、程序等，还可以传输多媒体文件（例如，图像和声音等）、订阅电子杂志、参与学术讨论、发表电子新闻等。利用电子邮件可以在短时间内将信件发给远方的朋友，使用方便，传送快速，费用低廉。

本任务要求申请一个 126 网易免费邮箱，并通过 Web 方式使用电子邮箱、通过 Foxmail 发送邮件。

任务分析

本任务要求掌握电子邮箱的使用。因此，完成本任务需要掌握以下知识：

1）电子邮件基本概念。

2）电子邮件地址的格式。

3）常见电子邮件客户端。

电子邮件简单地说就是通过 Internet 来邮寄的信件。电子邮件的成本比邮寄普通信件低得多；而且投递无比快速，不管多远，最多只要几分钟；另外，它使用起来也很方便，无论何时何地，只要能上网，就可以通过 Internet 发电子邮件，或者打开自己的信箱阅读别人发来的邮件。

电子邮件在 Internet 上发送和接收类似于日常生活中邮寄包裹：当要寄一个包裹的时候，首先要找到任何一个有这项业务的邮局，在填写完收件人姓名、地址等之后包裹就寄出，而到了收件人所在地的邮局，对方取包裹的时候就必须去这个邮局提供身份证明才能取出。同样的，当发送电子邮件的时候，这封邮件是由邮件发送服务器（任何一个都可以）发出，并根据收信人的地址判断对方的邮件接收服务器而将这封信发送到该服务器上，收信人要收取邮件也只能访问这个服务器才能够完成。

在互联网中，电子邮件地址的格式是用户名@域名，由三部分组成，第一部分“用户名”代表用户信箱的账号，对于同一个邮件接收服务器来说，这个账号必须是唯一的；第二部分“@”是电子邮件地址的专用标识符；第三部分“域名”是指用户信箱的邮件接收服务器域名，用以标志其所在的位置。例如，student@163.com，就类似于信箱 student 放在“邮局”163.com 里。当然这里的“邮局”是 Internet 上的一台用来收信的计算机，当收信人取信时，就把自己的计算机连接到这个“邮局”，打开自己的信箱，取走自己的信件。电子邮件的英文就是 E-mail，很多人的名片上就写着类似这样的联系方式如 E-mail：guest@163.net。

电子邮件一般在计算机上使用，也可以在手机上使用。在计算机上使用电子邮件有两种方式：使用浏览器、使用邮件客户端软件。通常在自己的计算机上才使用邮件客户端软件，在网吧或其他情况下，则可以通过浏览器查看邮件。

目前，用于收发电子邮件的软件有很多，为大家所熟知的有 Microsoft 公司的 Outlook Express、中国人自己编写的 Foxmail 等。Outlook Express 是集成到 Microsoft 操作系统中的默认邮件客户端程序。Foxmail 是由中国人张小龙开发的一款优秀的电子邮件客户端，具有强大的电子邮件管理功能。

如果想发送一封电子邮件，首先要有一个自己的电子信箱。用户可以根据实际情况选择下列任一种方法建立自己的电子信箱。

1）在 WWW 上登记注册自己的免费电子信箱。

2）向某 ISP Internet 服务提供者申请注册与登记自己的电子信箱。

然后可以通过 Web 方式在线发送邮件；或者通过 Outlook Express、Foxmail 等电子邮件客户端软件发送邮件。而收件人可以直接通过 Web 方式接收邮件；或者通过电子邮件客户端软件接收邮件，不过使用电子邮件客户端软件收发邮件需要用户事先对这些软件进行初始化配置。

实现步骤

1. 申请电子邮箱

以申请一个免费邮箱为例，通过 126 网易免费邮进行申请。

1）打开 IE 浏览器，在地址栏中填入地址 http://www.126.com/，按 Enter 键后进入 126 网易免费邮箱首页。

2）在 126 网易免费邮箱首页，单击“立即注册”按钮，进入注册新用户界面，如图 1-2-1 所示。填写相关信息后，确认创建账号即可。

图 1-2-1 注册新用户

3）登录刚刚申请的邮箱，如图 1-2-2 所示。

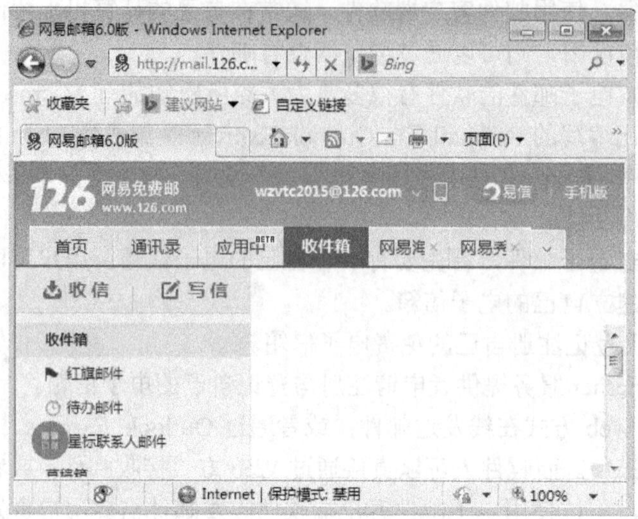

图 1-2-2　邮箱界面

2. 通过 Web 方式使用电子邮箱

1）登录邮箱后，单击“写信”按钮，在如图 1-2-3 所示的窗口输入收件人地址、主题及邮件内容，单击“添加附件”按钮，在计算机上找到相应的相片文件，添加到邮件中。然后单击“发送”按钮，即可将邮件发送出去。

图 1-2-3　新邮件

2）接收邮件的人只需要在 IE 浏览器下访问免费电子邮箱的主页，用自己的账号和密码进入免费电子邮箱，在收件箱中即可查看有无新邮件，双击该邮件的主题，可查看邮件内容。邮件中的附件文件，可双击文件名直接打开查看或者下载到本地计算机上。

3）如果你是收件人，当收到若干信件却无法即时处理电子邮件时，为了怕发件方不知道你是否收到邮件，则可以编辑并启动自动回复功能。自动回复功能启动后，当你收到新邮件时，邮箱将会自动回复一封预先设置好文字内容的电子邮件到对方的邮箱。

3. 通过 Foxmail 发送邮件

1）首次打开 Foxmail，需要输入电子邮件地址及密码，如图 1-2-4 所示。

图 1-2-4　创建 E-mail 地址

2）在新建的账户上右击，在弹出的快捷菜单中选择“设置”命令，弹出“系统设置”对话框，如图 1-2-5 所示。

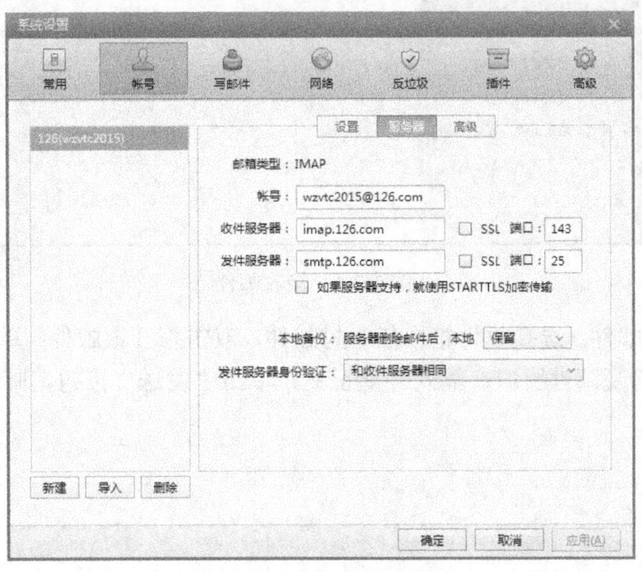

图 1-2-5　服务器设置

3）发送电子邮件。打开 Foxmail，单击“写邮件”按钮，输入收件人的 E-mail 地址，如果有多个收件人，E-mail 地址间也可以用“,”或“;”隔开（注意，必须用半角的符号）。填写邮件主题是为了使收件人能一目了然，一般建议填写。单击“附件”按钮，找到本地计算机上的文件，插入附件即可。之后，单击“发送”按钮就可以发送了。

需要说明的是，许多邮箱除了对邮箱大小进行一定限制外，也对附件文件的大小也有一定的限制。如果附件太大，建议压缩后再发送，也可以用其他方法发送，如用越大附件发送。电子邮件除文本信息外，还可选发下列附加文件：

① 字处理软件生成的扩展名为*.docx 的文件。

② 电子表格软件生成的扩展名为*.xlsx 的电子表格文件。

③ 图形软件生成的图形文件。

④ 由扫描仪生成的图像文件。

⑤ CD 光盘上的数字音频文件（一小段音乐或歌曲）。

⑥ 某个短小的视频文件。

4）接收邮件。在 Foxmail 主窗口左上角，单击“收取”按钮，如图 1-2-6 所示，就可以自动接收邮件。邮件收到后，打开收件箱，可以看到邮件的内容，也可以对附件文件进行打开、另存等操作。

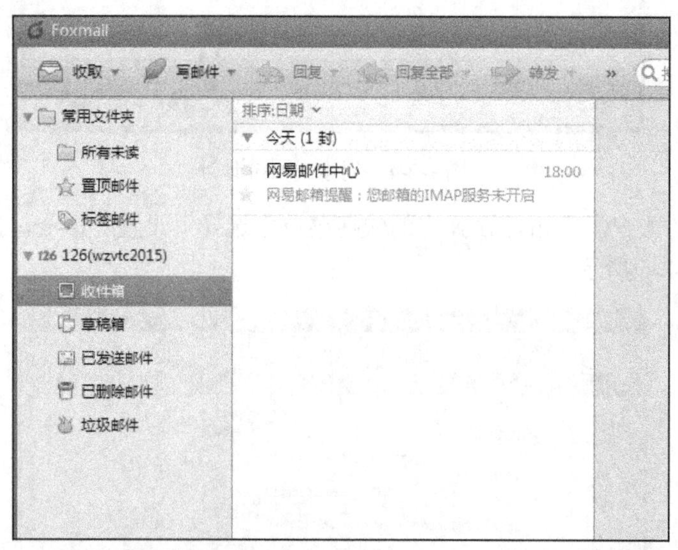

图 1-2-6　接收邮件

5）回复电子邮件。选择收件箱中任一封邮件，双击打开该邮件；单击工具栏中的“回复”按钮，进入答复邮件窗口；输入答复正文，单击“发送”按钮，邮件即可发出。

任务三 微信的使用

任务说明

第 36 次《中国互联网络发展状况统计报告》显示，截至 2015 年 6 月，我国手机网民规模达 5.94 亿，较 2014 年 12 月增加 3679 万人，网民中使用手机上网的人群占比由 2014 年 12 月的 85.8%提升至 88.9%，可以说，我国移动互联网发展进入全民时代，尤其是以微信为代表的移动互联网在短时间内渗透到社会生活的方方面面。

微信（WeChat）是腾讯公司于 2011 年 1 月 21 日推出的一个为智能终端提供即时通信服务的免费应用程序，微信支持跨通信运营商、跨操作系统平台，通过网络快速发送免费（需消耗少量网络流量）语音短信、视频、图片和文字，同时，也可以使用通过共享流媒体内容的资料和基于位置的社交插件如“摇一摇”“漂流瓶”“朋友圈”“公众平台”等服务插件。

微信现在已经是一款“全民应用”，甚至已经取代电话、短信、QQ 等，成为人们较常用的联络工具。而经过数个版本的升级，微信现在的功能也已经很强大了。如何使用微信，看似有些可笑的问题，却暗示着微信其实并不“简单”。

“你如何使用微信，决定微信对你而言，它到底是什么。”微信之父张小龙如是说。

任务分析

本任务要求掌握微信的使用方法。因此，完成本任务需要掌握以下知识：

1）微信基本概念。

2）微信的主要功能。

3）微信支付。

微信分为个人账号和微信公共平台账号。微信个人账号主要充当的是一种聊天工具，集语音、文字、图片、定位等多项功能于一体，可以向个人发布消息，通常为一对一式交流，支持多人群聊。还可以实现实时对讲机功能，用户可以通过语音聊天室和一群人语音对讲，是基于个人兴趣爱好圈子来使用的。而微信公众账号是在个人账号的基础上，可以向所有关注你的人发布即时消息，一般公共账号都是基于某些兴趣点，作为一个内容发布的客户端来使用。可以起到营销作用，公众账号可以理解为企业为了宣传或者提高知名度使用的。这里主要介绍微信个人账号的使用。

微信除了聊天功能外，还提供公众平台、朋友圈、消息推送等功能，用户可以通过“摇一摇”“搜索号码”“附近的人”“扫二维码”等方式添加好友和关注公众平台，同时微信将内容分享给好友以及将用户看到的精彩内容分享到微信朋友圈。

微信摇一摇功能带有一定的趣味性，是陌生人互相认识交友的利器，用户通过摇晃手机，来搜寻同一时间世界各地在摇晃手机的人，互相推送，根据个人选择将对方加为好友。

2015 年春节期间，微信联合各类商家推出春节“摇红包”活动，送出金额超过 5 亿的现金红包。

查找附近的人是一种通过地理位置加好友聊天的微信功能，还可以采用扔漂流瓶的方式匿名交友。

微信支付是集成在微信客户端的支付功能，用户可以通过手机完成快速支付流程。微信支付以绑定银行卡的快捷支付为基础，向用户提供安全、快捷、高效的支付服务。用户只需在微信中关联一张银行卡，并完成身份认证，即可将装有微信应用软件的智能手机变成一个全能钱包，之后即可购买合作商户的商品及服务，用户在支付时只需在自己的智能手机上输入密码，无需任何刷卡步骤即可完成支付，整个过程简便流畅。

实现步骤

1. 微信注册与登录

如果已经拥有 QQ 账号，就可以不需要注册而直接使用 QQ 账号登录微信。如果不想使用 QQ 账号登录的话，可以用手机号码进行快捷注册。只要选择好自己所在的国家，然后填写手机号码与登入密码即可。注册成功之后，用户将拥有一个微信账号，下次除了使用 QQ 账号、手机号码登入之外，还可以使用微信账号登录。

2. 添加朋友

作为一款社交软件，微信提供了非常丰富的找朋友功能。点击右上角“＋”，打开“添加好友”，就能看到多种添加好友的方式，如图 1-3-1 所示。

（1）输入微信号 / 手机号 / QQ 号直接搜索

如果已经知道对方的微信号、QQ 号或者是手机号，那么就可以直接输入号码添加好友。搜索后，出现对方信息点击“添加到通讯录”，输入验证申请后点击“发送”，等待对方验证，对方微信通讯录中收到验证信息，点击“接受”，即添加成功。

（2）雷达加好友

需要同时开启雷达扫描好友，在附近开启雷达的朋友将被雷达扫描出现雷达扫描页面上，即可互相添加为好友

（3）面对面建群

输入密码，建立群聊，并将密码告知需要加入群中的朋友，输入密码的好友，将被邀请进入群聊。

（4）扫一扫

点击“扫一扫”，打开扫描框，将对方二维码放到扫描框中，扫描后，将自动出现对方信息，即可添加为好友。

（5）QQ/手机联系人

如果想将好友批量加入联系列表，则可以使用“QQ/手机联系人”添加。将微信绑定手机通讯录或 QQ 后，就可以直接添加 QQ 好友和手机通讯录中开通了微信的好友了。

3. 匿名交友

为了更广泛的交友，微信还具有“附近的人”和“摇一摇”功能，前者可以搜索到附近正在使用微信的用户，后者则是与你一同摇晃手机的微信用户，如果觉得这些有缘人很有意思，也可以申请加他们为好友，如图 1-3-2 所示。

图 1-3-1　找朋友

图 1-3-2　“附近的人”和“摇一摇”界面

4. 聊天

作为一款聊天工具，微信的聊天功能也是非常重要的一项。只要选择好一个聊天对象就可以马上开始聊天，步骤非常简单。

（1）语音聊天

在聊天过程中，利用微信除了可以发送最基本的文字信息，还可以发送表情、图片、视频、地理位置和名片，多媒体的互动非常丰富。按住“按住说话”按钮还能直接发送语音聊天，如图 1-3-3 所示。

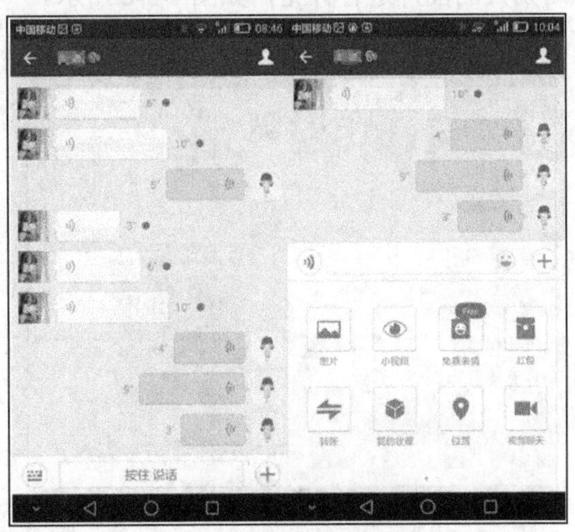

图 1-3-3　语音传输和多媒体传输

（2）视频聊天

值得一提的是，微信还支持视频聊天。用户在与好友聊天时，在“+”号里就能找到“视频聊天”的选项，点开它就可以进行视频聊天了，如图 1-3-4 所示。

（3）群聊

微信还可以自由建立群聊，即多个好友在一起聊天。在“微信”窗口的右上角点击“魔术棒”图标，然后选择“发起聊天”命令，接着就可以选择多个好友进行聊天了。在聊天过程中，点击聊天窗口的右上角，还可以随时添加新的好友来一起聊天，如图 1-35 所示。

图 1-3-4　视频聊天

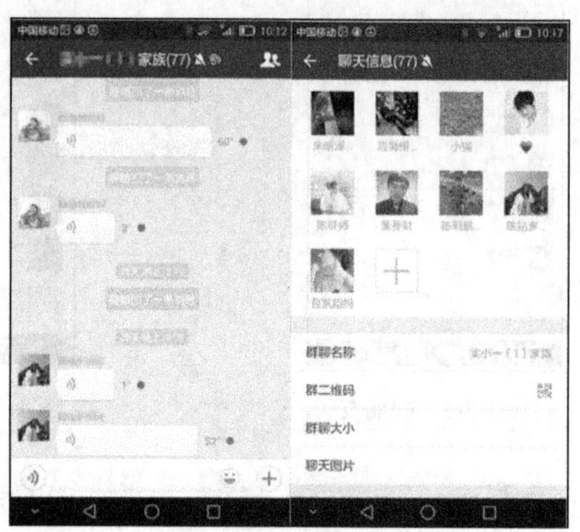

图 1-3-5　群聊功能

5. 朋友圈

在微信中有一个“朋友圈”的项目，它是一个图片分享平台，也可算作一个独立的社交平台，大家可以把自己喜欢的图片上传上去，并配上文字，这样好友就都可以看到分享的内容了。用户也可以对别人的图片进行评论，如图 1-3-6 所示。

图 1-3-6　朋友圈

6. 微信支付

微信自从 5.0 版本出来后，新增了支付功能，即微信支付。通过绑定银行卡，用户即可在微信上进行购物，嘀嘀打车，购买电影票，购买游戏钻石，还可以在第三方平台使用微信支付完成购物。微信新版本中具有“我的钱包”功能，如图 1-3-7 所示。用户可将红包、AA 收款、彩票中的零钱存入零钱中，可随时充值或提现，还可以向朋友转账。

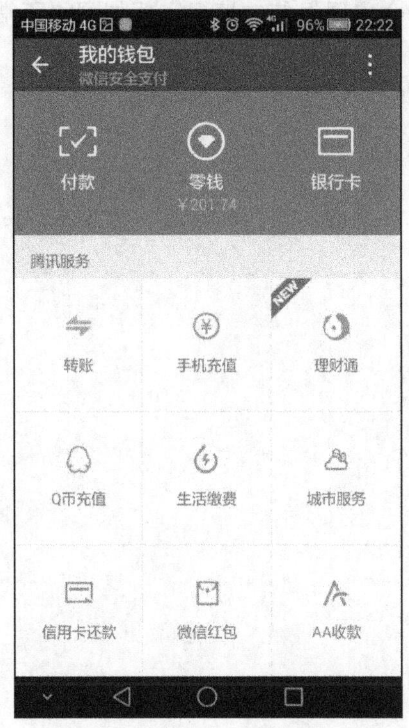

图 1-3-7　朋友圈

思考和练习

1. 思考题

（1）简述 Internet 的概念。

（2）Internet 提供了哪些主要服务？

（3）下载 FlashGet 软件，然后参照迅雷的下载方式进行下载，比较两者之间的特点，你喜欢用哪一种下载软件？

（4）直接从网页上下载软件有哪些方便之处？有什么缺点？

（5）微信公众平台是什么？

2. 练习题

（1）了解我国 Internet 应用现状，列出最近一次网民情况的统计数据。

（2）选用某种查找工具查找你的老师或同学的电子信箱地址，如可能，请将自己的电子信箱地址添入通讯录。

（3）输入百度网站地址 http://www.baidu.com，搜索并下载 MP3 歌曲。

（4）别人发来邮件有时会出现退信的情况，假如网络正常，而且没有操作错误，请分析一下退信的原因主要是什么？如何解决？

（5）试阐述微信漂流瓶的说法及所带来的商机。

项目二　组建局域网

随着 Internet 的应用日益广泛，电子商务为人们的工作和生活带来了很大的方便，为了更好地提高企业的竞争力，很多企业建立了小型内部局域网络，并接入 Internet。建立小型内部局域网络最主要的目的就是将网络中所有的用户一起连接进入 Internet，并共享 Internet 资源。

所谓的小型局域网，是指占地空间小、规模小、建网经费少的计算机网络，小型局域网应用单纯，组建方便，用一根双绞线连接两台计算机就可以组成最简单的对等网，如图 2-0-1 所示。也可以采用集线器、路由器、交换机等系列产品建立小型局域网，此类局域网常用于小型企业、办公室、网吧和家庭等，如图 2-0-2 所示。

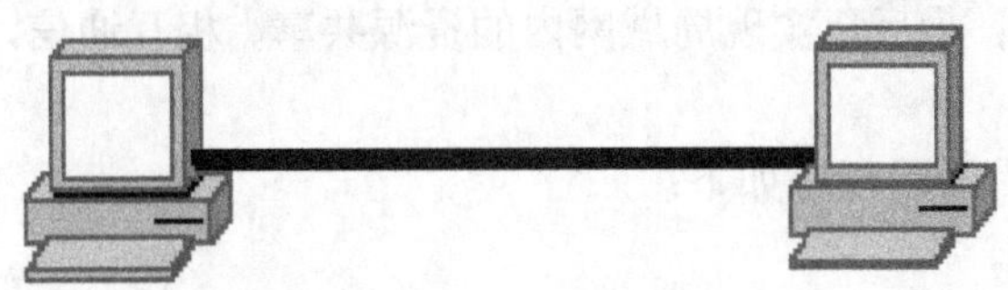

图 2-0-1　两台计算机互连

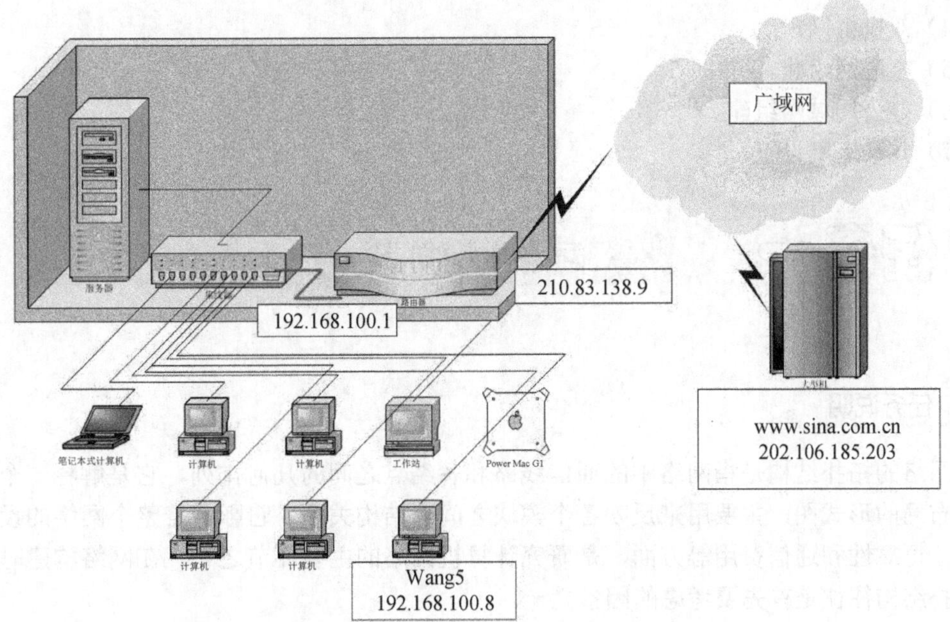

图 2-0-2　一个典型的小型企业网络

（1）办公网

小型办公局域网的主要作用是实施网络通信和共享网络资源，组成小型局域网以后，就可以共享文件、打印机、扫描仪等办公设备，还可以共享上网，共享 Internet 资源。

（2）家庭网

随着越来越多的家庭开始拥有第二台计算机，很有必要在两机之间构建一个小型家庭局域网络。利用这个小型家庭局域网可以做到：共享光驱、文件、硬盘、打印机、非对称数字环路（ADSL）等，可有效地降低后置个人计算机（PC）的投资；可以在任一台计算机上访问同一文档，集中管理用户资料，还可以一起玩网络游戏等。

（3）网吧

经营型网吧的组建需要考虑局域网的组网方式、Internet 的接入方式、硬件设备、软件以及耗材的准备。选择不同的方式，将决定投资者投入的资本多少、网络的整体性能如何以及管理维护是否方便等，将影响到投资者的切身利益。

不管哪种小型局域网络，都需要进行相应的网络规划。所谓的网络规划就是根据用户的组网需求设计网络解决方案的过程。局域网的基本设计主要分为 5 个步骤：首先确定用户需求与网络结构；确定网络拓扑；确定局域网的带宽和网络设备类型；进行局域网布线后，配置 TCP/IP 协议；最后，实现局域网内的资源共享、相互通信，通常局域网还要接入 Internet。

组建局域网的项目活动任务如下：

1）网络类型初识。

2）网络设备认识。

3）TCP/IP 协议配置。

4）双机组网。

5）家庭网组建。

6）办公局域网组建。

7）共享上网设置。

任务一　网络类型初识

网络的拓扑结构是指网络中的通信线路和各结点之间的几何排列，它是解释一个网络物理布局的形式图，主要用来反映各个模块之间的结构关系。它影响着整个网络的设计、功能、可靠性和通信费用等方面，是研究计算机网络的主要环节之一。在网络构建时，网络拓扑结构往往是首先要考虑的因素之一。

任务分析

本任务要求在了解网络拓扑结构概念的基础上，使用 Visio 2010 绘制网络拓扑图形。因此，完成本任务需要掌握以下知识：

1）局域网的组成。

2）网络拓扑结构。

3）Visio 2010 绘制网络拓扑图形的基本技巧。

1. 局域网的组成

局域网通常指几千米以内的，可以通过某种介质互联的计算机、打印机、Modem 或其他设备的集合。从资源构成的角度讲，局域网由硬件和软件两大部分组成，局域网硬件组成主要包括服务器、工作站、传输介质、网络通信设备及相关外部设备等，如图 2-1-1 所示是一个小型局域网。

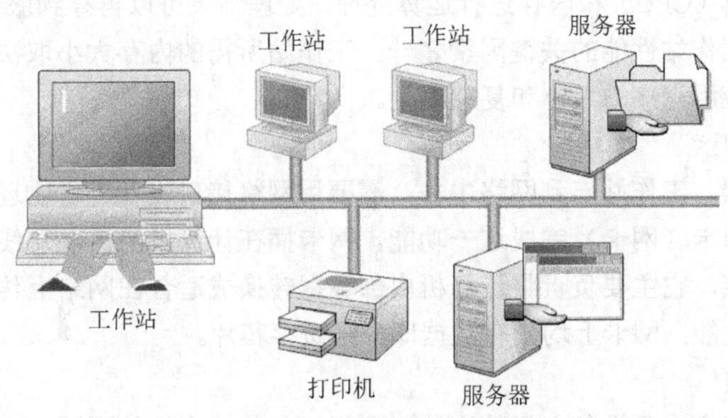

图 2-1-1 局域网示意图

（1）服务器（Server）

目前流行的各种微型计算机局域网络，一般都至少会有一台网络服务器，用于存储、管理或控制网络中的资源，通常是一台高档微型计算机或一台拥有大容量硬盘的专用计算机。网络操作系统也都是安装并在网络服务器上运行，通过网络操作系统控制和协调网络各工作站的运行，处理和响应各工作站同时发来的各种网络操作要求。例如，由网络操作系统对存储在服务器上的共享资源进行分配管理，使各工作站得以共享这些资源。通常网络中至少有一个服务器，其运行效率直接影响着整个局域网的效率，如何选择和配置网络服务器是组建网络时非常重要的问题。

它是网络的核心部件，根据在网络中所起的作用分为文件服务器、打印服务器、通信服务器等几大类。通常一个网络至少有一个文件服务器，网络操作系统及其实用程序和共享硬件资源都安装在文件服务器上。在很多情况下，网络服务器在充当文件服务器的同时又作为打印服务器。打印服务器接受来自用户的打印任务，将用户的打印内容存放到打印队列中，当队列中轮到该任务时，送打印机打印。

由于目前局域网规模越来越大，经常将几个小的局域网互联组成一个较复杂的网络系统，这就要求一个通信服务器将诸多“小网”连接在一起，并对其实现管理，使全体用户如同连在一个网上一样，如后面要提到的交换机、路由器等就是一种专用的网络通信服务器。它们负责网络中各用户对主计算机的通信联系，以及网与网间的通信，在实际网络中，通信服务器也可以用高档微型计算机来充当。

（2）工作站

工作站有时也叫客户机，是局域网上的各种用户和终端设备的统称，是网络的前端窗口，用户通过它来访问网络的共享资源。根据实际要求，工作站可以带有光驱或硬盘，也可以没有这些设备。前者称为有盘工作站，后者称为无盘工作站。无盘工作站的特点是成本低，有部分的防病毒功效，但加重了服务器的处理负担；有盘工作站有磁盘驱动器，使用方便。工作站可以有自己的单独工作的操作系统，独立工作。

工作站通过插在其中的网络接口板（网卡）经传输介质与网络服务器相连，用户通过工作站向局域网请求服务和访问共享资源。它通过网络从服务器中取出程序和数据后，用自己的中央处理器（CPU）和内存进行运算处理，处理结果可以再存到服务器中去，因此，内存是影响网络工作站性能的关键因素之一；工作站所需的内存大小取决于操作系统和在工作站上运行的应用程序的大小和复杂程度。

（3）网络接口卡

为了将服务器、工作站连到网络中去，需要用网络接口设备进行物理连接，局域网中多由一块网络接口卡（网卡）完成这一功能。网卡插在计算机的扩展总线槽内，通过总线与微型计算机连接，它主要负责将计算机内部数据转换成适合在网络上传输的格式。为了提高网络的吞吐性能，网卡上均带有数据库分组缓存芯片。

（4）传输介质

传输介质用来完成各设备之间的连接，即网线。传输介质的不同，对物理信道影响也不同，从而导致使用的网络技术也不相同，应用场合也是不同的。一般网络通信介质可分为两大类：有线和无线。同轴电缆、双绞线、光纤是常用的三种有线传输介质，卫星通信、红外通信、激光通信以及微波通信的信息载体均属于无线传输媒体。在选择通信介质时，必须考虑我们的实际应用以及每一种通信介质的容量和局限。

（5）网络互联设备

网络是按照一定的结构，使用网络通信设备进行连接而组成的。这些设备主要包括中继器、网桥、集线器、路由器、交换机和网关等。实际使用时，应根据组建的网络规模来选择一种合适的传输设备。在后面将详细介绍这几种传输设备。

在网络系统中，网络上的每个用户，都可享有系统中的各种资源，系统必须对用户进行控制。否则，就会造成系统混乱、信息数据的破坏和丢失。为了协调系统资源，系统需要通过软件工具对网络资源进行全面的管理、调度和分配，并采取一系列的安全保密措施，防止用户不合理的对数据和信息的访问，以防数据和信息的破坏与丢失。网络软件是实现网络功能不可缺少的软件环境。

2. 拓扑结构

所谓“拓扑”就是把实体抽象成与其大小、形状无关的“点”，而把连接实体的线路抽象成“线”，进而以图的形式来表示这些点与线之间关系的方法，其目的在于研究这些点、线之间的相连关系。表示点和线之间关系的图被称为拓扑结构图。拓扑结构与几何结构属于两个不同的数学概念。在几何结构中，要考察的是点、线之间的位置关系，或者说几何结构强调的是点与线所构成的形状及大小。例如，梯形、正方形、平行四边形及圆都属于不同的几何结构，但从拓扑结构的角度去看，由于点、线间的连接关系相同，从而具有相同的拓扑结构即环形结构，即不同的几何结构可能具有相同的拓扑结构。

在计算机网络中，把计算机、终端、通信处理机等设备抽象成点，把连接这些设备的通信线路抽象成线，并将由这些点和线所构成的拓扑称为网络拓扑结构。在计算机网络中常见的拓扑结构有总线型、星形、环形、树形和网状形等。

（1）总线型拓扑

图 2-1-2 所示的总线型拓扑中采用单根传输线路作为传输介质，所有工作站和其他共享设备（如服务器、打印机）等通过相应的硬件接口连到这个公共信道上，这个公共的信道称为总线。总线有一定的负荷能力，而且总线的长度有一定限制，一条总线也只能连接一定数量的结点。同时也由于只有一条信道，所以在一个时刻只能有一个站发送数据，另一个站点接收数据，如何解决多站争用总线的问题，是总线型网络的关键问题之一。

总线拓扑结构简单灵活，非常便于扩充；可靠性高，网络响应速度快；价格低、安装使用方便，是基本局域网拓扑形式之一，也是传统的一种网络结构，适合于信息管理系统、办公自动化系统等领域的应用。

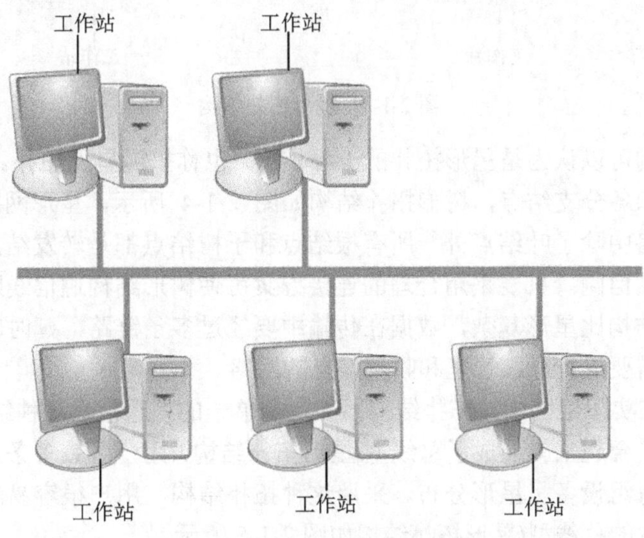

图 2-1-2 总线型拓扑结构

（2）星形拓扑

图 2-1-3 所示的星形拓扑中有一个中心结点，通常采用集线器或者交换机，其他各结点通过各自的线路与中心结点相连，形成辐射形结构。在星形网中，各结点间的通信必须通过中心结点的作用，所以中心形点的故障会直接造成整个网络的瘫痪。

但是也正因为这种结构，任何一个连接只涉及中心结点和一个站点，所以单个站点的故障也只影响一个站点，不会影响全网，因此容易检测和隔离故障，增加一个站点也不会影响整个网络，重新配置网络十分方便。

星形拓扑的网络具有结构简单、易于建网和易于管理等特点，但这种结构要耗费大量的电缆，目前，星形拓扑经常应用于小型局域网中。

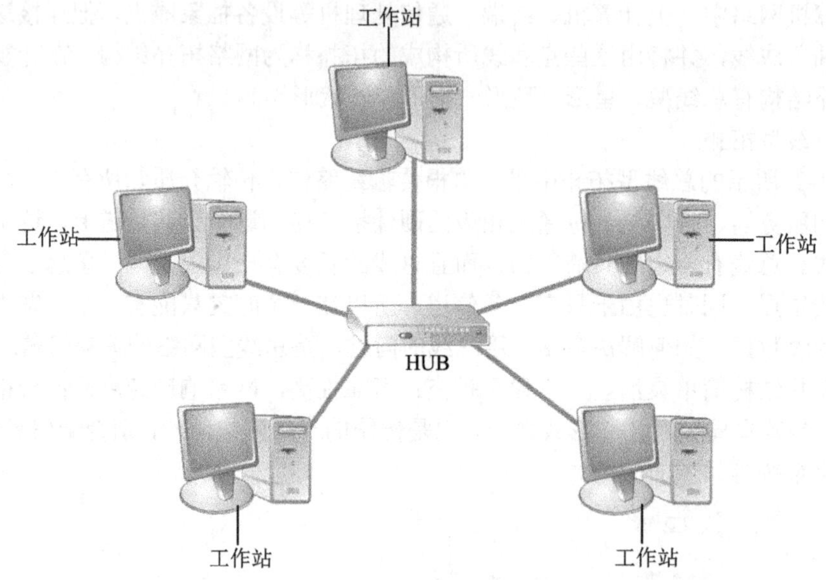

图 2-1-3　星形拓扑结构

树形拓扑结构可以认为是星形拓扑的一种扩展，也称扩展星形拓扑。它采用分层结构，它包括有根结点和各分支结点，树形拓扑结构如图 2-1-4 所示。星形网络中只有一个转发结点，而树状网络中除了叶结点外，所有根结点和子树结点都是转发结点，这两种网络都属于集中控制的通信网。只要采用合理的连接方案可使树形结构通信线路的总费用比星形结构低很多，但结构比星形复杂，数据在传输中要经过多条链路，延时较大，适用于汇集信息的场合，如需要进行分级管理和收集信息的网络。

应该指出，在实际组网中，拓扑结构不一定是单一的，通常是几种结构的混用。例如，将总线型与星形结合起来就形成了总线型/星形拓扑结构，用一条或多条总线把多组设备连接起来，相连的每组设备呈星形分布。采用这种拓扑结构，用户很容易配置和重新配置网络设备，实际组网的总线型/星形拓扑结构如图 2-1-5 所示。

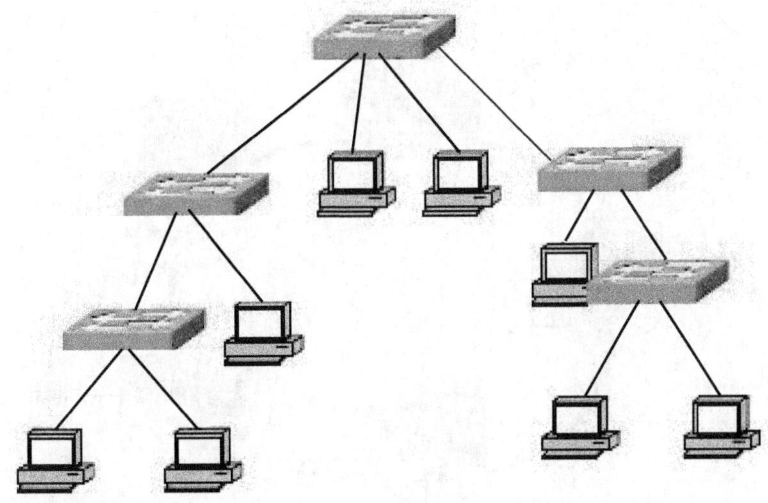

图 2-1-4　树形拓扑结构

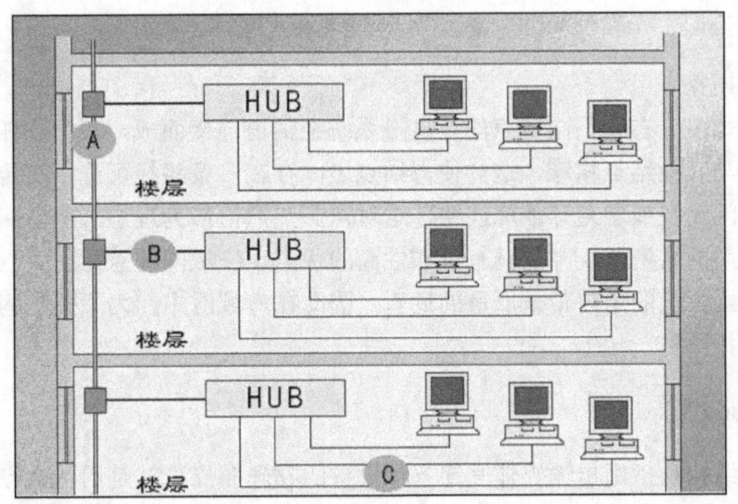

图 2-1-5　总线型/星形拓扑结构

（3）环形拓扑

在图 2-1-6 所示的环形拓扑中，各结点和通信线路连接形成的一个闭合的逻辑环。在环路中，数据按照一个方向传输。发送端发出的数据，延环绕行一周后，回到发送端，由发送端将其从环上删除。可以看到任何一个结点发出的数据都可以被环上的其他结点接收到。

在环形网中，由于信息是沿固定方向流动，两个结点间仅有唯一的通路，大大简化了路径选择的控制；某个结点发生故障时，可以自动启动旁路，可靠性较高；由于信息是串行穿过多个结点环路接口，当结点过多时，影响传输效率，使网络响应时间变长。但当网络确定时，其延时固定，实时性强；由于环路封闭故扩充不方便。环形网作为微型计算机局域网常用拓扑结构之一，适合信息处理系统和工厂自动化系统。

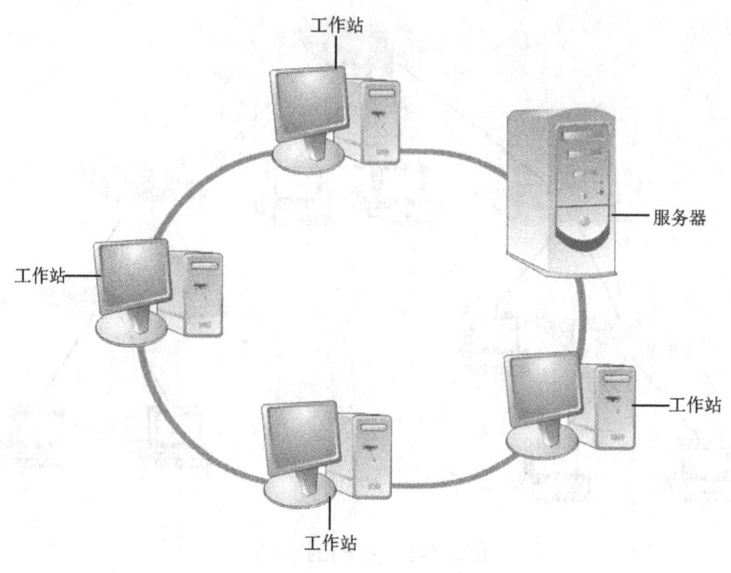

图 2-1-6　环形拓扑结构

（4）网状拓扑

网状结构是由分布在不同地点的计算机系统经信道连接而成，其形状任意。每个结点都有多条线路与其他结点相连，这样使得结点之间存在多条路径可选，在传输数据时可以灵活的选用空闲路径或者避开故障线路，这对点到点通信最为理想，所以网状拓扑可以充分、合理地使用网络资源，并且具有可靠性高的优点。广域网覆盖面积大，传输距离长，网络的故障会给大量的用户带来严重的危害，因此在广域网中，为了提高网络的可靠性通常采用网状拓扑结构。

3. Microsoft Visio 软件

网络拓扑结构是指用传输媒体互连各种设备的物理布局，就是用什么方式把网络中的计算机等设备连接起来。拓扑图给出网络服务器、工作站的网络配置和相互间的连接，使得原本复杂的网络结构一目了然，层次分明；用精心设计的各种图标来表示各种网络对象，而这些图标又往往涂上不同颜色来表示相应设备的不同状态，使管理员能够通过拓扑图就可以很及时地了解到网络运行情况。

在制作这些图形时，有大量的基本构图元素，如计算机、打印机、交换机等构图元素。如果使用通用图形软件，全部由自己完成，工作量巨大，而且未必画得逼真规范，事倍功半。应该使用带图库的商业图形软件，需要某个构图元素时，直接从图库中挑选，经过适当缩放、旋转后放置到页面中，节省时间提高效率，制作的图形规范美观，显得更为专业，达到事半功倍的效果。常见的带图库商用软件有 Microsoft Visio 和 SmartDraw。

Microsoft Visio 是 Microsoft Windows 系统的流程图和矢量绘图软件，支持制作流程图、架构图、网络图、日程表、模型图、甘特图和思维导图等。Visio 是 Office 家族的一员，和其他成员如 Word、Excel 等结合得很好，图形美观，风格一致。图库涉及多个行业，且每个行业涉及多个领域如 IT 行业就有软件、数据库、网络等领域。自带图库一般能满足基本需求，更重要的是，Visio 有很好的图库扩充机制，由于 Visio 市场占有率高，几乎成行业标准，第三方提供扩充图库产品时，往往把 Visio 作为首选，这使得 Visio 的图库扩充能够源源不断。

图 2-1-7 所示是 Microsoft Visio 2010 中的一个界面，在图的中央是笔者从左边图元面板中拉出的一些网络设备图元组成，从中可以看出，这些设备图元外观都非常漂亮。当然实际中可以从软件中直接提取的图元远不止这些。这些都可以从其左边图元面板中直接得到。在下面的任务中将介绍这款网络结构软件在网络拓扑结构绘制中的应用方法。

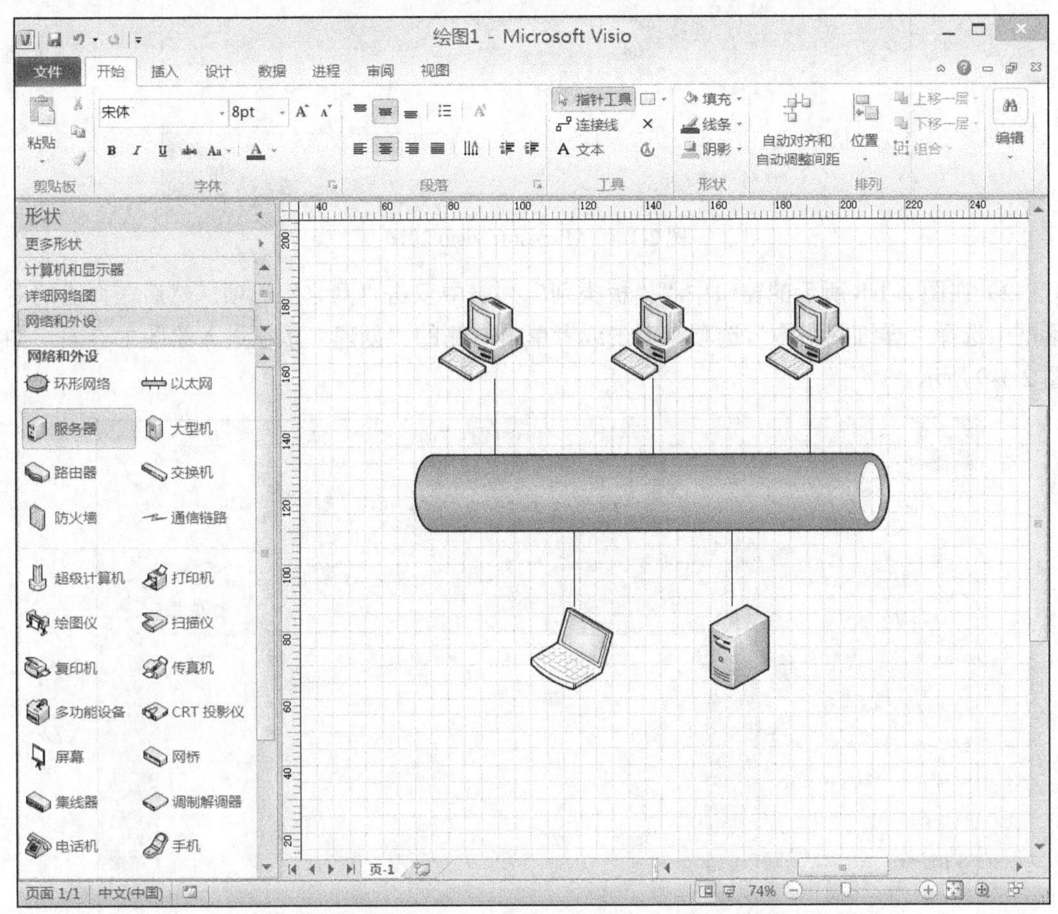

图 2-1-7 Microsoft Visio 2010 编辑界面

实现步骤

1）打开 Microsoft Visio 2010 软件，如图 2-1-8 所示。

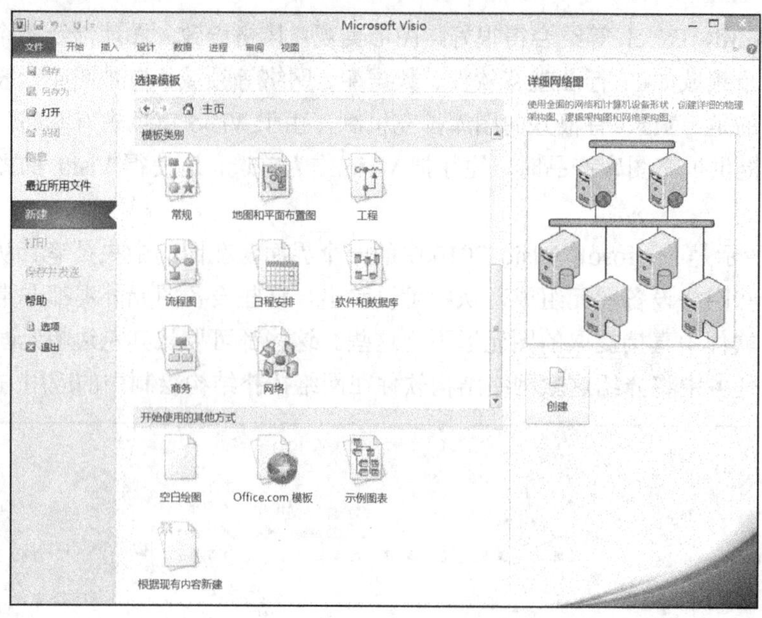

图 2-1-8　Microsoft Visio 2010

2）在图 2-1-8 所示的窗口中“模板类别”列表中双击“网络”选项，然后在弹出的对话框中选择“详细网络图”选项，双击或者单击右侧的“创建”按钮进入绘图主界面，如图 2-1-9 所示。

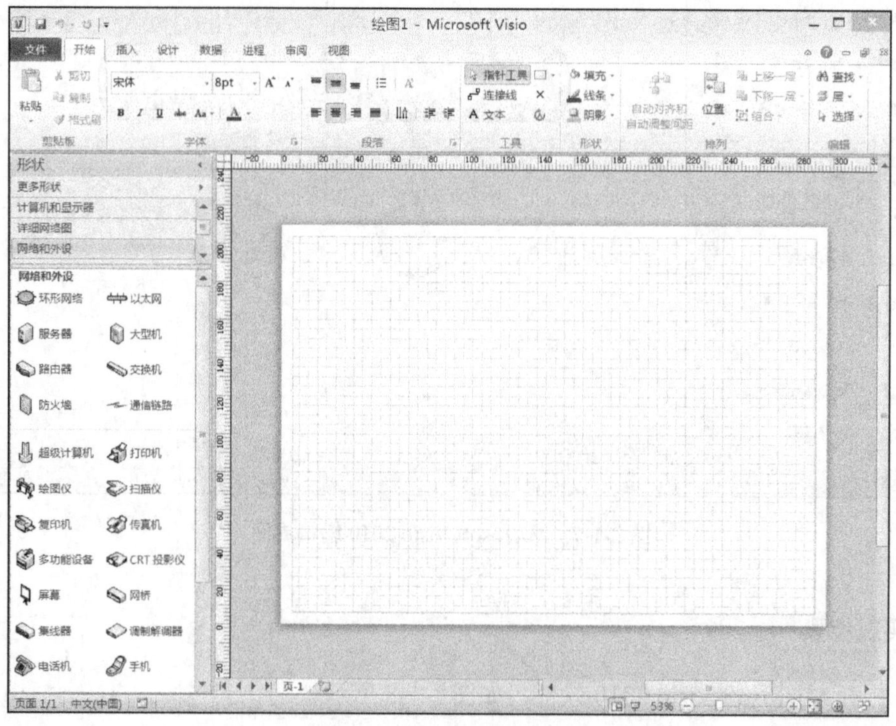

图 2-1-9　Visio 编辑窗口

3）在绘图主界面有绘制基本网络图所需的一些基本形状，可选择合适的形状通过鼠标指针拖到绘图面板上；在左边图元列表中选择“网络和外设”选项，在其中的图元列表中选择“交换机”选项（因为交换机通常是网络的中心，首先确定好交换机的位置），按住鼠标左键把交换机图元拖到右边窗口中的相应位置，然后松开鼠标左键，得到一个交换机图元。它还可以在按住鼠标左键的同时拖动四周的小方格来调整图元大小，通过按住鼠标左键的同时旋转图元顶部的小圆圈，以改变图元的摆放方向，再通过把鼠标指针放在图元上，然后在出现 4 个方向箭头时按住鼠标左键可以调整图元的位置，通过双击图元可以查看它的放大图。

4）根据所要绘制的基本网络图，选择合适的形状拖到绘图面板上，并排列好顺序，图形对齐，保证图纸的美观。在更改图元大小、方向和位置时，一定在工具栏中选择“选取”工具，否则不会出现表明图元大小、方向和位置的方点和圆点，无法调整。

5）图形选择完成后，再绘制连接线，可通过图形自带的连接线绘制，即使用工具栏中的连接线连接线工具进行连接，在选择了该工具后，单击要连接的两个图元之一，此时会有一个红色的方框，移动鼠标选择相应的位置，当出现紫色星状点时按住鼠标左键，把连接线拖到另一图元，注意此时如果出现一个大的红方框则表示不宜选择此连接点，当出现小的红色星状点时即可松开鼠标，连接成功，在连接线上右击，可以设置连接线的样式，并设置直角、直线和曲线 3 种方式。要删除连接线，只需先选取相应连接线，然后再按“Delete”键即可。

6）以同样的方法添加一台服务器，并把它与交换机连接起来。服务器的添加方法与交换机一样，在此只介绍交换机与服务器的连接方法。在 Visio 2010 中介绍的连接方法很复杂，其实可以不用过于深究。

7）设备连接线绘制完成之后，接下来可对基本网络图上的各个形状进行文字备注。单击绘图功能键里的“文本”按钮，即可添加文字备注了。例如，要为交换机标注型号，可利用指针工具选中相应图标，单击工具栏中的“文本”按钮，即可在图元下方显示一个小的文本框，此时你可以输入文本标注了。输入完后在空白处单击即可完成输入，图元恢复原来调整后的大小。

标注文本的字体、字号和格式等都可以通过工具栏中的“格式”按钮来调整，如果要使调整适用于所有标注，则可在图元上右击，在弹出的快捷菜单中选择“格式”→“文本”命令，打开如图 2-1-10 所示“文本”对话框，进行详细的配置。标注的输入文本框位置也可通过按住鼠标左键移动。

8）网络图绘制完成后，可以直接保存成 Visio 格式的文件。如果对方无法直接查看 Visio 文件时，可以选择菜单“文件”→“另存为”命令，将 Microsoft Visio 文件保存为图片格式，也可将绘图保存成网页的形式。

以上只是介绍了 Visio 的极少一部分网络拓扑结构绘制功能，其使用方法比较简单，操作方法与 Word 类似，要掌握它的使用，需要多去练习。

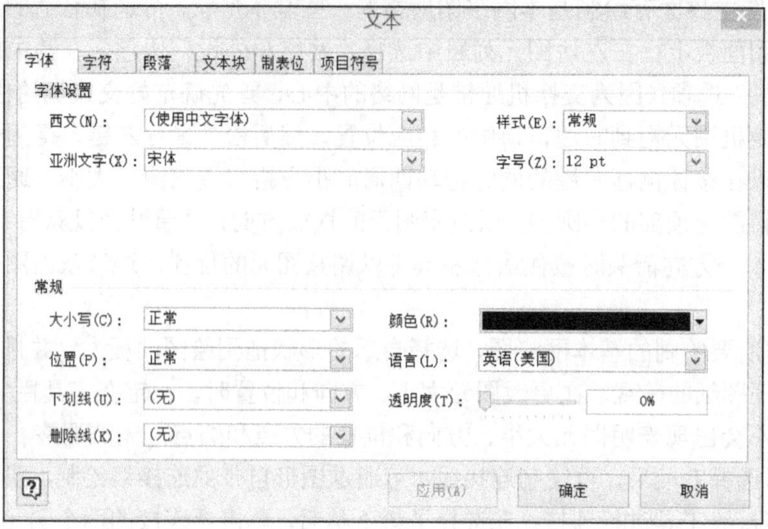

图 2-1-10 “文本”对话框

任务二 网络设备认识

任务说明

不论是局域网，还是广域网，在物理上通常都是由网卡、集线器、交换机、路由器、网线、RJ-45 接头等网络设备和传输介质组成的。网络设备的种类繁多，且与日俱增，常见的网络设备有中继器、网桥、路由器、网关（Gateway）、防火墙、交换机等设备。它们在网络中分别起着不同的作用，只有清楚它们各自的功能和作用后，才能根据网络组建的实际需要选择相应的设备。

任务分析

本任务要求认识常见的网络设备，掌握其连接方法，从而能够更好地为组建局域网选择合适的网络硬件设备。因此，完成本任务需要掌握以下知识：

1）常见网络互联设备。

2）常见网络互联设备的基本功能。

1. 中继器

中继器是连接网络线路的一种装置，常用于两个网络结点之间物理信号的双向转发工作。中继器是最简单的网络互联设备，主要完成物理层的功能，负责在两个结点的物理层上按位传递信息，完成信号的复制、调整和放大功能，以此来延长网络的长度。

当需要安装的局域网的物理距离超过了允许的范围时，就可以用中继器将该局域网的范围进行延伸，如图 2-2-1 所示。中继器的使用一般是有数目限制的，如以太网著名的“5-4-3”规则：以太网最多可以有 5 个网段，由 4 个中继器相连，而且为了防止冲突，最多只能在其中的 3 个网段连接工作站。

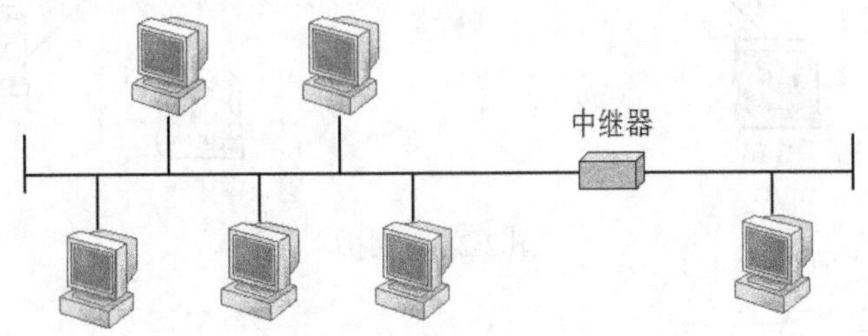

图 2-2-1　中继器的使用

2. 集线器

集线器的英文名称 Hub 是“中心”的意思。集线器的主要功能是对接收到的信号进行再生整形放大，以扩大网络的传输距离，可以说它是一种特殊的多口中继器，常见的集线器使用如图 2-2-2 所示。

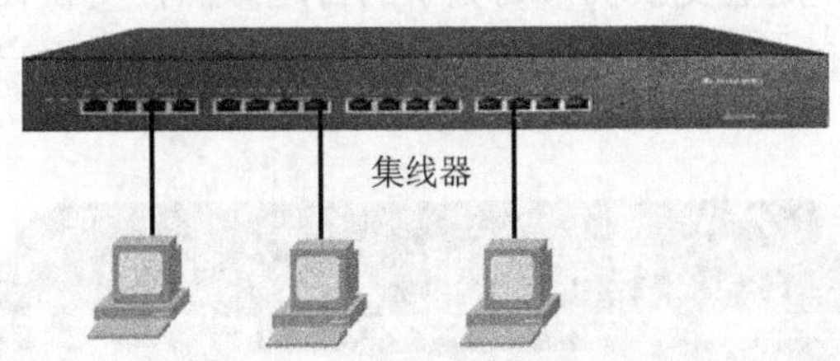

图 2-2-2　集线器的使用

集线器作为中心结点实现各个工作站及服务器之间的点对点连接。其连接简单方便，单个端口设备的故障不会影响整个网络的连接，但目前在局域网中已很少使用。

3. 网桥

网桥（Bridge）也称桥接器，是连接两个局域网的存储转发设备。它能将一个较大的局域网分割为多个网段，或将两个以上的局域网连接为一个逻辑局域网，网桥可以是专门的硬件设备，也可以在计算机安装网桥软件来实现，如图 2-2-3 所示。

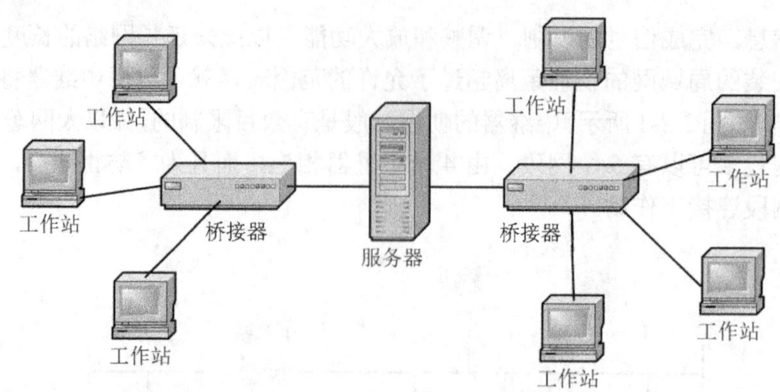

图 2-2-3 网桥

4. 交换机

这些年来，随着连接设备硬件技术的提高，已经很难再把集线器、网桥、路由器和交换机之间的界限划分得很清楚了。从这个意义上讲，交换机与网桥相似。但事实上，它相当于一台多口的网桥。

在现代网络设计中，通过使用交换机可显著地提高整个用户网络的应用性能，为此交换机也越来越受到更多网络用户的青睐。交换机设备除了在速度上给网络用户带来优势外，还可以提供更多的功能。随着交换机市场竞争的日趋激烈，交换设备的价格亦更加能为用户所接受。在国际市场上，交换机已经迅速代替集线器，成为用户构造网络时的首选，如图 2-2-4 所示。

图 2-2-4 交换机

相对于用集线器组成的网络——共享式网络，我们把用交换机组成的网络称为交换式网络。即集线器采用共享方式进行数据传输，而交换机的工作原理则采用“交换”式进行数据传输。如果把“共享”和“交换”理解成公路，“共享”方式就是来回车辆共用一个车道的单车道公路，而“交换”方式则是来回车辆各用一个车道的双车道公路。“共享”和“交换”的数据传输方式示意如图 2-2-5 所示。

(a)“共享”方式　　(b)“交换”方式

图 2-2-5 “共享”和“交换”的数据传输方式

共享式以太网存在的主要问题是所有用户共享带宽，每个用户的实际可用带宽随网络用户数的增加而递减。这是因为当信息繁忙时，多个用户可能同时“争用”一个信道，而一个信道在某一时刻只允许一个用户占用，所以大量的用户经常处于监测等待状态，致使信号传输时产生抖动、停滞或失真，严重影响了网络的性能。而在交换式以太网中，交换机通过内部的交换矩阵将网络划分为多个网段，提供给每个用户专用的信息通道，除非两个源端口企图同时将信息发往同一个目的端口，否则多个源端口与目的端口之间可同时进行通信而不会发生冲突。

交换机在连接方式、速度选择等与集线器基本相同，只是在工作方式上有所不同，例如，交换机同样从速度上分为10Mb/s、100Mb/s和1000Mb/s等几种，目前社会上已经有万兆交换机的使用，所提供的端口数多为8口、16口和24口等几种，只是设备成本较高。

网络交换机在网络中一般作为局域网的核心主干连接设备，如网络中心、数据中心等，或者用在一些较高网络通信流量的场合，如图像处理、视频流等，对网络响应速度要求比较高的场合也经常采用。

5. 路由器

路由器的一个作用是连通不同的网络，另一个作用是选择信息传送的线路。选择通畅快捷的近路，能大大提高通信速度，减轻网络系统通信负荷，节约网络系统资源，提高网络系统畅通率，从而让网络系统发挥出更大的效益。

路由器主要作为将局域网接入广域网的核心设备。路由器通过路由决定数据的转发。转发策略称为路由选择（Routing），这也是路由器名称的由来。路由器也是互联网的主要结点设备，作为不同网络之间互相连接的枢纽，路由器系统构成了基于TCP/IP 的国际互联网络Internet的主体脉络，也可以说，路由器构成了Internet的骨架。它的处理速度是网络通信的主要瓶颈之一，它的可靠性则直接影响着网络互联的质量。因此，在园区网、地区网、乃至整个Internet研究领域中，路由器技术始终处于核心地位，其发展历程和方向，成为整个Internet研究的一个缩影。在当前我国网络基础建设和信息建设方兴未艾之际，探讨路由器在互联网络中的作用、地位及其发展方向，对于国内的网络技术研究、网络建设，以及明确网络市场上对于路由器和网络互联的各种似是而非的概念，都有重要的意义。

路由器是网络互联设备，根据路由器的应用场合，路由器可分为接入路由器、企业级路由器、骨干级路由器、太比特路由器4大类型，宽带路由器属于接入路由器，用于局域网共享宽带上网，宽带路由器集多项功能于一体。

首先，宽带路由器是一款简单的路由器，具有路由器的基本功能——网络互联，支持局域网（家庭或中小型企业客户）与Internet的互联，支持网络地址转换（NAT）实现局域网共享上网。

其次，宽带路由器作为宽带接入设备，支持各种的宽带接入方式，一般都支持LAN、ADSL、专线等常规接入。

再次，宽带路由器为了中小型用户的组网方便，内置了一个小交换机，一般提供 4 或 8 个交换端口便于用户组建自己的内网；同时支持动态主机配置协议（DHCP）服务，自动分配 IP 地址，提供安全、可靠、简单的网络设置，避免地址冲突，这些对于缺乏专业知识的家庭、中小型单位用户来说非常重要。

最后，宽带路由器为了满足中小型网络用户的安全需要，内置了一个基本的防火墙，支持物理地址（MAC 地址）过滤、访问控制列表（ACL)、非军事区（DMZ）等安全措施；部分宽带路由器支持虚拟专用网（VPN）功能，利用 Internet 公用网络建立一个安全的私有网络，对于企业用户来说，不仅可以节约开支，而且能保证企业信息安全。

与大型的路由器比较起来，宽带路由器的结构相对简单，技术门槛较低，厂商的研发也显得十分容易，致使为数不少的网络设备厂商推出了自己的宽带路由产品，不仅思科、华为、3Com、D-Link、中兴等传统的网络设备大厂商推出宽带路由器产品，TP-LINK、腾达、磊科、阿尔法等新兴的国内厂商也不断地推出新品。图 2-2-6 所示为 TP-LINK 的宽带路由器。

6. 调制解调器

调制解调器（Modem）是一种接入设备，将计算机的数字信号转译成能够在常规电话线中传输的模拟信号。调制解调器在发送端调制信号并在接收端解调信号。许多接入方式离不开调制解调器，图 2-2-7 所示为 ADSL Modem，它是为 ADSL 提供调制数据和解调数据的机器。

图 2-2-6　TP-LINK 宽带路由器

图 2-2-7　ADSL Modem

调制解调器可以作为内部设备，插在系统的扩展槽中；或作为外部设备，插在串口或 USB 端口中；或笔记本电脑所用的 PCMCIA 板；或专为如手提式计算机等系统中使用而设计的设备。另外，许多笔记本电脑配备了集成调制解调器，还提供了机架式调制解调器供大范围地使用调制解调器，如 Internet 服务提供商（ISP）。

实现步骤

1. 认识常见网络设备

学生进入相应网络环境，指导教师系统介绍网络的组成，相关设备在网络中的作用，从而让学生了解计算机网络中的网络设备。同时，记录网络中使用的计算机网络硬件设备的名称及型号。

2. 了解交换机及其连接

1）观察交换机的外部结构，弄清各外部接口的作用、接线方式及各指示灯的含义。

2）给交换机加上电源，仔细观察交换机加电过程中各指示灯状态的变化；一般情况下，当各端口未接计算机时，交换机正常工作时前面板上应当只有电源指示灯和自测指示灯为绿色，其余指示灯不亮。

3）按星形拓扑结构，使用已做好的双绞线将交换机与 4 台计算机连接在一起，其中一台计算机接打印机。观察相关设备端口指示灯变化。

3. 了解 ADSL Modem 及其连接

根据图 2-2-8 所示连接相关硬件，并观察相关设备端口指示灯的变化。

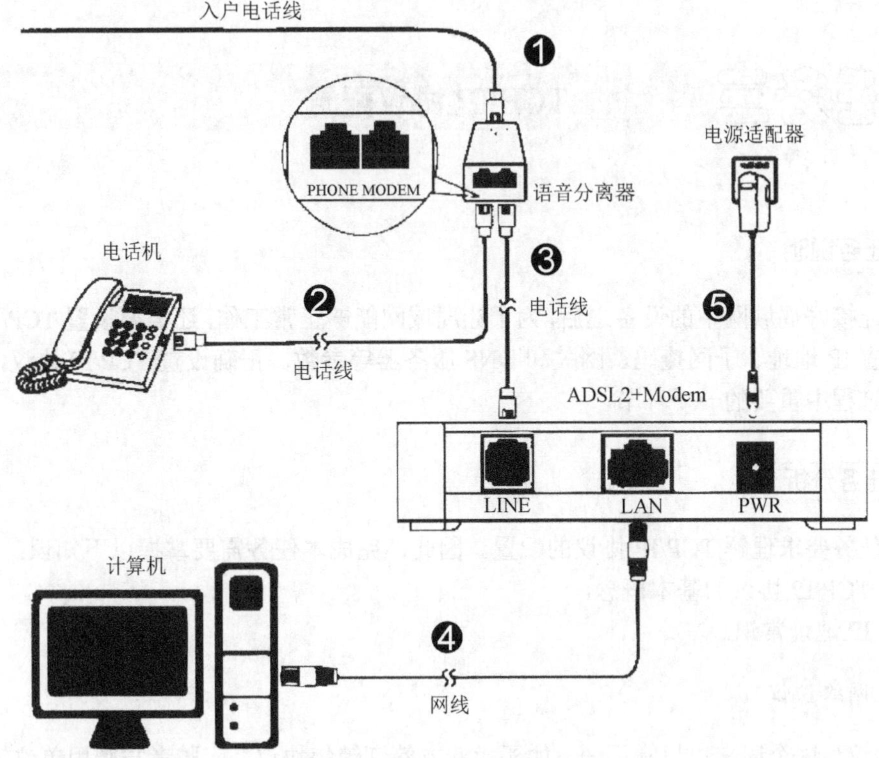

图 2-2-8　ADSL Modem 及其连接

4. 了解宽带路由器及其连接

根据图 2-2-9 所示进行硬件连接。

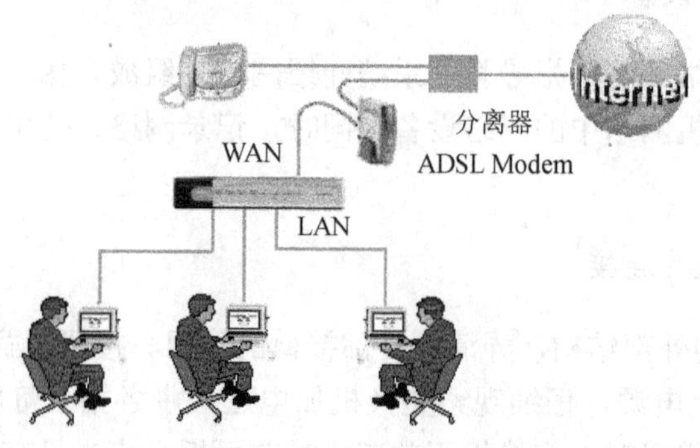

图 2-2-9　宽带路由器及其连接

1）宽带路由器与计算机的连接：将双绞线的一端插入计算机网卡接口，另一端插入宽带路由器的普通接口（LAN）。使用同样的方法将所有计算机都连接到宽带路由器上，并观察相关设备端口指示灯的变化。

2）宽带路由器与 ADSL Modem 的连接：将 ADSL Modem 自带的网线一端插入 ADSL Modem 的 LAN 接口，另一端插入宽带路由器的 Uplink 接口，并观察相关设备端口指示灯的变化。

任务三　TCP/IP 协议配置

任务说明

在连接好局域网中的设备之后，为了让局域网能够正常工作，还需要设置 TCP/IP 协议，详细设置 IP 地址、子网掩码、网关和 DNS 服务器等参数。正确设置 TCP/IP 协议，是局域网组建过程中重要的一个环节。

任务分析

本任务要求理解 TCP/IP 协议的配置。因此，完成本任务需要掌握以下知识：

1）TCP/IP 协议的基本概念。

2）IP 地址常识。

1. 网络协议

“协议”这个词来自日常用语，如买卖双方签订销售协议、应聘者与聘用单位签订聘用协议等，广义上讲，协议就是当事双方就某一事件的约定。

通过网络交互信息，通信双方必须事先约定，遵守一组相同的规则，才能确保数据通过网络从数据源成功地传送到数据目的地，这些规则的集合就是网络协议。

2. TCP/IP 协议

在 Internet 没有形成之前，各个地方已经建立了很多小型的网络，称为局域网，Internet 实际上就是将全球各地的局域网连接起来而形成的一个“计算机网络的网络”。然而，在连接之前的各式各样的局域网却存在不同的网络结构和数据传输规则，将这些小网连接起来后各网之间要通过什么样的规则来传输数据呢？这就像世界上有很多个国家，各个国家的人说各自的语言，世界上任意两个人要怎样才能互相沟通呢？如果全世界的人都能够说同一种语言（即世界语），这个问题就可以解决了。TCP/IP 协议正是 Internet 上的“世界语”。

传输控制协议/网际协议（Transmission Control Protocol/Internet Protocol，TCP/IP），从名称上看，其包括两个协议：传输控制协议（TCP）和网际协议（IP），但 TCP/IP 实际上是一组协议，它包括上百个各种功能的协议，如远程登录（Telnet）、文件传输（FTP）、超文本传输协议（HTTP）和 Internet 控制报文协议（ICMP）等，因此可以说 TCP/IP 是 Internet 协议集，而不单单是 TCP 和 IP。但 TCP 和 IP 是保证网络中数据完整传输的两个基本的重要协议，它们负责把需要传输的信息分割成许多“小包”（也称为“数据报”），然后将这些数据报发往目的地，它能有效地保证传输的安全性和正确性。

在现实生活中，进行货物运输时都是把货物包装成一个个的纸箱或者是集装箱之后才进行运输，在网络世界中各种信息也是通过类似的方式进行传输的。IP 规定了数据传输时的基本单元和格式。如果将网络世界中信息的传输比做货物运输，则 IP 规定了货物打包时的包装箱尺寸和包装的程序。除了此以外，IP 还定义了数据报的递交办法和路由选择。同样用货物运输作比喻，IP 规定了货物的运输方法和运输路线。

IP 已经规定了数据传输的主要内容，但传输是单向的，即发出去的货物对方有没有收到我们是不知道的。就好像我们平时在邮局发给朋友的平信一样，正因为如此，我们对于那些重要的信件会寄挂号信。TCP 就是帮我们寄“挂号信”的。TCP 提供了可靠的面向对象的数据流传输服务的规则和约定。简单地说，在 TCP 模式中，当你的计算机需要与另一台远程计算机连接时，TCP 会让你们建立一个连接，用于发送和接收资料以及终止连接。当对方发一个数据报给你，你就需要发一个确认数据报给对方，从而通过这种确认来提供可靠性。

综上所述，虽然 IP 和 TCP 这两个协议的功能不尽相同，也可以分开单独使用，但它们是在同一时期作为一个协议来设计的，并且在功能上也是互补的。只有两者结合，才能保证 Internet 在复杂的环境下正常运行。凡是要连接到 Internet 的计算机，都必须同时安装和使用这两个协议，因此在实际中常把这两个协议统称作 TCP/IP 协议。在实际的应用中，TCP/IP 需要一个 IP 地址、一个子网掩码、一个默认网关、一个主机名和一个域名。

3. IP 地址

我们知道，Internet 是由世界各地许许多多的计算机通过不同的方式连接在一起的。

Internet 上的每一台独立的计算机都有唯一的地址与之对应，这就像实际生活中的门牌号码，每个房间都有一个独立的门牌号码与其他房间区分开来。这个地址就是我们平时经常听说到的IP（Internet Protocol 的简写）地址，即用 Internet 协议语言表示的地址。根据 TCP/IP 协议规定，IP 地址是由 32 位二进制数组成，而且在 Internet 范围内是唯一的。例如，某台连在 Internet 上的计算机的 IP 地址为 11010010 01001001 10001100 00000010。很明显，这些数字对于人来说不太好记忆。人们为了方便记忆，就将组成计算机的 IP 地址的 32 位二进制分成 4 段，每段 8 位，中间用小数点隔开，用小数点分开的每个字节的数值范围是 0～255，然后将每 8 位二进制转换成十进制数，这样上述计算机的 IP 地址就变成了：210.73.140.2，这种书写方法叫做点数表示法。

Internet 并不是一个单一的计算机网络，而是一个网间网，即它是一个将许多较小的计算机网络彼此互连在一起的巨型网络，那么在 Internet 上这个庞大的网间网中，每个较小的网络也应该有自己的标志。就像我们日常生活中的电话号码，其前几位表示该电话是属于哪个地区，后面的数字表示该地区的某个电话号码。IP 地址的结构也与电话号码有类似之处。在网络中，计算机的 IP 地址也分成两部分，分别为网络标志和主机标志，即把 IP 地址的 4 段划分为两个部分，一部分用以标明具体的网络段，即网络标志；另一部分用以标明具体的结点，即主机标志，也就是说某个网络中特定的计算机号码。例如，温州热线的服务器的 IP 地址为 202.107.217.66，对于该 IP 地址，可以把它分成网络标志和主机标志两部分，这样上述的 IP 地址就可以写成如下形式。

1）网络标志：202.107.217.0。

2）主机标志：66。

3）IP 地址：202.107.217.66。

其中网络标志一个物理的网络，同一个网络上所有主机是同一个网络标志，该标志在 Internet 中也是唯一的；而主机标志则是确定网络中的一个工作端、服务器、路由器及其他 TCP/IP 主机。对于同一个网络标志来说，主机标志是唯一的，每个 TCP/IP 主机由一个逻辑 IP 地址确定。没有两个网络能够分配同一个网络标志，同一网络上的两台计算机也不可能分配同一个主机标志。

IP 地址可以确认网络中的任何一个网络和计算机，而要区分不同的网络或其中的计算机，则是根据这些 IP 地址的分类来确定的。一般将 IP 地址按结点计算机所在网络规模的大小分为 A、B、C 三类，默认的子网掩码是根据 IP 地址中的第一个字段确定的。

（1）A 类地址

如果用二进制表示 A 类 IP 地址，它由 1 字节的网络标志和 3 字节主机标志组成，其网络标志的最高位固定是“0”。在十进制表示的 4 段数值中，第一段数值为网络标志，表示网络本身的地址，剩下的三段数值为主机标志，表示本地连接于网络上的主机的地址，第一段数值范围是 1～126。其表示范围为 0.0.0.0～126.255.255.255。由此可以看出，A 类地址只有 124 个网络标志号，但每个网络中却最多可容纳 16777214（即 $2^{24}-2$）台主机，因此一般分配给具有大量主机（直接个人用户）而局域网络个数较少的大型网络。

（2）B 类地址

如果用二进制表示 B 类 IP 地址，它由 2 字节的网络标志和 2 字节主机标志组成，其网络标志的最高位固定是“10”。在十进制表示的 4 段数值中，前两段数值为网络标志，表示网络本身的地址，后两段数值为主机标志，表示本地连接于网络上的主机的地址，第一段数值范围是 128～191。其表示范围为 128.0.0.0～191.255.255.255，B 类地址允许有 16384（即 2^{14}）个网段，网络中的主机标志占 2 组 8 位二进制数，每个网络允许有 65534（即 $2^{16}-2$）台主机，适用于主机比较多的大中规模网络。

（3）C 类地址

如果用二进制表示 C 类 IP 地址的话，它由 3 字节的网络标志和 1 字节主机标志组成，其网络标志的最高位固定是“110”。在十进制表示的 4 段数值中，前三段数值为网络标志，表示网络本身的地址，最后一段数值为主机标志，表示本地连接于网络上的主机的地址，第一段数值范围是 192～223。其表示范围为 192.0.0.0～223.255.255.255。C 类地址允许有 2097152（即 2^{21}）个网段，网络中的主机标志占 1 组 8 位二进制数，每个网络允许有 254（即 2^8-2）台主机，其网络地址数量相对较多，适用于小规模的局域网络，如中小型局域网和校园网，每个网络最多只能包含 254 台计算机。IP 地址的使用范围归纳见表 2-3-1。

表 2-3-1　IP 地址的使用范围

网络类别	最大网络数	第一个可用的网络号	最后一个可用的网络号	每个网络中的最大主机数
A	$126(2^7-2)$	1	126	16777214
B	$16384(2^{14})$	128.0	191.255	65534
C	$2097152(2^{21})$	192.0.0	223.255.255	254

在实际上，还存在着 D 类地址和 E 类地址。但这两类地址用途比较特殊，在这里只是简单介绍一下：D 类地址称为广播地址，供特殊协议向选定的结点发送信息时使用。E 类地址保留给将来使用。IP 地址分类见表 2-3-2。

表 2-3-2　IP 地址分类

<table>
<tr><th rowspan="2">网络类别</th><th colspan="4">标　志</th></tr>
<tr><th>第 1 个字节</th><th>第 2 个字节</th><th>第 3 个字节</th><th>第 4 个字节</th></tr>
<tr><td>A</td><td>0　网络标志</td><td colspan="3">主机标志</td></tr>
<tr><td>B</td><td>1　0</td><td>网络标志</td><td colspan="2">主机标志</td></tr>
<tr><td>C</td><td>1　1　0</td><td colspan="2">网络标志</td><td>主机标志</td></tr>
</table>

IP 地址在全世界范围内是唯一的，但是经常会看到如 192.168.0.1 这样的地址出现在不同的网络中，并不唯一，这是为什么呢？

其实，这是 Internet 管理委员会规定的私有地址，所谓私有地址是指自己组建局域网的时候使用，但不能在 Internet 上使用，这些私有地址在 Internet 上属于无效地址，因此在局域网内部设置这些地址的计算机要上网，就必须转换成为合法的 IP 地址，也称为公网地址，公网地址是分配给注册并向 Inter NIC 提出申请的组织机构，通过它可以直接访问 Internet。下面是 A、B、C 类网络中的私有地址段。我们在自己组建内部局域网络的时候就可以用到这些地址了。

1）A 类：10.0.0.1～10.255.255.254。

2）B 类：172.16.0.1～172.131.255.254。

3）C 类：192.168.0.1～192.168.255.254。

除了上面所说的这些 IP 地址外，还有几种特殊类型的 IP 地址，TCP/IP 协议规定如下。

1）回环地址：A 类网络地址 127 是一个保留地址，用于网络软件测试以及本地机进程间通信，叫做回环地址（Loopback Address）。无论什么程序，一旦使用回环地址发送数据，协议软件立即返回，不进行任何网络传输。含网络号 127 的分组不能出现在任何网络上。我们经常采用 ping 127.0.0.1 来测试本机的 TCP/IP 协议。当然如果需要使用本机的一些服务，如 SQL Server、IIS 等，也可以直接用 127.0.0.1 这个地址。

2）广播地址：主机标志全为“1”的网络地址用于广播，叫做广播地址。所谓广播，指同时向同一子网所有主机发送报文。

3）网络地址：主机标志全为“0”则表示网络本身，如果各个位都为“0”，则表示“只有这个网络”，而这个网络上没有任何主机。

具体的特殊 IP 地址见表 2-3-3。

表 2-3-3　特殊的 IP 地址

网络标志	主机标志	地址类型	用　途
任何	全“0”	网络地址	代表一个网段
任何	全“1”	广播地址	特定网段的所有结点
127	任何	回环地址	回环测试
全“0”		所有网络	只有这个网络
全“1”		广播地址	本网段的所有结点

在 Internet 中，一台计算机可以有一个或多个 IP 地址，就像一个人可以有多个电话号码一样，但两台或多台计算机却不能共享一个 IP 地址。如果有两台计算机的 IP 地址相同，则会引起异常现象，无论哪台计算机都将无法正常工作。

4. 子网掩码

IP 地址是以网络标志和主机标志来标示网络及网络上的主机的，只有在一个网络标志下的计算机之间才能“直接”相互通信，不同网络标志的计算机要通过网关才能互通。但这样的划分在某些情况下显得十分不灵活。为此 IP 网络还允许划分成更小的网络，称为子网（Subnet），这样就产生了子网掩码。子网掩码的作用就是用来判断任意两个 IP 地址是否属于同一个子网络，即在一个 IP 地址中，通过子网掩码来决定哪部分表示网络，哪部分表示主机。计算机通过 IP 地址和掩码才能知道自己是在哪个网络中。所以掩码很重要，必须配置正确，否则的话，就得出错误的网络地址了。但是子网掩码也不能单独存在，它必须结合 IP 地址一起使用。

子网掩码的设定必须遵循一定的规则。与 IP 地址相同，子网掩码的长度也是 32 位，左边是网络位，用二进制数字“1”表示；右边是主机位，用二进制数字“0”表示。A、B、C 类地址系统默认的子网掩码见表 2-3-4。

表 2-3-4 默认的子网掩码

地址类型	地址举例	子网掩码
A 类地址（1～126）	61.153.10.1	255.0.0.0
B 类地址（128～191）	158.170.12.1	255.255.0.0
C 类地址（192～223）	202.18.212.10	255.255.255.0

在表 2-3-4 中 A 类地址 61.153.10.1 的系统默认子网掩码 255.0.0.0，换算成二进制即为 11111111.00000000.00000000.00000000，可以看出，其前 8 位是“1”，代表与此相对应的 IP 地址左边 8 位即第一段数值是网络标志，后 24 位是“0”，代表与此相对应的 IP 地址右边 24 位即后三段是主机标志。即如果用系统默认的子网掩码，对于 A 类地址来说，只需要看第一段地址即可看出是不是同一网络的。例如，61.153.10.1 和 61.240.230.1，第一段都为 61，那么这两个地址就是一个网段的。这样，子网掩码就确定了一个 IP 地址的 32 位二进制数字中哪些是网络号、哪些是主机号。这对于采用 TCP/IP 协议的网络来说非常重要，只有通过子网掩码，才能表明一台主机所在的子网与其他子网的关系，网络才可正常工作。

既然子网掩码可以决定 IP 地址的哪一部分是网络标志，而子网掩码又可以人工进行设定，因此，可以通过修改子网掩码的方式来改变原有地址分类中规定的网络号和主机号。即可以根据实际需要，既可以使用 B 类或 C 类地址的子网掩码（即 255.255.0.0 或 255.255.255.0），将原有的 A 类地址的网络号由 1 字节改变为 2 或 3 字节，或者使用 C 类地址的子网掩码（即 255.255.255.0），将原有 B 类地址的网络号由 2 字节改变为 3 字节，从而增加网络数量，减少每个网络中的主机容量；也可以使用 B 类地址的子网掩码（即 255.255.0.0）将 C 类地址的子网掩码由 3 字节改变为 2 字节，从而增加每个网络中的主机容量，减少网络数。

5. 默认网关

所谓网关就是指从一个网络向另一个网络发送信息，所必须经过的一道“关口”。默认网关（Default Gateway）就是指当一台主机找不到可用的网关，就把数据报发送给默认指定的网关，由这个网关来处理数据报。现在主机使用的网关，一般指的就是默认网关。

只有设置好默认网关的 IP 地址，TCP/IP 协议才能实现不同网络之间的相互通信。那么，对于企业网络而言，这个 IP 地址是什么呢？如果采用合法的 IP 地址，该网关由 ISP 提供；如果采用私有 IP 地址，该网关就是代理服务器或路由器内部端口的 IP 地址。否则的话，计算机不知道该把数据报转到何处。

需要特别注意的是，默认网关一定是计算机自己所在的网段中的 IP 地址，而不会是其他网段中的 IP 地址。

6. DNS

域名服务器（Domain Name Server，DNS）用来把域名转换成为网络可以识别的 IP 地址。要知道 Internet 中的网站都是以一台一台服务器的形式存在的，我们怎么样才能到要访问的网站服务器上去呢？这就需要给每台服务器分配 IP 地址，通过 IP 地址查找。但是 Internet 上的网站无穷多，我们不可能记住每个网站的 IP 地址，这就产生了方便记忆的域名管理系统 DNS，它可以把我们输入的好记的域名转换为要访问的服务器的 IP 地址，这种转换工作称为域名解析，域名解析需要由专门的域名解析服务器来完成，DNS 就是进行域名解析的服务器。

在一个企业网络中，如果企业网络本身没有提供 DNS 服务，DNS 服务器的 IP 地址应当是 ISP 的 DNS 服务器。如果企业网络自己提供 DNS 服务，那么 DNS 服务器的 IP 地址就是内部 DNS 服务器的 IP 地址，在配置计算机时必须要把这个项目配置正确。

7. 局域网 IP 地址规划的注意事项

随着公网 IP 地址日趋紧张，中小企业往往只能得到一个或几个真实的 C 类 IP 地址。因此，在企业内部网络中，只能使用专用（私有）IP 地址段。在选择专用（私有）IP 地址时，应当注意以下几点：

1）为每个网段都分配一个 C 类 IP 地址段，建议使用 192.168.2.0～192.168.254.0 段 IP 地址。由于某些网络设备（如宽带路由器或无线路由器）或应用程序（如 ICS）拥有自动分配 IP 地址功能，而且默认的 IP 地址池往往位于 192.168.0.0 和 192.168.1.0 段，因此，在采用该 IP 地址段时，往往容易导致 IP 地址冲突或其他故障。所以，除非必要，应当尽量避免使用上述两个 C 类地址段。

2）合理使用子网掩码。通过修改子网掩码的方式来改变原有地址分类中规定的网络标志和主机标志，从而增加每个网络中的主机容量，减少网络数。即使选用 10.0.0.1～10.255.255.254 或 172.16.0.1～172.32.255.254 段 IP 地址，也建议采用 255.255.255.0 作为子网掩码，以获取更多的 IP 网段，并使每个子网中所容纳的计算机数量都较少。

实现步骤

1. 查看本地计算机名称

选中桌面上的“计算机”图标，右击，在弹出的快捷菜单中选择“属性”命令，在计算机属性窗口右下方的“计算机名称、域和工作组设置”栏目下，就可以看到计算机的名称了。

2. 查看本地计算机的 IP 地址

1）打开控制面板，如图 2-3-1 所示。在打开的窗口中单击“网络和 Internet”下的“查看网络状态和任务”超链接，打开“网络和共享中心”窗口，如图 2-3-2 所示。

图 2-3-1 控制面板

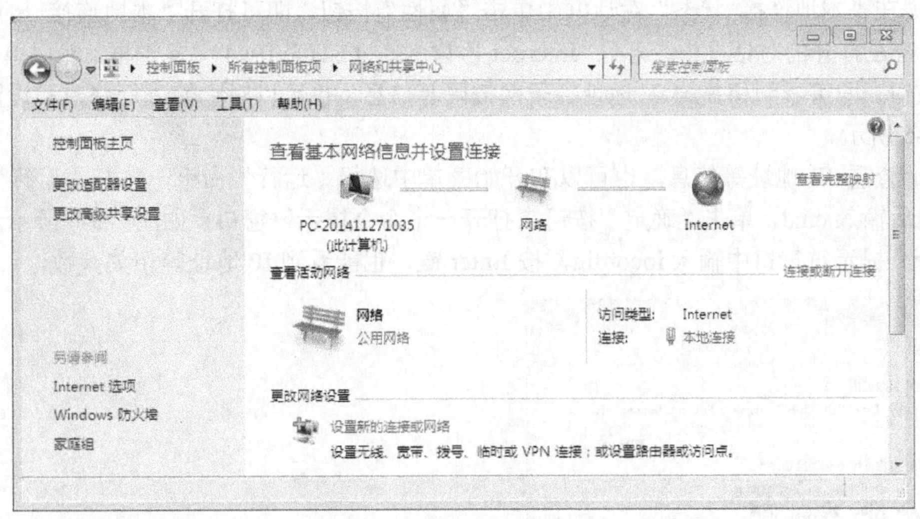

图 2-3-2 “网络和共享中心”窗口

2）在打开的窗口中单击“更改适配器设置”超链接。然后在打开的窗口中，双击“本地连接”图标，打开“本地连接 状态”对话框，如图 2-3-3 所示。

3）在打开的“本地连接 状态”对话框中，单击“详细信息”按钮，打开“网络连接详细信息”对话框，如图 2-3-4 所示。

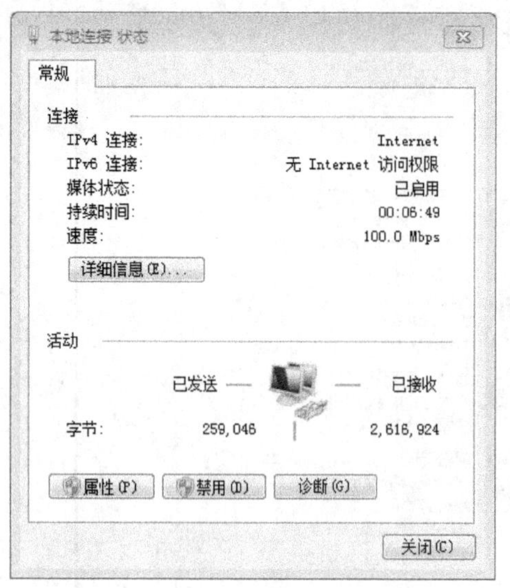

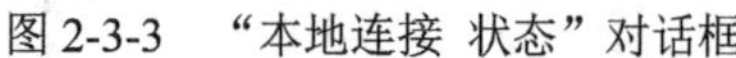
图 2-3-3 “本地连接 状态”对话框

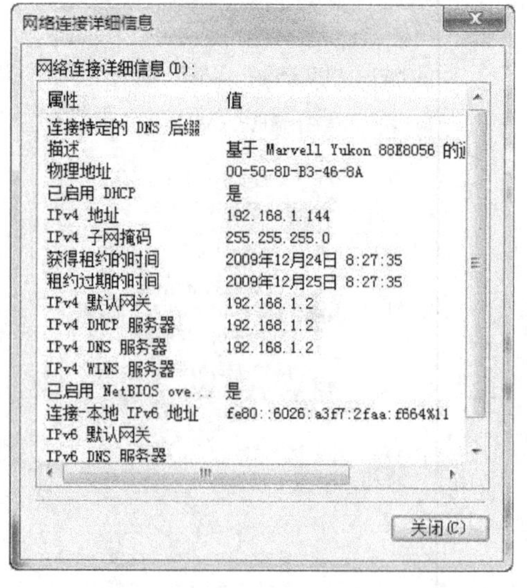

图 2-3-4 “网络连接详细信息”对话框

4）在打开的“网络连接详细信息”对话框中（图 2-3-4）。就可以查看到详细的 IP 地址信息了。

5）在“本地连接 状态”对话框中单击“属性”按钮，即可打开“本地连接 属性”对话框，若在打开的对话框中，选中“Internet 协议版本 4（TCP/IPv4）”复选框，然后单击“属性”按钮，即可看到相关的 IP 地址、子网掩码等信息，也可以对它们进行修改和设置，如图 2-3-5 所示。

6）查看 IP 地址等信息，也可以在开始菜单中选择“运行”命令，打开“运行”对话框，然后输入 cmd，单击“确定”按钮来打开一个命令提示符窗口，如图 2-3-6 所示。在打开的命令提示符窗口中输入 ipconfig，按 Enter 键，也能看到 IP 地址等相关参数。

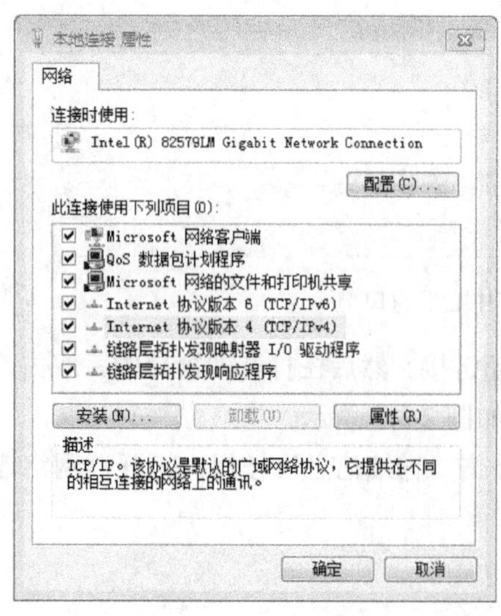

图 2-3-5 “本地连接 属性”对话框

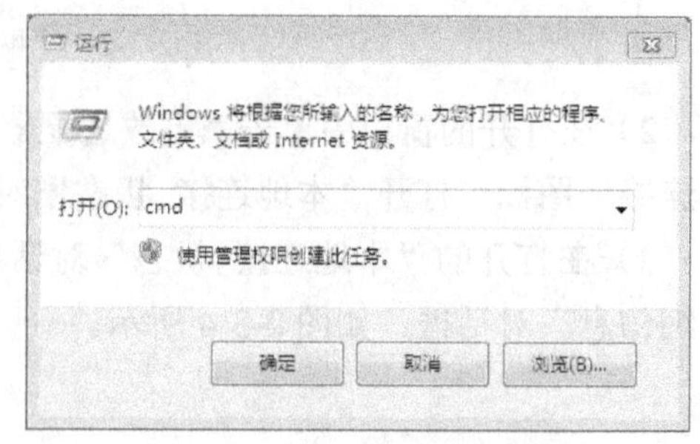

图 2-3-6 “运行”对话框

3. ipconfig 实用网络工具应用

ipconfig 是 Windows 操作系统中用于查看主机的 IP 配置命令，其显示信息中除了 IP 地址以外，还包括主机网卡的 MAC 地址信息。该命令还可释放动态获得的 IP 地址并启动新一次的动态 IP 分配请求。

1）ipconfig：如果使用 ipconfig 时不带任何参数选项，结果将返回每个接口的 IP 地址、子网掩码和默认网关值，如图 2-3-7 所示。

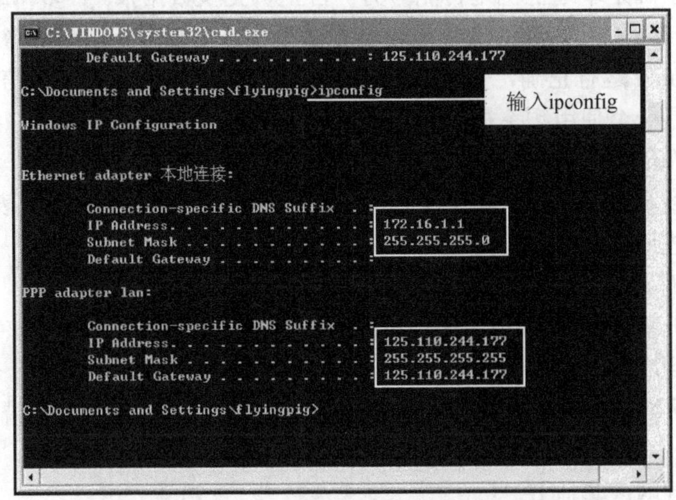

图 2-3-7 使用不带参数的 ipconfig 命令

2）ipconfig /all：当使用 all 选项时，ipconfig 能为 DNS 和 WINS 服务器显示它已配置且所要使用的附加信息（如 IP 地址等），并且显示网卡的物理地址。如果 IP 地址是从 DHCP 服务器租用的，ipconfig 将显示 DHCP 服务器的 IP 地址和租用地址预计失效的日期，如图 2-3-8 所示。

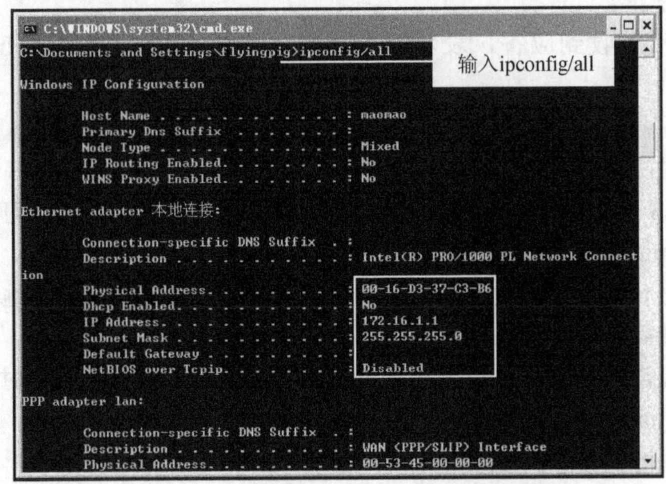

图 2-3-8 使用带参数 all 的 ipconfig 命令

3）ipconfig/release 和 ipconfig/renew：这两个命令只能在向 DHCP 服务器租用其 IP 地址的计算机上起作用。如果输入 ipconfig/release，那么所有接口的租用 IP 地址便重新归还给 DHCP 服务器。如果输入 ipconfig/renew，那么计算机便努力与 DHCP 服务器取得通信，并从服务器那里租用一个 IP 地址。大多数情况下网卡将被重新赋予和以前相同的 IP 地址。

4. 使用 ping 命令

ping 命令用于确定本地主机是否能与另一台主机交换数据报。许多网络设备（路由器、交换机）也支持 ping 命令。ping 命令是一个测试程序，主要用于网络故障检测，或者缩小故障范围，如果 ping 运行正确，基本上可以排除网卡、TCP/IP 配置、通信线路、路由器等存在的故障，它是一个使用频率极高的网络实用程序。

（1）ping 127.0.0.1

该命令被送到本地计算机而不会离开本机，如果没有收到应答包，就表示 TCP/IP 的安装或运行存在某些最基本的问题。

（2）ping 本机 IP

该命令多用于手工配置 IP 地址的局域网用户，用户计算机始终都应该对该命令做出应答，如果没有收到应答，局域网用户应断开网络电缆，然后重新发送此命令，如果运行正确，则有可能是网络中有另一台计算机配置了相同的 IP 地址。若仍然有错，则表示本地配置或安装有问题。

（3）ping 局域网内其他 IP

该命令离开用户计算机，经过网卡和网络电缆到达其他计算机，再返回。收到应答表明本地网络的网卡和载体运行正确。若没有收到应答，则可能是子网掩码错误、网卡配置错误或网络电缆不通，如 ping 192.168.0.30。

（4）ping 网关 IP

若显示此命令执行错误，则表示网关地址错、网关未启动或到网关的线路不通。

（5）ping 远程 IP

执行此命令后若收到应答，表示网关运行正常，可以成功访问 Internet，如 ping 211.161.46.85。

（6）ping 域名

执行此命令时，计算机会先将域名转换为 IP 地址，一般是通过 DNS 服务器。如果有问题，则可能 DNS 服务器地址配置错误或 DNS 服务器故障。该功能还可用于查看域名对应的 IP 地址，如 ping www.sina.com.cn。

如果以上所有 ping 命令都能正常运行，通常说明用户计算机进行本地和远程通信的功能基本具备。不过需要说明的是：ping 不成功不意味着网络一定有问题，有些网络中，由于路由器和防火墙设置了过滤 ping 数据报的功能，因此当收不到返回包时，不一定说明网络有错误。同样，ping 命令的成功也不表示所有的网络配置都没有问题，如某些子网掩码错误就可能无法用这些方法检测到。

5. 手动配置并验证 TCP/IP

1）配置静态 IP 地址：打开 TCP/IP 属性对话框，并进行配置。

2）验证计算机的 TCP/IP 配置：使用 ipconfig 和 ping 命令。

6. 使用子网掩码

1）连接硬件后，首先设置 IP 地址和掩码 1（图 2-3-9），网关和 DNS 不设置，用 ping 命令相互测试，查看结果。

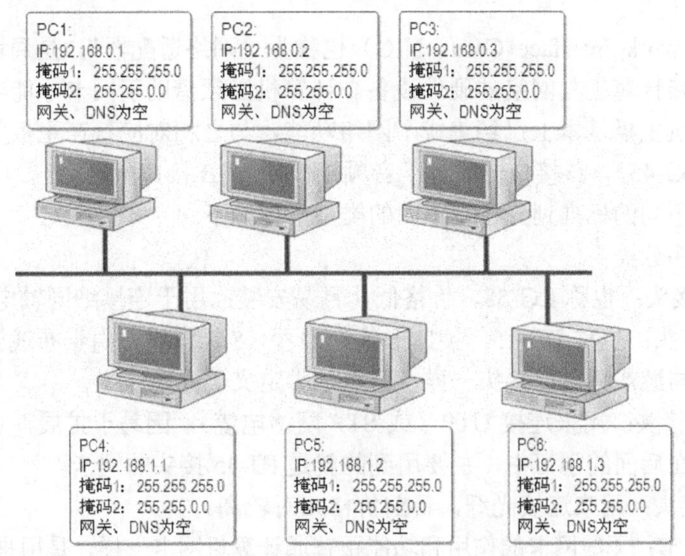

图 2-3-9 配置网络

2）保持 IP 地址不变，如设置掩码 2（图 2-3-9），网关和 DNS 同样为空，再用 ping 命令进行相互测试，查看结果。

任务四 双机组网

任务说明

在家庭和小型办公室中，为了资源共享的方便，将两台计算机直接连接（即双机互联），构成了最小规模的网络。要实现两台计算机直接连接，用户可以使用网卡配双绞线的连接方式，也可以通过计算机串口使用电缆直接连接。用户只需要在两台计算机中各安装一块网卡，然后制作一条交叉连接的非屏蔽双绞线（UTP），直接将双绞线和计算机中的网卡连接即可实现双机互联效果。

任务分析

本任务要求安装与配置网卡、制作网线并进行连接，实现家庭的双机互联。因此，完成本任务需要掌握以下知识：

1）有关网卡与网线的基本知识。

2）双绞线的两种制作规范和制作方法，以及网线连通性的测试技巧。

1. 网卡

网卡（Network Interface Card，NIC）也称为“网络适配器”，是局域网中基本的部件之一，它是连接计算机与网络的硬件设备。计算机必须借助于网卡才能实现数据的通信，而现在的计算机主板基本上已经集成了网络功能，与之相对应，在主板的背板上也有相应的网卡接口（RJ-45），该接口一般位于音频接口或USB接口附近。

网卡按照不同的标准划分各有不同的类型具体如下。

（1）按接头分类

1）BNC接头：也称RG-58，价格低，且易安装；用于连接细同轴电缆。

2）AUI接头：也称DB-15，接口形状为D型15针双排，由于布线施工麻烦，慢慢地被市场淘汰，与游戏杆所用接头一样，但是接脚定义不同。

3）RJ-45接头：用来连接UTP（或STP网络电缆），因易于扩展，系统调度方便，所以普遍使用，在后面的学习中，主要用到的就是RJ-45接头的网卡。

4）光纤接头：用来连接光纤，目前价格相对较高。

5）无线网卡：无线网卡的作用和功能跟普通计算机网卡一样，是用来连接到局域网的。它只是一个信号收发的设备，只有在找到上互联网的出口时才能实现与互联网的连接，所有无线网卡只能局限在已布有无线局域网的范围内。无线网卡就是不通过有线连接，采用无线信号进行连接的网卡。无线网卡按照接口的不同可以分为台式机专用的PCI接口无线网卡、笔记本电脑专用的PCMCIA接口网卡和USB无线网卡，对于USB无线网卡，不管是台式机用户还是笔记本用户，只要安装了驱动程序，都可以使用。

（2）以数据传输速率分类

以数据传输速度分类，可分为10Mb/s网卡、100Mb/s网卡、10/100Mb/s自适应网卡以及1000Mb/s网卡。如果只是作为一般用途（如日常办公），适合使用10Mb/s网卡、100Mb/s网卡或10/100Mb/s自适应网卡。

（3）特殊功能网卡

特殊功能网卡如多端口网卡、笔记本电脑专用网卡PCMCIA、无线局域网网卡等。

2. 网线

要组网，网线是必不可少的。在网络中常见的网线可分为两类：一类是有线的；另一类是无线的。有线传输媒介主要有同轴电缆、双绞线及光缆；无线媒介有微波、无线电、激光和红外线等。其中，双绞线是由许多对线组成的数据传输线，其价格便宜，被广泛应用于和 RJ-45 水晶头相连。

（1）同轴电缆

同轴电缆是一种历史悠久的传输介质，在双绞线还未盛行之前，它几乎是计算机网络传输介质的“霸主”，广泛应用于各种计算机网络环境中。

同轴电缆主要分为两类：细缆和粗缆，细缆主要用于建筑物内的网络连接，而粗缆则常用于建筑物间的连接。它们的区别在于粗缆的屏蔽性更好，能传输更远的距离。

不论是细缆还是粗缆，其中央都是一根铜线，外面包有绝缘层，如图 2-4-1 所示。

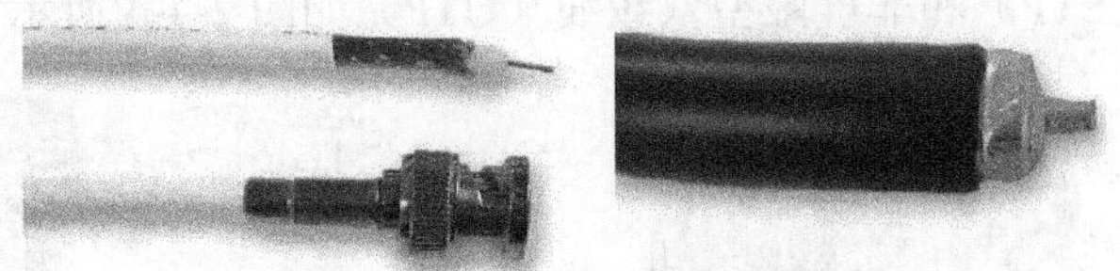

图 2-4-1　同轴电缆（细缆和粗缆）

采用细缆组网，除需要电缆外，还需要 BNC 头、T 形头及终端电阻等，如图 2-4-2 所示。利用同轴电缆组网结构简单，如图 2-4-3 所示，但目前已很少使用。

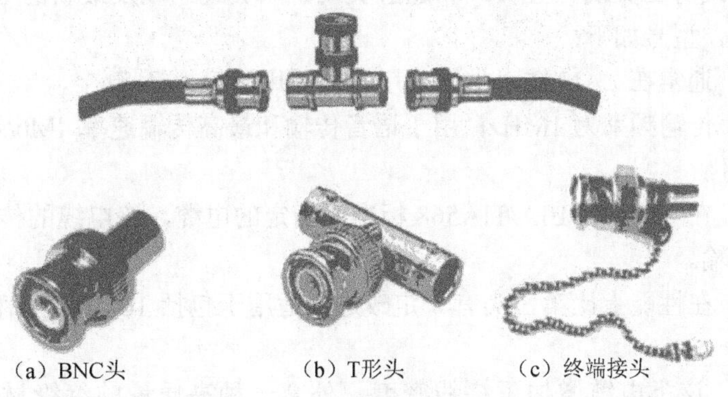

图 2-4-2　细缆组网辅助设备

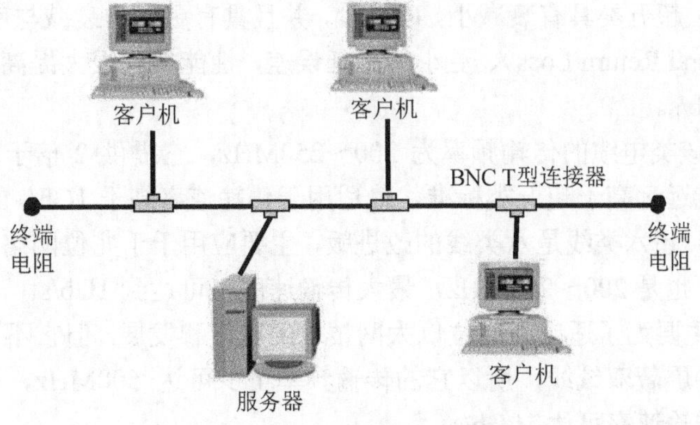

图 2-4-3　同轴电缆组网

（2）双绞线

双绞线是目前使用极广泛的传输介质，它提供了更高的性价比，深受广大用户的青睐，当今的许多网络技术是基于它进行开发的。双绞线是由两条导线按一定扭矩相互绞合在一起的类似于电话线的传输媒体，每根线加绝缘层并有颜色来标记，成对线的扭绞旨在使电磁辐射和外部电磁干扰减到最小。双绞线电缆可以分为两类：屏蔽型双绞线（STP）和非屏蔽型双绞线（UTP）。屏蔽型双绞线外面环绕着一圈保护层，有效减小了影响信号传输的电磁干扰，但相应增加了成本。而非屏蔽型双绞线没有保护层，易受电磁干扰，但成本较低。屏蔽型双绞线（STP）和非屏蔽型双绞线（UTP）如图 2-4-4 所示。

图 2-4-4　屏蔽型双绞线和非屏蔽型双绞线

常见的双绞线有三类线、五类线和超五类线、六类线，以及最新的七类线。前者线径细而后者线径粗，型号如下：

① 一类线：通常在 LAN 技术中不使用，主要用于模拟话音。

② 二类线：传输频率为 1MHz，用于语音传输和最高传输速率 4Mb/s 的数据传输，在 LAN 中很少使用。

③ 三类线：在 ANSI 和 EIA/TIA568 标准中指定的电缆，该电缆的传输频率 16MHz，主要用于语音传输。

④ 四类线：在性能上比第三类有一定改进，适用于包括 16Mb/s 令牌环局域网在内的数据传输。

⑤ 五类线：该类电缆增加了绕线密度，外套一种高质量的绝缘材料，传输频率为 100MHz，用于语音传输和最高传输速率为 100Mb/s 的数据传输。

⑥ 超五类线：超五类具有衰减小，串扰少，并且具有更高的衰减与串扰的比值（ACR）和信噪比（Structural Return Loss）、更小的时延误差，性能得到很大提高。超五类线的最大传输速率为 250Mb/s。

⑦ 六类线：该类电缆的传输频率为 200～250MHz，它提供 2 倍于超五类的带宽。六类布线的传输性能远远高于超五类标准，最适用于传输速率高于 1Gb/s 的应用。

⑧ 超六类线：超六类线是六类线的改进版，主要应用于千兆位网络中。在传输频率方面与六类线一样，也是 200～250MHz，最大传输速度也可达到 1Gb/s。

⑨ 七类线：主要为了适应万兆位以太网技术的应用和发展。但它不再是一种非屏蔽双绞线了，而是一种屏蔽双绞线，所以它的传输频率至少可达 500MHz，是六类线和超六类线的 2 倍以上，传输速率可达 10Gb/s。

双绞线的优势在于它使用了电信工业中已经比较成熟的技术，因此，对系统的建立和维护都要容易得多。在不需要较强抗干扰能力的环境中，选择双绞线特别是非屏蔽型双绞线，既利于安装，又节省了成本，所以非屏蔽型双绞线往往是办公环境下网络介质的首选。

使用双绞线组网，网卡必须带有 RJ-45 接口，双绞线与 RJ-45 接头的连接方法采用的标准有两个，即 EIA/TIA568A 标准和 EIA/TIA568B 标准。对于五类、超五类、六类双绞线来说，均有四对颜色不同、相互绞合的线，按照 EIA/TIA568A 标准描述，其连接的线序从左到右依次：白绿、绿、白橙、蓝、白蓝、橙、白棕、棕；EIA/TIA568B 标准描述的线序从左到右则依次：白橙、橙、白绿、蓝、白蓝、绿、白棕、棕。双绞线制作线序如图 2-4-5 所示。

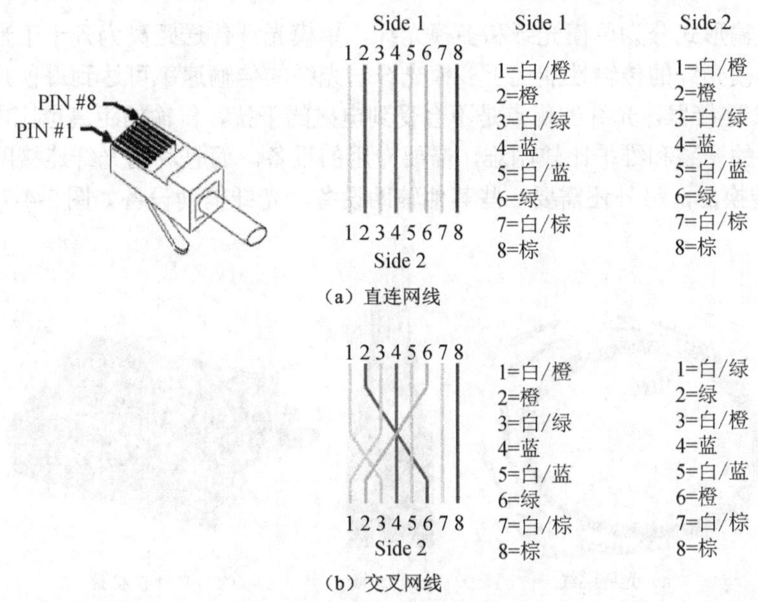

（a）直连网线

（b）交叉网线

图 2-4-5 双绞线制作线序

一般在用双绞线组网时，接线一定要按线的颜色对应接线，否则通信会不稳定。一条网线两端 RJ-45 接头中的线序排列完全相同的网线，称为直通线（Straight Cable），即直通线两端全部采用 EIA/TIA568B 标准或者全部采用 EIA/TIA568A 标准，直通线通常适用于计算机到集线器或交换机之间的连接。当使用双绞线直接连接两台相同设备时，如两台计算机、两台集线器、两台交换机，两端的线序排列则就不一致了，相对直通线而言，另一端的线序应作相应的调整，即第 1，2 线和第 3，6 线对调，或者说一端 EIA/TIA568A 标准，另一端采用 EIA/TIA568A 标准，这种双绞线我们称之为交叉线（Crossover Cable）。不过，在目前，有些厂商对网络设备进行了技术升级，在连接设备的时候不需要再区别是采用直通线或交叉线了。

（3）光纤

光导纤维是一种传输光束的细而柔韧的介质，简称光纤。它的独特的性能使它成为数据传输中最有成效的一种传输介质。现在，人类对数据传输的速度要求越来越高，所以光纤的使用将越来越广泛用。

光纤是由许多细如发丝的塑胶或玻璃纤维外加绝缘护套组成的，光纤的结构如图 2-4-6 所示。光束在玻璃纤维内传输，防磁防电，传输稳定，质量高，主要是在要求传输距离较长、布线条件特殊的情况下用于主干网的连接。

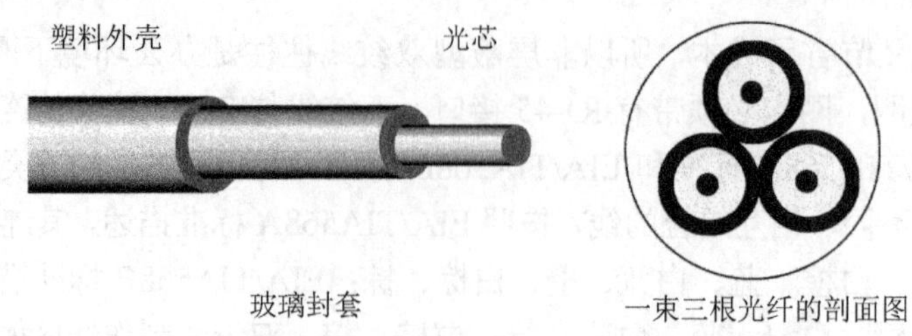

图 2-4-6　光纤的结构示意图

光纤的传输形式分为单模光纤和多模光纤，单模光纤传送距离为几十千米，多模光纤为几千米，单模光纤的传输性能优于多模光纤。光纤的传输速率可达到每秒几百兆位。光纤用 ST 或 SC 连接器。光纤的优点是不会受到电磁的干扰，传输的距离也比电缆远，传输速率高。光纤的安装和维护比较困难，需要专用的设备。而且利用光纤连接网络，每端必须连接光/电转换器，另外还需要一些其他辅助设备，光纤辅助设备如图 2-4-7 所示。

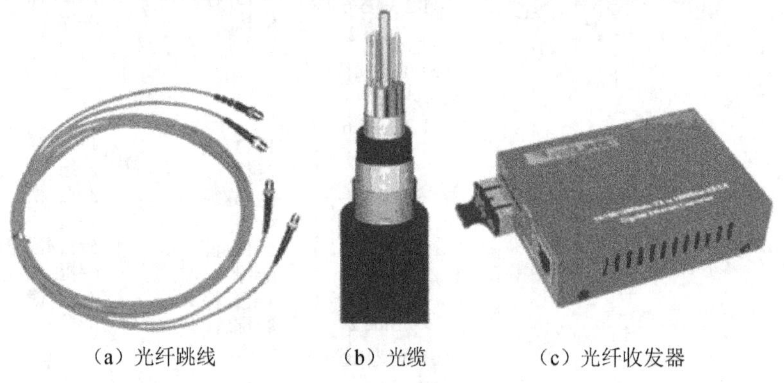

（a）光纤跳线　　（b）光缆　　（c）光纤收发器

图 2-4-7　光纤辅助设备

（4）无线介质

上述三种传输介质都有一个共同的缺点，即都需要一根线缆连接计算机，这在很多场合下是不方便的。无线媒体不使用电子或光学导体。大多数情况下地球的大气便是数据的物理性通路。从理论上讲，无线介质一般应用于难以布线的场合或远程通信。常见的无线传输介质有无线电、微波及红外线。采用无线电波的数据传输速率为 2～6Mb/s，适用于短距离；地面微波的传输速率为 4～6GHz，卫星微波可达 11～14GHz；采用红外线，如果是一个方向，传输速率为 16Mb/s，多个方向则不超过 1Mb/s。

针对采用无线通信的网络，现在已有相当坚实的工业基础，在业界也将得到迅速发展。

实现步骤

1. 网卡安装

（1）硬件安装

首先选择所需要的软硬件：两台计算机、网卡及网卡驱动程序等。然后打开计算机主机机箱，将网卡插入主板上对应的插槽中，固定网卡，如图 2-4-8 所示（如果主板中有内置网卡，可跳过此步）。

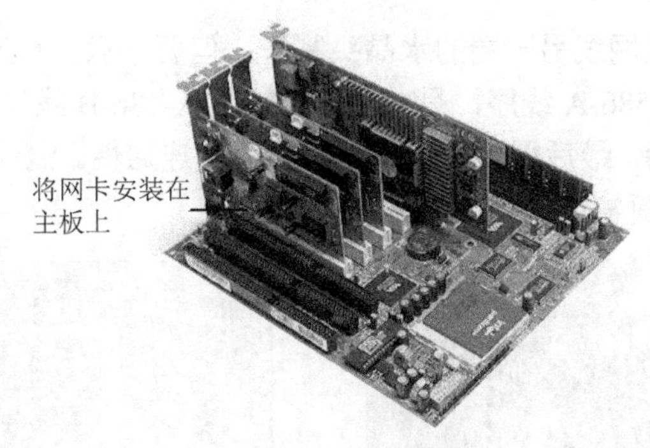

图 2-4-8 安装网卡

（2）驱动安装

完成网卡的硬件安装后，启动计算机，开始安装网卡驱动程序。这时，Windows 系统将提示添加新的硬件，并打开“添加硬件向导”对话框自动安装网卡驱动。这时可以跳过安装网卡驱动程序这一步。如果 Windows 系统在 C:\windows\system32\drivers 目录下找不到该网卡的驱动程序，系统会提示用户进行网卡驱动程序的安装。

2. 双绞线制作与测试

1）选择所需要的硬件：RJ-45 压线钳、电缆测试仪、RJ-45 水晶头及双绞线若干。

2）制作步骤主要有 4 步，可以简单归纳为“剥”“理”“插”“压”4 字。

步骤一：剥线，剥线的长度为 13～15mm，不宜太长或太短。

步骤二：理线，观察线缆内部 8 芯引线的色彩，并按照相应的色彩顺序排好、理平，再用剥线/夹线钳将 8 芯引线剪齐，留下的内部线芯的长度为 10～12mm；剪齐双绞线，如图 2-4-9 所示。要遵守布线规则，否则不能正常通信。

步骤三：插线，取出 RJ-45 水晶头，将排好顺序的非屏蔽双绞线插入 RJ-45 接头内，一定要平行插入线顶端，以免触不到金属片，如图 2-4-10 所示。

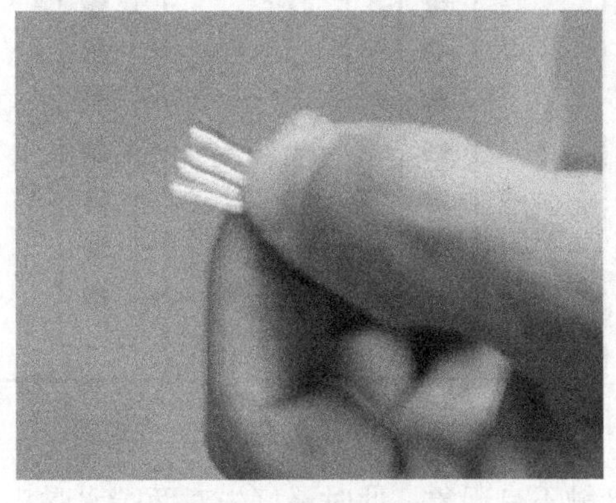

图 2-4-9 剪齐双绞线

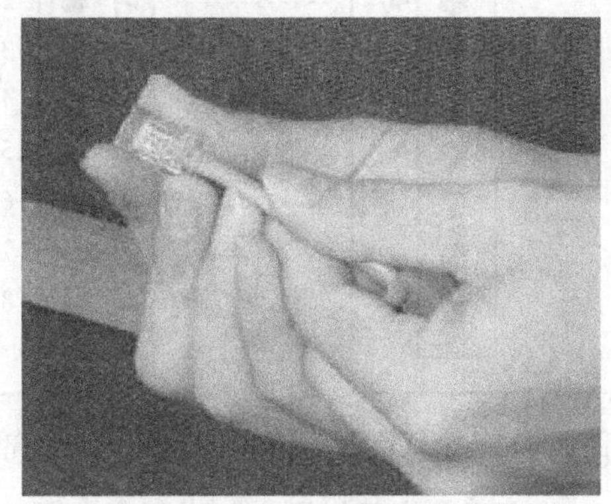

图 2-4-10 插线

步骤四：压线，用 RJ-45 专用压线钳将接头压紧，确保无松动现象，压过的水晶头的金属脚比没压要低，如图 2-4-11 所示。

3）按同样步骤完成网线另一端的水晶头制作，但要注意，直通线两端线序完全相同，交叉线一端为TIA/EIA-586-A线序，另一端为TIA/EIA-586-B线序。

4）网线制作完成后，最后需要使用测线仪检测其连通性。测线仪包括两部分：信号发射器与信号接收器。常见测试仪如图2-4-12所示。

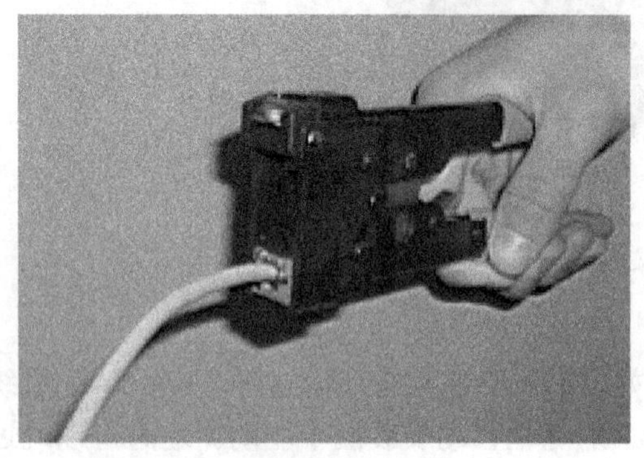

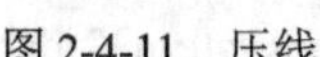

图2-4-11　压线

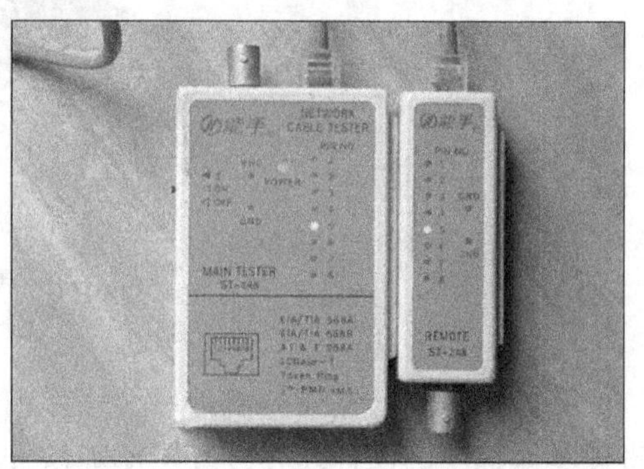

图2-4-12　电缆测试仪

将网线的两个RJ-45插头分别插入信号发射器与信号接收器，然后打开信号发射器电源，信号发射器的8个指示灯将循环依次闪亮（1→2→3→4→5→6→7→8），如果被测的是直通线，信号接收器的8个指示灯将按同样的顺序（1→2→3→4→5→6→7→8）同步闪亮，如图2-4-13所示。

如果是交叉线，对交叉线进行测试，两边的指示灯发光顺序为1&3、2&6、3&1、4&4、5&5、6&2、7&7、8&8，表示该网线制作成功，测试仪亮灯顺序如图2-4-14所示。若亮灯的顺序不是如此，则说明该交叉双绞线不合格。

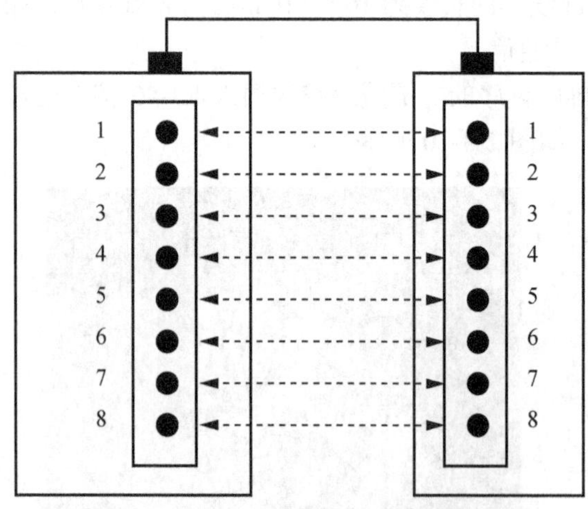

图2-4-13　测试仪测直通线时应按相同顺序亮灯

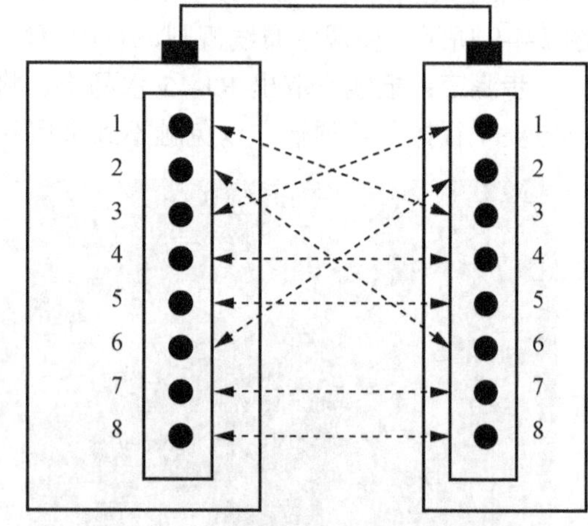

图2-4-14　测试仪测交叉线时亮灯顺序

若出现有指示灯没亮，说明存在断路或者接触不良现象，此时最好先对两端水晶头再用压线钳压一次，如还不能排除，则要剪掉水晶头重做，直到测试通过。

3. 网卡的配置

1）首先所需要的硬件：两台带有有线网络适配器的计算机、交叉线等。如图 2-4-15 所示，将两台计算机用带有 RJ-45 插头的交叉线连接起来，并注意查看网卡上指示灯的变化。

图 2-4-15 使用交叉双绞线直接连接两台计算机

2）通常安装网卡后，其基本的网络组件，如网络客户端、TCP/IP 协议都已安装，只需进行一些必要的配置即可。这里以 Windows XP 系统为例，右击“网上邻居”，在弹出的快捷菜单中选择“属性”命令，打开“网络连接”窗口。

3）在该窗口中，右击“本地连接”图标，在弹出的快捷菜单中选择“属性”命令，在“本地连接 属性”对话框的“常规”选项卡中，选中“Internet 协议（TCP/IP）”复选框，然后单击“属性”按钮，在打开“Internet 协议（TCP/IP）属性”对话框中设置 IP 地址为 192.168.0.10，子网掩码为 255.255.255.0，网关和 DNS 可不用设置。

4）给计算机命名和设置工作组名。右击“我的电脑”图标，在弹出的快捷菜单中选择“属性”命令，打开“系统属性”对话框，选择“计算机名”选项卡，如图 2-4-16 所示。单击“更改”按钮，填好各计算机的计算机名称及工作组名，计算机描述可以不填，各计算机的名称不能相同，而工作组应该相同。

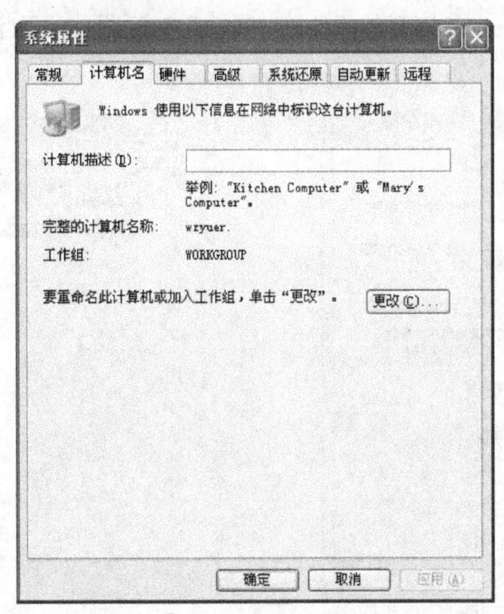

图 2-4-16 “计算机名”选项卡

5）至此，一台计算机的设置完毕。在另一台计算机上，按照上面的方法进行设置，把 IP 地址设置为 192.168.0.20，其他设置保持相同，并设置不同的计算机名和相同的工作组名。

4. 检验局域网是否导通

1）打开“运行”对话框输入 ping 127.0.0.1，如果可以 ping 通，说明 TCP/IP 协议正常。然后在 IP 地址为 192.168.0.10 的计算机上，打开“运行”对话框输入 ping192.168.0.10 和 192.168.0.20，如果能够 ping 通，说明网络连接正常。

2）打开“网上邻居”窗口，如果能够发现对方的计算机名，说明网络已经连接成功。

5. 共享资源

1）对文件夹的共享设置很简单，只要右击该文件夹，在弹出的快捷菜单中选择“属性”命令，打开如图 2-4-17 所示的共享对话框。

2）选中“在网络中共享这个文件夹”复选框。共享以后，“允许网络用户更改我的文件”复选框是默认选中的，如果没有特殊需要的话，一般取消选中此复选框。

3）打开“我的电脑”窗口，右击某个逻辑驱动器，如 E 盘，在弹出的快捷菜单中选择“共享和安全”命令，共享驱动器一般会先出现如图 2-4-18 所示的安全提示。然后单击“共享驱动器根”，就会打开如图 2-4-17 所示的对话框，在该对话框进行设置。

4）开启 Guest 账户，这一步很重要，Windows XP 默认 Guest 账户是关闭的，要允许网络用户访问这台计算机，必须开启 Guest 账户。选择“开始”→“设置”→“控制面板”命令，在打开的“控制面板”窗口中双击“管理工具”图标，打开“管理工具”窗口，在此窗口中双击“计算机管理”图标，打开“计算机管理”窗口，在此窗口的左侧窗格中单击“本地用户和组”。选择“用户”选项，在右侧窗格的 Guest 账号上右击，在弹出的快捷菜单中选择“属性”命令，在打开的“Guest 属性”对话框中，取消选中“账号已停用”复选框。

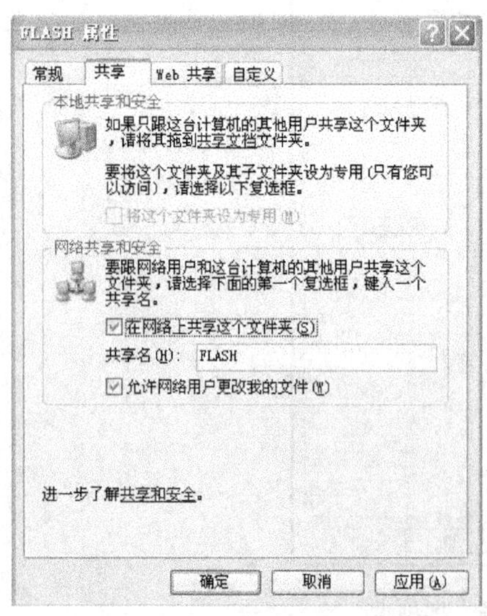

图 2-4-17　文件夹属性对话框

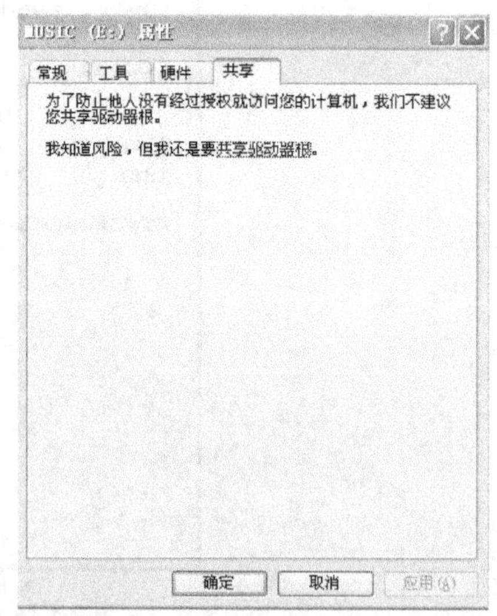

图 2-4-18　磁盘属性对话框

5）双击“网上邻居”图标打开“网上邻居”窗口，然后双击“整个网络”图标打开“整个网络”窗口，双击相关计算机，就可以看到前面所设置的共享磁盘和共享文件夹了。

6）如果还是不能访问，可能是本地安全策略限制该用户不能访问。在启用了 Guest 用户或者本地有相应账号的情况下，打开“管理工具”窗口，双击“本地安全策略”图标，打开“本地安全设置”窗口，打开“本地安全指派”→“拒绝从网络访问这台计算机”的用户列表，如果在其列表中看到 Guest 或者相应账号，应将其删除，这样网络上的任何用户就都可以无须密码进行访问了。

7）从查看到的另一台计算机的共享文件夹或磁盘中复制文件或文件夹到本地计算机的 D 盘，并进行直接修改或删除测试。

6. 映射网络驱动器

在网络中用户可能经常需要访问某一个或几个特定的网络共享资源，若每次都通过“网上邻居”依次打开，比较麻烦，这时用户可使用“映射网络驱动器”功能，将该网络共享资源映射为网络驱动器，再次访问时，只需双击该网络驱动器图标即可。将网络共享资源映射为网络驱动器，可执行下列操作：

1）双击“我的电脑”图标，打开“我的电脑”窗口。

2）选择“工具”→“映射网络驱动器”命令，打开“映射网络驱动器”对话框，如图 2-4-19 所示。

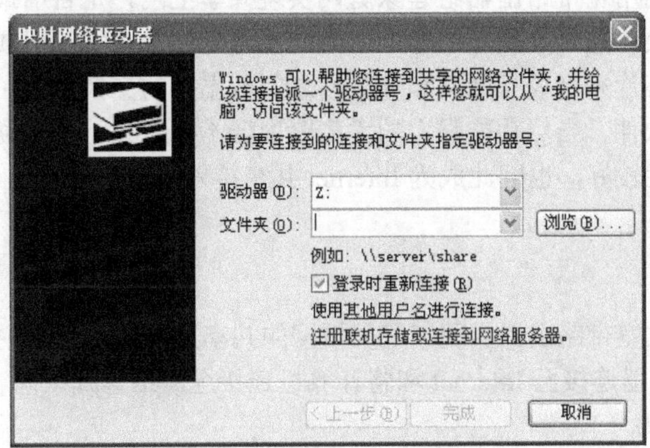

图 2-4-19 映射网络驱动器

3）在“驱动器”下拉列表中选择一个驱动器符号；在“文件夹”文本框中输入要映射为网络驱动器的位置及名称，或单击“浏览”按钮，打开“浏览文件夹”对话框。

4）在该对话框中选择需要的共享文件夹，单击“确定”按钮。

5）这时在“文件夹”文本框中将显示该共享文件夹的位置及名称，单击“完成”按钮即可建立该共享文件夹的网络驱动器。

6）建立了网络驱动器后，用户若需要访问该共享文件夹，只需在“我的电脑”窗口中双击该网络驱动器图标即可。尝试从打开的 Z 盘中复制文件到文件或文件夹到本地计算机的 D 盘，并进行直接修改或删除测试。

若用户不再需要经常访问该网络驱动器，也可将其删除。要删除网络驱动器，只需选择“工具”→“断开网络驱动器”命令，在打开的“中断网络驱动器连接”对话框中选择要断开的网络驱动器，单击“确定”按钮即可。

任务五 家庭网组建

任务说明

在家庭网中，几台计算机之间除了有相互传递文件的需求以外，还希望在只有一个Internet 接入的情况下让所有的家庭成员都同时访问 Internet，从而既能满足工作需要，又可节约费用；更希望能够随时随地在笔记本电脑、手机等移动设备上接入 Internet。

在家庭或小型办公室网络中，共享 Internet 常用实现技术主要有两类：基于软件共享上网和基于硬件共享上网。基于软件共享上网方式，首先需要对客户端及服务器端进行相应的设置，实现起来有一定的麻烦；其次，用做网关的服务器一般需要保证长时间的开启，才能让局域网内其余的各台计算机上网。硬件共享上网，这里主要是指通过路由器、宽带路由器、内置路由功能的 ADSL Modem 等实现共享上网。

在家庭网中，利用宽带路由器组建家庭网实现共享上网，是目前最常见的共享宽带连接解决方案；该类设备通常除具有共享上网的功能外，还具有集线器或交换机的功能；它们通过内置的硬件芯片来完成互联网和局域网之间数据报的交换管理，实质也就是在芯片中固化了共享上网软件，当然功能强大的大型路由器不在此列。由于硬件工作不依赖于操作系统，所以稳定性较好，也因此成为 Internet 共享接入的首选设备。

任务分析

本任务要求通过宽带路由器实现家庭局域网的共享上网，此过程主要包括选择路由器、设置路由器、将路由器连接至 Internet 和将计算机连接至网络等几个内容。因此，完成本任务需要掌握以下知识：

1）Internet 接入方式。

2）宽带路由器的功能。

3）家庭组相关知识。

1. Internet 接入方式

Internet 作为一个信息资源网络，可以为网络用户提供各种信息资源，当用户要使用这些资源时，首先必须将自己的计算机接入 Internet，一旦用户的计算机接入 Internet，便成为 Internet 中的一员，就可以访问 Internet 中提供的各类服务与丰富的信息资源。那么，用户如何接入 Internet 呢？

要接入 Internet，首先要明白用户是从哪里接入 Internet 的。目前，提供接入 Internet 服务的就是 ISP（Internet Service Provider），即 Internet 服务提供者，是管理 Internet 接口的服务机构，它一方面为用户提供 Internet 接入服务，另一方面为用户提供 Internet 的各类信息代理服务，如电子邮件、信息发布等。从某种意义上讲，ISP 是全世界数以亿计的用户通往 Internet 的必经之路。各国和各地区都有自己的 ISP，在我国，用户主要通过 Chinanet、CERnet、CSTnet、ChinaGBnet 等主干网络接入 Internet，它们就是我国主要的 ISP。用户首先通过某种通信线路连接到 ISP，借助于 ISP 与 Internet 的连接通道便可以接入 Internet 了。

在选择了合适的 ISP 以后，然后再确定接入 Internet 的方式。目前接入 Internet 的方式主要有以下几种：普通拨号上网、ISDN 接入、xDSL 接入、Cable Modem 接入、光纤接入及无线接入等。

（1）普通拨号上网

利用普通电话线拨号上网是大家非常熟悉的接入方式，它是一种利用电话线和公用电话网（Public Switched Telephone Network，PSTN）接入 Internet 的技术。这种普通拨号上网方式比较经济，适于业务量小的单位和家庭个人用户使用。拨号上网的用户需具备：有一台个人计算机（PC）、普通的通信软件、一台 Modem 和一条电话线，并到 ISP 申请一个上网账号，即可使用。上网账号可以向 Internet 服务提供商（ISP）申请，得到用户名、密码或口令等；也可以使用公用账号，目前的公用账号及其密码都是 16300。普通拨号上网的连接方法如图 2-5-1 所示。

Modem 是普通拨号上网必不可少的设备，其主要功能是进行模拟信号和数字信号的相互转换，利用它可使计算机上能够处理的数字信号转换成模拟信号，在电话线上传送，或者把电话线上传送过来的模拟信号转换成计算机上能够处理的数字信号。常用的 Modem 有内置式、外置式等两种；内置式 Modem 插在微型计算机的扩展槽中，不需要另加供电电源和串口连接电缆，不占地方，不易受到物理损坏，价格也便宜得多。外置式 Modem 需专用电源供电，通过电缆与微型计算机串口或者 USB 口相连，安装和使用都比较方便。目前 Modem 的主流速率是 56Kb/s。

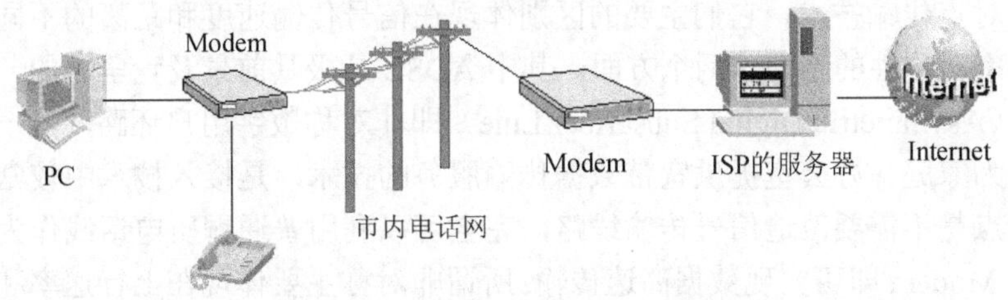

图 2-5-1 普通拨号上网连接示意图

普通拨号上网是最容易实施的方法，费用低廉。只要一条可以连接 ISP 的电话线和一个账号就可以。但其缺点是传输速度低，线路可靠性差，所以在稳定性和带宽方面有局限性，目前最高接入速度仅 56Kb/s，所以不适合中大规模的网络与 Internet 连接，而且目前这种上网方式也极少使用了。

（2）ISDN 上网

速率低是普通拨号上网的缺点，而且用于上网的电话不能同时进行通话，因此人们又开发出了 ISDN（Integrate Service Data Network）这种新的上网方式，俗称“一线通”业务。ISDN 的全称为综合业务数字网。它的优点如下。

1）一线多能：利用一对用户线可同时实现上网、电话、传真、可视图文、数据通信等多种业务的通信。

2）上网时拨号速度快：一般在短时间内就能完全拨通，而且连接速率稳定在 64～128Kb/s。

3）经济实用："一线通"用户的信息传送能力比普通用户的信息传送能力增加数倍以上，因而可节省通信费用和提高效率。

4）传输质量高：端到端的数字传输，有效保证传输质量。

ISDN 最大的特点就是支持两个通信通路和一个控制通路，通信通路术语叫做 B 信道，主要用于传输数据；控制通路术语叫做 D 信道，主要用于传输控制信息；这就是常说的"2B＋D"。"2B"即在一条 ISDN 线路中有两条逻辑信道（2 个 B 信道），可以理解为两条普通模拟电话线完成的工作，在一条 ISDN 线路上即可完成。最简单的例子就是用一条 ISDN 线路可以拨打两个电话，应答两个呼叫。ISDN 不仅在通信方式上为我们提供了便利，而且其内在的数字技术还为我们提供了高质量的通信环境。ISDN 线路采用全数字化信号进行通信，它将各种信息全部转化为数字信号。由于采用数字信号传送，在传送时更能保证信息的正确性。

一个 B 信道提供了 64Kb/s 的速率，一个 D 信道则提供了 16Kb/s 的速率。数据的传输速率可达到 128Kb/s。因此，ISDN 提供了快速的连接以及比较可靠的线路，可以满足中小型企业浏览以及收发电子邮件的需求。在国内大多数的城市有 ISDN 接入服务，但是随着 xDSL 宽带接入方式技术成熟及价格下降，ISDN 作为一种窄带接入的过渡方式，正在逐渐退出历史舞台。

（3）xDSL 接入

xDSL 是 ADSL、SDSL、HDSL、IDSL 和 VDSL 技术的总称，是一种以铜电话线为传输介质的点对点传输技术，它们主要的区别体现在信号传输速度和距离的不同以及上行速率和下行速率对称性的不同这两个方面。其中 ADSL 是极具前景及竞争力的一种。

ADSL（Asymmetric Digital Subscriber Line）即非对称数字用户环路，是一种通过现有普通电话线为家庭、办公室提供宽带数据传输服务的技术，是接入技术中较常用的一种，它的最大特点是不需要改造信号传输线路，完全可以利用普通铜质电话线作为传输介质，配上专用的 Modem 即可实现数据高速传输。所谓非对称主要体现在上行速率和下行速率的非对称性上，ADSL 理论上能够在普通电话线上提供高达 8Mb/s 的下行速率和 1Mb/s 上行速率，传输距离达到 3～5km。ADSL 所支持的主要业务：Internet 高速接入服务；多种宽带多媒体服务，如视频点播 VOD、网上音乐厅、网上剧场、网上游戏、网络电视等；提供点对点的远地可视会议、远程医疗、远程教学等服务。它是目前中国电信力推的一种宽带接入方式，可利用电话的双绞线入户，免去了重新布线的问题。

ADSL 安装包括局端线路调整和用户端设备安装。在局端方面，由 ISP 将用户原有的电话线中串接入 ADSL 局端设备；用户端的 ADSL 安装是非常简易方便的，只要将电话线连上滤波器，滤波器与 ADSL Modem 之间用一条两芯电话线连上，ADSL Modem 与计算机的网卡之间用一条交叉网线连通即可完成硬件安装，再将 TCP/IP 协议中的 IP、DNS 和网关参数项设置好，便完成了安装工作，如图 2-5-2 所示。

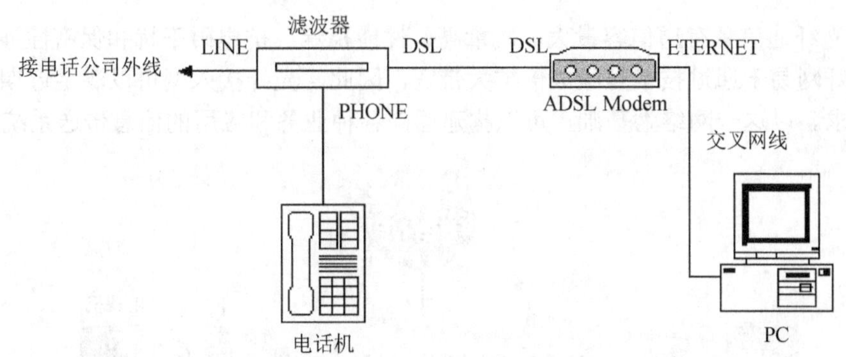

图 2-5-2 通过 ADSL 接入方式

ADSL 接入的主要特点表现在：

1）传输速率高。比起普通拨号 Modem 的最高 56Kb/s，以及“一线通”128Kb/s 的速率，ADSL 的速率优势是不言而喻的。这样，有效地保证了图像、声音、数据传送的清晰度和连贯性，无论是通过电子邮件收发大型文件还是下载图像或软件均可在瞬间完成。

2）相对费用低。一方面高速的连接节约了大量网上等待时间，使上网费用大大降低。另一方面，它在同一铜线上分别传送数据和语音信号，数据信号并不通过电话交换机设备，不占用电话资源，这就意味着使用 ADSL 上网并不需要缴付另外的电话费。

3）高速连接使得视频点播、远程教育、网上娱乐等深层次应用称为可能，极大地丰富了互联网的应用。

4）安装方便。用户只要有电话线即可安装 ADSL，无需布线。

5）众多的优点，使 ADSL 似乎成为宽带的代名词，也使 ADSL 用户呈规模化普及，由于增长速度太快，引发的服务品质下降问题不容忽视。为了能保证其发展的可持续性，电信业界在技术、运行维护、应用等关键环节正在做出不懈的努力。

（4）Cable Modem 接入

Cable Modem 即电缆调制解调器，又称为线缆调制解调器，是一种可以通过有线电视网络实现高速数据接入的设备，属于用户端设备，放置于用户的家中，它一般有两个接口，一个用来接室内墙上的有线电视端口，另一个与计算机或交换机相连。Cable Modem 是广电系统普遍采用的一种宽带接入方式，由于原来铺设的有线电视网光缆天然就是一个高速宽带网，所以仅对入户线路进行改造，就可以提供理论上上行 8Mb/s、下行 30Mb/s 的接入速率，目前美国 50%以上的宽带用户是采用 Cable Modem 方式接入的。接入方式如图 2-5-3 所示。

（5）光纤接入

光纤接入是指局端与用户之间完全以光纤作为传输媒体。光纤是速度最快的 Internet 接入方式，用户可以独享光纤带宽，特别适用于有高速上网需求的大企事业单位或集团用户的大型局域网 Internet 接入，它的传输带宽在 2～155Mb/s。

光纤接入网有多种方式，最主要的有光纤到路边、光纤到大楼和光纤到家，即常说的 FTTC、FTTB 和 FTTH。光纤接入能够提供 10Mb/s、100Mb/s 甚至 1000Mb/s 的高速宽带，实现未来诸多宽带多媒体应用，主要适用于商业集团用户和智能化小区的高速接入

Internet。光纤通信具有通信容量大、质量高、性能稳定、抗电磁干扰和保密性强等一系列优点。光纤网易于通过技术升级成倍扩大带宽，因此，光纤接入网可以满足近期各种信息的传送需求。以这一网络为基础，可以构建面向各种业务和应用的信息传送系统。

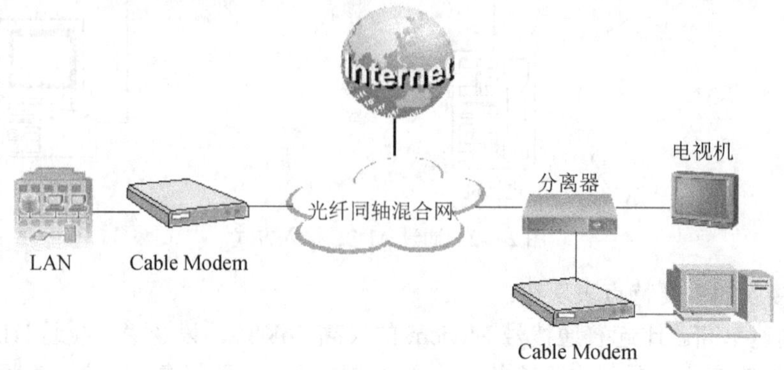

图 2-5-3　Cable Modem 的接入方式

在目前，FTTB（Fiber To The Building）即光纤到楼，是最合理、最实用、最经济有效的宽带接入方法。这是一种基于优化高速光纤局域网技术的宽带接入方式，采用光纤到楼、网线到户的方式实现用户的宽带接入，我们称为 FTTB+LAN 的宽带接入网（简称 FTTB）。

通过这种方式可以实现“千兆到小区、百兆到居民大楼、十兆到桌面”，为用户提供信息网络的高速接入，这种接入技术目前已比较成熟、带宽高、用户端设备成本低，理论上用户速率可达 10Mb/s。一般被用于具有以太网布线的住宅小区、酒店、写字楼等。但传输距离短、初期投资成本高、管理不方便、需要重新布线等缺点在一定程度上限制了其应用。

（6）无线接入

由于铺设光纤的费用很高，同时，由于移动用户终端的增多和用户移动性的增加，无线接入方式已越来越被看好。无线接入是指从交换结点到用户终端部分或全部采用无线手段接入技术，用户通过高频天线和 ISP 连接，距离在 10km 左右，带宽为 2～11Mb/s，费用低廉，但是受地形和距离的限制，适合城市里距离 ISP 不远的用户，相对性能价格比较高。

作为有线接入网的有效补充，无线接入具有系统容量大，话音质量与有线一样，覆盖范围广，系统规划简单，扩容方便，可加密码或用 CDMA 增强保密性等技术特点，可解决边远地区、难于架线地区的通信问题，是当前发展较快的接入网之一。

2．宽带路由器的功能

宽带路由器作为一种网络共享设备开始越来越多的出现在我们的生活、工作、学习当中，因其具有组网方便、安全可靠、支持目前流行的多种宽带接入方式等诸多优点，越来越多具有多台计算机的家庭、SOHO 在共享上网时会选择宽带路由器。

随着技术的不断发展，宽带路由器的功能在不断扩展。目前，市场上大部分宽带路由器提供 VPN、防火墙、DMZ、按需拨号、支持虚拟服务器、支持动态 DNS 等功能。

1）MAC 功能：目前大部分宽带运营商将 MAC 地址和用户的 ID、IP 地址捆绑在一起，以此进行用户上网认证。带有 MAC 地址功能的宽带路由器可将网卡上的 MAC 地址写入，让服务器通过接入时的 MAC 地址验证，以获取宽带接入认证。

2）NAT 功能：NAT 功能将局域网内分配给每台计算机的 IP 地址转换成合法注册的 Internet 中实际 IP 地址，从而使内部网络的每台计算机可直接与 Internet 上的其他主机进行通信。

3）DHCP 功能：DHCP 能自动将 IP 地址分配给登录到 TCP/IP 网络的客户工作站。它提供安全、可靠、简单的网络设置，避免地址冲突。这对于家庭用户来说非常重要。

4）防火墙功能：防火墙可以对流经它的网络数据进行扫描，从而过滤掉一些攻击信息。防火墙还可以关闭不使用的端口，从而防止黑客攻击。而且它还能禁止特定端口流出信息，禁止来自特殊站点的访问。

5）VPN 功能：VPN 能利用 Internet 公用网络建立一个拥有自主权的私有网络，一个安全的 VPN 包括隧道、加密、认证、访问控制和审核技术。对于企业用户来说，这一功能非常重要，不仅可以节约开支，而且能保证企业信息安全。

6）DMZ 功能：DMZ（Demilitarized Zone）即俗称的非军事区，与军事区和信任区相对应，作用是把 Web、E-mail 等允许外部访问的服务器单独接在该区端口，使整个需要保护的内部网络接在信任区端口后，不允许任何访问，实现内外网分离，达到用户需求。DMZ 可以理解为一个不同于外网或内网的特殊网络区域，DMZ 内通常放置一些不含机密信息的公用服务器，如 Web、E-Mail、FTP 服务器等。这样来自外网的访问者可以访问 DMZ 中的服务，但不可能接触到存放在内网中的公司机密或私人信息等，即使 DMZ 中服务器受到破坏，也不会对内网中的机密信息造成影响。这对于企业构建内部网（Intranet）有很大的帮助，不过，目前大部分宽带路由器只可选择单台计算机开启 DMZ 功能，只有一些功能较为齐全的宽带路由器可以设置多台计算机提供 DMZ 功能。

7）DDNS 功能：DDNS 是动态域名服务，能将用户的动态 IP 地址映射到一个固定的域名解析服务器上，使 IP 地址与固定域名绑定，完成域名解析任务。DDNS 可以帮助构建虚拟主机，以自己的域名发布信息。

另外，宽带路由器还有即插即用（uPnP）、自动线序识别等功能。可以说，宽带路由器集成了路由、交换、安全防火墙等功能于一体，针对于小型用户简单而又实用的需求特点，价格远远低于用做网关的服务器和传统路由器，完全可以在家用到小型企业的应用中代替这些网关设备。正是由于这些优势，宽带路由器在短短的几年时间中快速地发展了起来，成为了目前组建小型多功能网络时不可或缺的部件之一。连接方式如图 2-5-4 所示。

3. 家庭组

家庭组是家庭网络上可以共享文件和打印机的一组计算机。使用家庭组可以使共享变得比较简单。用户可以与家庭组中的其他人共享图片、音乐、视频、文档和打印机。其他人不能更改共享的文件，除非为他们提供了执行此操作的权限。用户可以使用密码保护家庭组，并且可以随时更改密码。

图 2-5-4　宽带路由器连接图

实现步骤

1. 构建局域网环境

首先选择所需要的硬件：一台宽带路由器，建议选用无线宽带路由器、带有无线网络适配器的计算机、至少一台带有有线网络适配器的计算机及网络电缆等。根据图 2-5-5 所示连接相关网络硬件。不同的宽带路由器有不同的连接方法，不过，所有的连接方法都由设备所决定，所以一定要仔细阅读所购买设备的说明书。然后，接通相关设备的电源，并开启计算机。检查路由器的 Power 指示灯是否亮，如果指示灯常亮表示电源正常。几秒钟后查看 LAN 口和 WAN 口指示灯是否亮，LAN 口灯亮表明路由器与 PC 或交换机的连接正常，WAN 口灯亮表明路由器 WAN 口的网线连接正常。

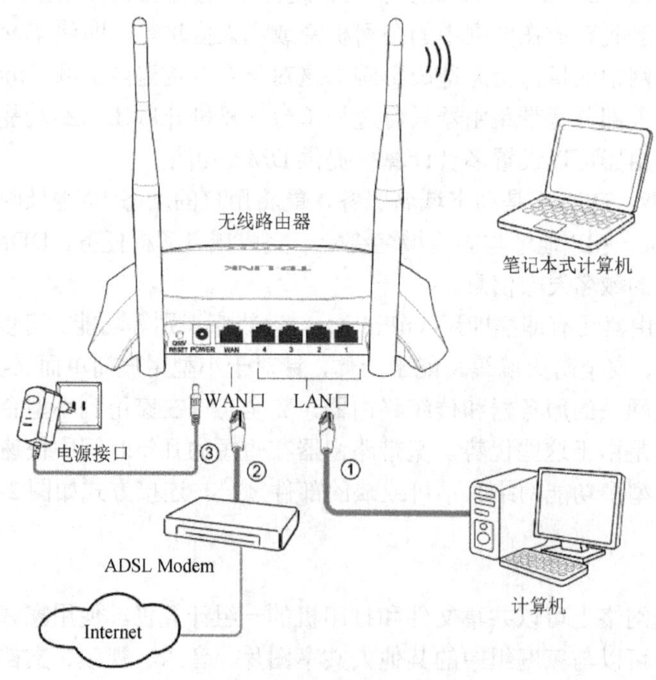

图 2-5-5　宽带路由器连接方法

2. 配置宽带路由器

1）整个网络中最关键的设备是无线宽带路由器，它处于整个局域网的核心。首先查阅宽带路由器说明书，获取宽带路由器的 IP 地址、用户名与密码。对于大多数路由器来说，其配置网页的地址为 http://192.168.0.1 或 http://192.168.1.1。以下列表提供了有关如何访问一些较常见路由器的对应网页的信息，见表 2-5-1。

表 2-5-1 常见路由器 IP 地址

路由器	地址	用户名	密码
TP-LINK	http://192.168.1.1	admin	admin
3Com	http://192.168.1.1	admin	admin
D-Link	http://192.168.0.1	admin	
Linksys	http://192.168.1.1	admin	admin
Microsoft 宽带	http://192.168.2.1	admin	admin
Netgear	http://192.168.0.1	admin	password

在访问配置网页时，该网页会要求输入用户名和密码登录。若要查找用户名和密码，也可以参考以上表格或查看路由器附带的信息。下面以 TP-LINK 的 TL-WR841N 为例，默认 LAN 口 IP 地址是 192.168.1.1，默认子网掩码是 255.255.255.0。这些值可以根据实际需要而改变。

2）将计算机的 IP 地址设置为自动获取、自动获得 DNS 服务器地址，如图 2-5-6 所示，注意该计算机是通过有线网络适配器连接至无线路由器 LAN 端口的，而不是插入标记“Internet”“WAN”“WLAN”的任何端口上。

也可以手动设置 IP，则如图 2-5-7 所示，选中“使用下面的 IP 地址”单选按钮，依次输入如下信息。

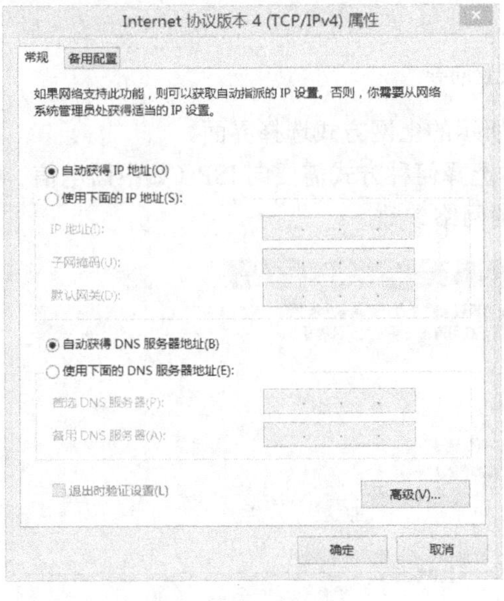

图 2-5-6 自动获取 IP 地址

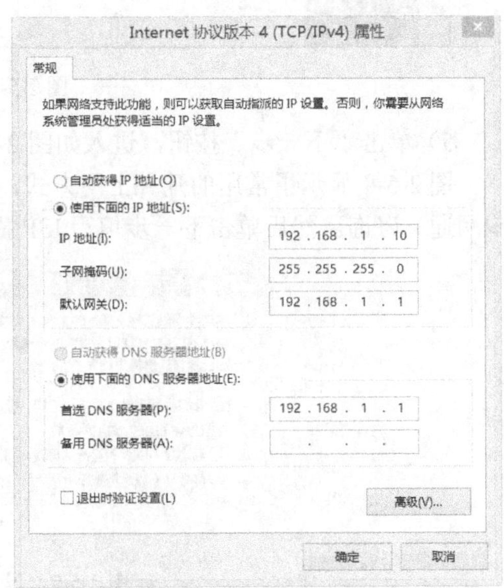

图 2-5-7 手动设置 IP 地址

① IP 地址：192.168.1.x（x 可取 2～254 任意值，如图所示中举例随取数值 1）。

② 子网掩码：255.255.255.0。

③ 默认网关：192.168.1.1。

然后，选中“使用下面的 DNS 服务器地址”单选按钮，在“首选 DNS 服务器”文本框中输入与“默认网关”相同的数值，即 192.168.1.1，或输入本地 DNS 服务器的 IP 地址。

3）使用 ping 命令检查计算机和路由器之间是否连通，即在命令提示符窗口中输入命令：ping 192.168.1.1，若成功，则说明计算机已与路由器成功建立连接。

4）打开 Web 浏览器，输入路由器配置网页的地址 http://192.168.1.1，按 Enter 键后就会进入宽带路由器的设置界面，在登录界面输入用户名和密码（用户名和密码的出厂默认值均为 admin），进入宽带路由器的 Web 配置界面，如图 2-5-8 所示。如果没有自动打开此界面，可以单击页面左侧的设置向导将它激活。

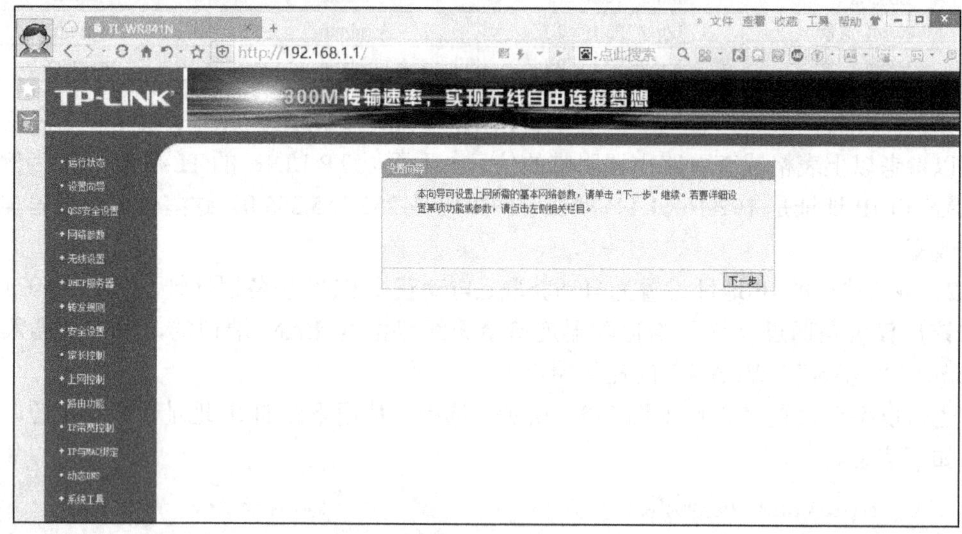

图 2-5-8　设置向导

5）单击“下一步”按钮，进入如图 2-5-9 所示的上网方式选择界面。

图 2-5-9 显示了常用的几种上网方式，具体选择何种方式需要向 ISP（如中国电信、中国网通）咨询。然后单击下一步填写 ISP 提供的网络参数。

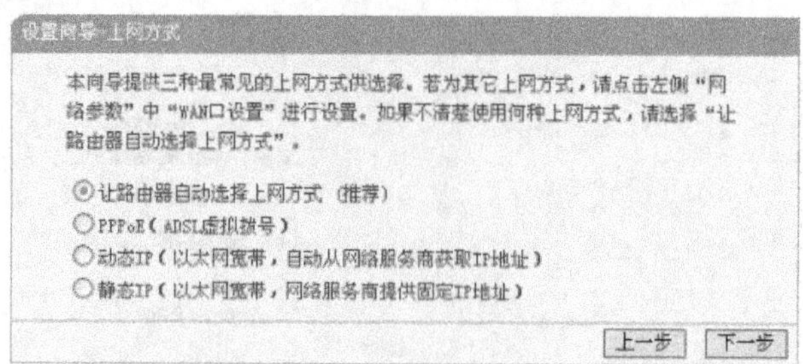

图 2-5-9　设置向导—上网方式

① 让路由器自动选择上网方式（推荐）：这种方式下，路由器会自动判断上网类型，然后跳到相应上网方式的设置界面。为了保证路由器能够准确判断上网类型，需要保证路由器已正确连接。

② PPPoE（ADSL 虚拟拨号）：如果上网方式为 PPPoE，即 ADSL 虚拟拨号方式，需要 ISP 提供用户名和密码，在如图 2-5-10 所示的界面中填写。当该设备连接运营商设备时，会自动发起 PPPoE 验证。验证通过后，服务器会将 IP 地址、子网掩码以及网关 IP 地址、域名服务器 IP 地址信息发送给本设备。

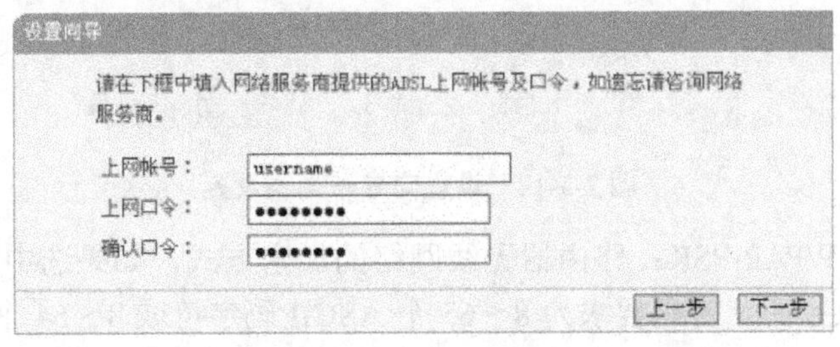

图 2-5-10　上网方式—PPPoE

③ 动态 IP（以太网宽带，自动从网络服务商获取 IP 地址）：这种方式是使该设备作为 DHCP 客户端自动到运营商的 DHCP 服务器上获取 IP 地址。

④ 静态 IP（以太网宽带，网络服务商提供固定 IP 地址）：需要当地运营商提供静态 IP 地址、子网掩码以及网关 IP 地址、域名服务器（DNS）IP 地址信息。在如图 2-5-11 所示的界面中输入 ISP 提供的参数，若有不明白的地方请咨询网络服务商。

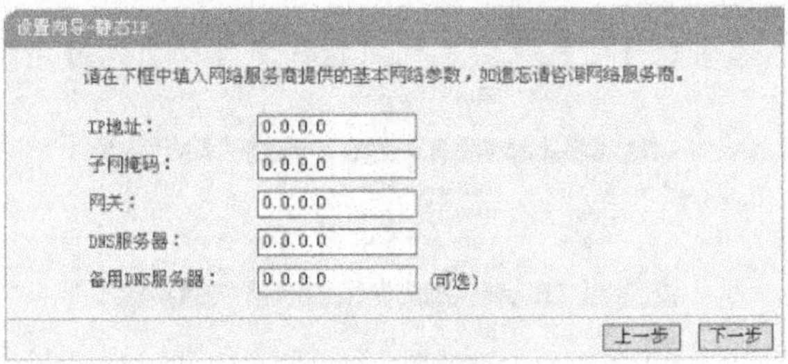

设置向导-静态IP
请在下框中填入网络服务商提供的基本网络参数，如遗忘请咨询网络服务商。
IP地址：0.0.0.0
子网掩码：0.0.0.0
网关：0.0.0.0
DNS服务器：0.0.0.0
备用DNS服务器：0.0.0.0 (可选)
上一步 下一步

图 2-5-11　设置向导—静态 IP

6）设置完成后，单击“下一步”按钮，即转到如图 2-5-12 所示的基本无线网络参数设置界面。

① 无线状态：开启或者关闭路由器的无线功能。

② SSID：设置任意一个字符串来标志无线网络。

③ 信道：设置路由器的无线信号频段，推荐选择自动。

④ 模式：设置路由器的无线工作模式，推荐使用 11bgn mixed 模式。

⑤ 频段带宽：设置无线数据传输时所占用的信道宽度，可选项有 20M、40M 和自动。

⑥ 不开启无线安全：关闭无线安全功能，即不对路由器的无线网络进行加密，此时其他人均可以加入该无线网络。

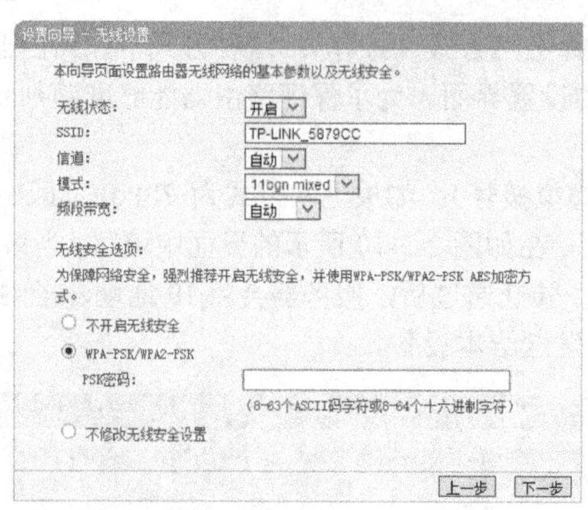

图 2-5-12　设置向导—无线设置

⑦ WPA-PSK/WPA2-PSK：路由器无线网络的加密方式，如果选中了该单选按钮，应在 PSK 密码中输入密码，密码要求为 8～63 个 ASCII 码字符或 8～64 个十六进制字符。

⑧ 不修改无线安全设置：选中该首选按钮，则无线安全选项中将保持上次设置的参数。如果从未更改过无线安全设置，则选中该首选按钮后，将保持出厂默认设置不开启无线安全。

7）建议设置无线加密，设置完成后，单击“下一步”按钮，在打开的窗口中单击“重启”按钮使无线设置生效。启动成功并登录路由器管理界面后，将会显示路由器的管理界面。运行状态，可以查看路由器当前的状态信息，包括版本信息、LAN 口状态、无线状态、WAN 口状态和 WAN 口流量统计信息等，如图 2-5-13 所示。

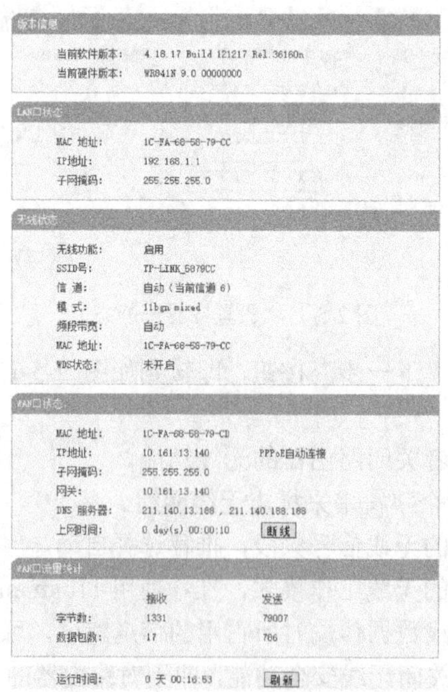

图 2-5-13　状态信息

3. 查看并连接到无线网络

如果采用的宽带路由器具有无线功能，就可以看到一个可用无线网络的列表，可以很轻松地连接到该宽带路由器所在的网络。当然，仅在计算机已安装无线网络适配器，已启用适配器，并且无线访问点位于网络覆盖范围内时，才会显示无线网络。

1）单击通知区域中的无线网络图标。

2）在打开无线网络列表中，单击要连接的网络，然后单击“连接”按钮。

3）为了保证无线网络的安全，通常会对网络进行加密。当要求连接时，会出现如图 2-5-14 所示的“连接到网络”对话框，要求输入密钥；在“安全密钥”文本框中输入密钥后单击“确定”按钮，计算机会连接到无线路由器，接下来就可以正常上网了。

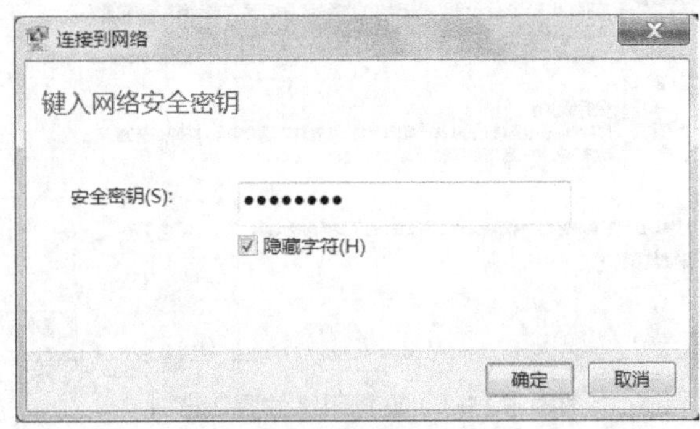

图 2-5-14　网络安全密钥

注意：应尽可能连接到启用了安全功能的无线网络。如果连接到不安全的网络，则有些人可以使用适当的工具查看用户所有行为，包括访问的网站、处理的文档以及使用的用户名和密码。

4. 配置家庭组

在家里，或者在宿舍、学校或者办公室，如果多台计算机需要组网共享，或者联机游戏和办公，并且这几台计算机上安装的都是 Windows 7 系统，那么实现起来非常简单和快捷。因为 Windows 7 中提供了一项名称为“家庭组”的家庭网络辅助功能，通过该功能用户可以轻松地实现计算机互联，在计算机之间直接共享文档、照片、音乐等各种资源，还能直接进行局域网联机，也可以对打印机进行更方便的共享。具体操作步骤如下：

1）创建一个家庭组。要使用 Windows 7 的家庭组功能与其他计算机共享资源，需要在其中的某台计算机上创建家庭组。

首先，在 Windows 7 中可以为计算机选择网络位置，系统将根据用户选择的网络位置（家庭网络、工作网络或公用网络）自动为计算机设置访问控制和安全级别，从而使计算机不被非法入侵。注意，若要创建和加入家庭组，必须将网络位置设置为“家庭网络”，如图 2-5-15 所示。

然后，打开“网络和共享中心”窗口，确认当前的网络位置为“家庭网络”，然后单击

“查看活动网络”选项组中的“准备创建”选项。打开如图 2-5-16 所示的“家庭组”窗口，单击“创建家庭组”按钮即可创建家庭组。

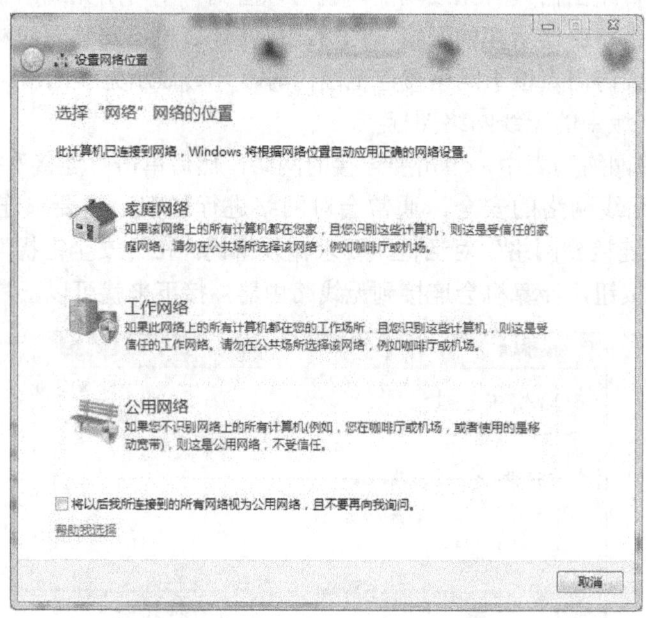

图 2-5-15　“设置网络位置”窗口

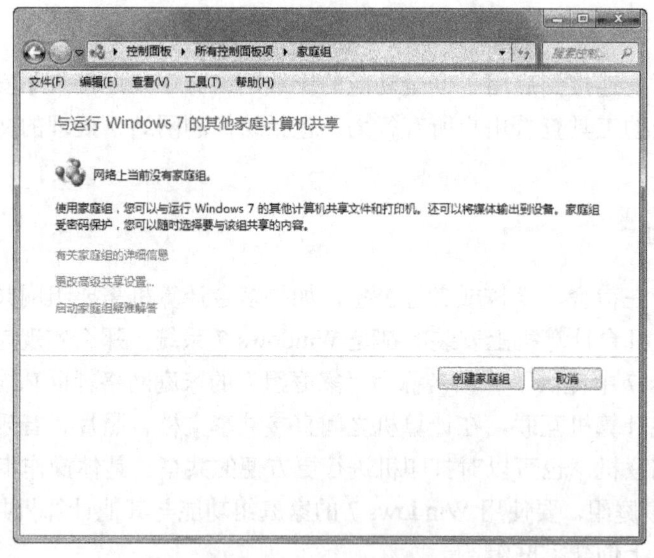

图 2-5-16　“家庭组”窗口

也可以打开控制面板窗口，单击“网络和 Internet”超链接，在打开的网络机 Internet 窗口中单击“家庭组”超链接，当网络上没有家庭组存在的时候，就可以看到如图 2-5-17 所示窗口，单击“创建家庭组”按钮。

需要注意的是，在 Windows 7 简易版和 Windows 7 家庭普通版中，可以加入家庭组，但无法创建家庭组。如果网络上已存在一个家庭组，则系统会要求用户加入该家庭组，而不要创建新的家庭组。

图 2-5-17　创建家庭组

2）打开创建家庭网的向导，首先选择要与家庭网络共享的文件类型，默认共享的内容是图片、音乐、视频、文档和打印机 5 个选项，除了打印机以外，其他 4 个选项分别对应系统中默认存在的几个共享文件如图 2-5-18 所示。

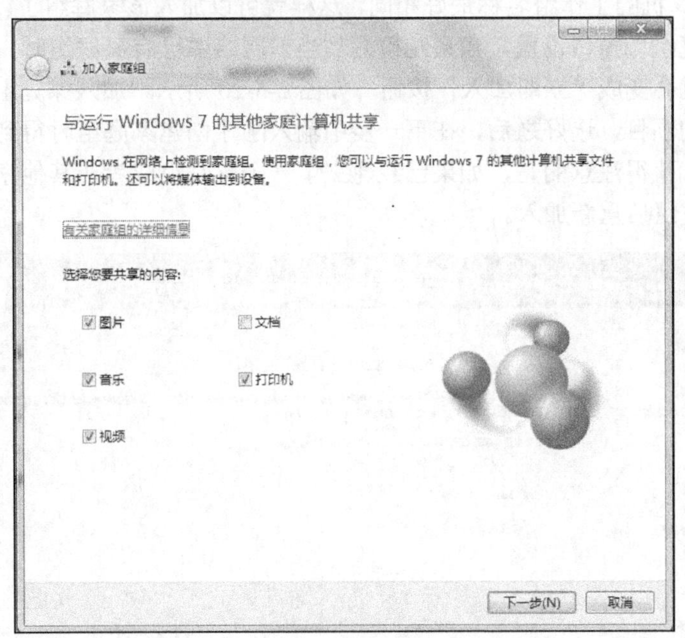

图 2-5-18　选择共享内容

3）单击“下一步”按钮后，Windows 7 家庭组网络创建向导会自动生成一连串的密码，如图 2-5-19 所示。此时需要把该密码复制粘贴发给其他计算机用户，当其他计算机通过

Windows 7 家庭网连接进来时必须输入此密码串，虽然密码是自动生成的，但也可以在后面的设置中修改成自己熟悉的密码。单击“完成”按钮，这样一个家庭组就创建成功了。

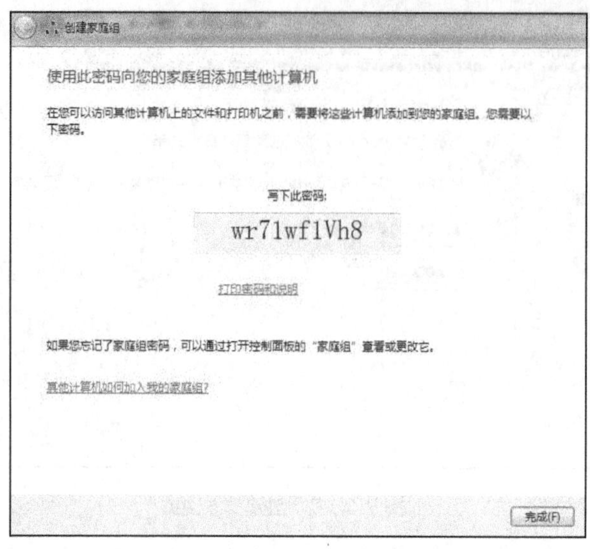

图 2-5-19　自动生成密码

4）完成家庭组的创建后，局域网中的其他计算机（此计算机的网络位置必须是“家庭网络”，且各计算机的工作组名称最好相同，这样就可以加入该家庭组了。同样先从控制面板中打开“家庭组”窗口设置，当系统检测到当前网络中已有家庭组时，原来显示“创建家庭组”按钮就会变成“立即加入”按钮，如图 2-5-20 所示。加入家庭组的计算机也需要选择希望共享的项目，选好之后，在下一步中输入刚才创建家庭组时得到的密码，就可以加入这个组了。值得注意的是，如果已经建立了一个家庭组或者在其他家庭组里，就必须先退出那个家庭组后重新加入。

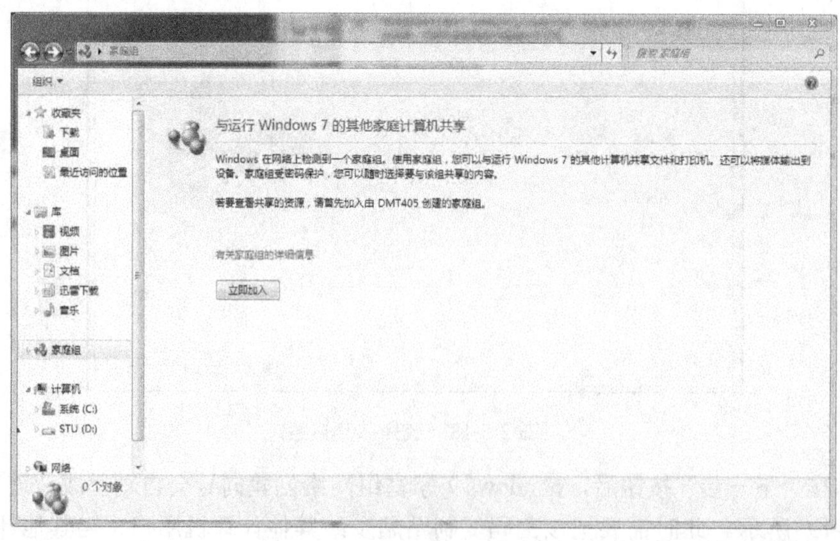

图 2-5-20　加入家庭组

5）家中所有计算机都加入家庭组后，展开 Windows 7 资源管理器的左侧的“家庭组”目录，就可看到已加入家庭组的用户（用户名左侧是计算机名称），单击某用户，可在右侧的窗格中看到该计算机在家庭组中共享的资源，双击家庭组中的某个共享库后，双击打开相应的文件夹，使用“复制”“粘贴”命令将其中内容复制到自己的计算机中。只要是加入时选择了共享的项目，都可以通过家庭组自由复制和粘贴，与本地的移动、复制文件一样。

6）在 Windows 7 系统中，文件夹的共享比 Windows XP 方便很多，只需在 Windows 7 资源管理器中选择要共享的文件夹，单击资源管理器上方菜单栏中的“共享”按钮，并在菜单中设置共享权限即可。如果只允许自己的 Windows 7 家庭网络中其他计算机访问此共享资源，那么就选择“家庭网络（读取）”；如果允许其他计算机访问并修改此共享资源，那么就选择“家庭组网（读取/写入）”。设置好共享权限后，Windows 7 会弹出一个确认对话框，此时单击“是，共享这些选项”按钮就完成了共享操作。

7）设置共享之后，可随时在该文件夹上右击，在弹出的快捷菜单中选择“属性”→“共享”命令来更改共享设置。

5. 高级共享设置

在打开的“网络和共享中心”窗口中单击左侧的“更改高级共享设置”超链接，打开“高级共享设置”窗口，如图 2-5-21 所示。可以设置网络发现、文件和打印机共享、公用文件夹共享、密码保护共享等。

1）网络发现：这个选择组允许在联网的情况下，通过当前计算机查看到家庭网络中的其他计算机，也允许其他计算机找到当前计算机。如果要将当前计算机接入家庭组，那么应该选中“启用网络发现”复选框。

2）文件和打印机共享：这个选项组允许网络中其他设备有机会访问当前计算机共享的文件和打印机。该选项也应当选择启用。

3）公用文件夹共享：启用这一选项组会共享所有的“公共文件夹”，即 Windows 7 中所有库的公共版本，如文档、图片等。一般情况下这一选项组应选择启用，当然也可以自定义共享文件夹结构。

4）媒体流：打开此选项将允许家庭网络中的计算机访问本机的图片、音乐和电影。除非不希望媒体流文件存在于家庭网络内，否则此选项应打开。关闭的情况下还能够传输文件，但将不能与家庭网络中的其他计算机共享媒体流文件。

5）文件共享连接：这一选项组决定了网络文件共享的加密保护方式，包含 128 位加密和 40 或 56 位加密两种选择。考虑到家庭网络并不会对外界陌生人开放，建议此项可以选择使用 40 或 56 位加密。

6）密码保护的共享：该选项组决定着网络中其他计算机访问本机共享文件夹时是否需要密码。如果启用该选项组，那么从其他计算机访问共享文件夹就需要验证用户名和密码。通常情况下用户可能不想启用这个功能，但是万一家中有小孩儿或者有朋友来访的话，那就需要用到它了。

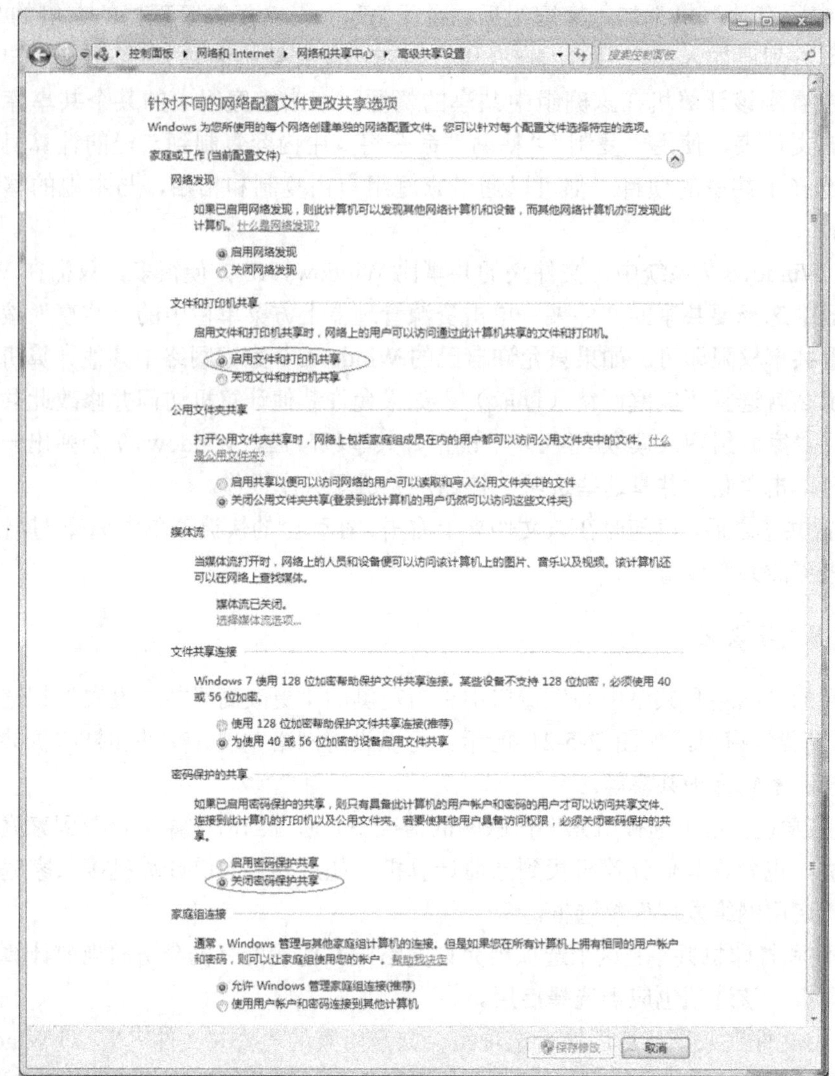

图 2-5-21 “高级共享设置”窗口

完成设置之后就可以共享家庭组了。在家庭网络内不需再受用户名和密码的困扰。建议管理家庭网络的工作可以交给 Windows 家庭组来完成。

需要注意的是，以上网络设置仅针对家庭网络。Windows 通过不同的分组来管理网络设备，包括家庭网络、工作网络以及公共网络，其中创建新网络时公共网络会作为默认选择。如果用户在公共场所加入网络时不小心选择了应用家庭网络设置，那么其他人将能在该用户不知道的情况下访问共享文件。

因此，在选择网络的时候一定要非常小心仔细，确保家庭网络的设置仅用于家庭网络。在加入公共网络时网络类型一定不能选择家庭。用户也可以通过打开“网络与共享中心”来查看当前的活动网络类型，并可以更改网络设置。

6. 共享打印机

通过共享打印机可以与家庭组共享使用 USB 电缆连接的打印机。加入有打印机的家庭组后，系统会自动检测出网络上的打印机。自动连接打印机不必执行任何操作，只要已经加入家庭组，打印机就会列在“设备和打印机”窗口中。单击“开始”按钮，选择“设备和打印机”命令打开“设备和打印机”窗口。如果该位置显示出打印机设备，就证明一切就绪，打印机可以使用了。

手动连接到家庭组共享打印机的步骤如下：

1）在物理连接打印机的计算机上，打开“控制面板”窗口，然后单击“网络和 Internet”超链接，在打开的窗口中单击“家庭组”超链接，确保已选中“打印机”复选框。

2）转到要从中打印的计算机。打开“控制面板”，然后单击“网络和 Internet”超链接，在打开的窗口中单击“家庭组”超链接，打开家庭组窗口。

3）单击“安装打印机”按钮。如果尚未安装打印机驱动程序，应在打开的对话框中单击“安装驱动程序”按钮。

共享打印机是在一个局域网内有一台打印机，大家都可以使用，但是如果共享打印机的这台计算机没有开机，大家就都无法使用这台打印机了。

7. 禁用家庭组功能

对于非局域网用户来说，家庭组功能可能没有必要。若要关闭这个 Windows 7 家庭网，首先在家庭网络设置中选择退出已加入的家庭组，然后在键盘上同时按下 Win+R 组合键，打开“运行”窗口，输入 services.msc 并确定运行，打开“服务”窗口，如图 2-5-22 所示。

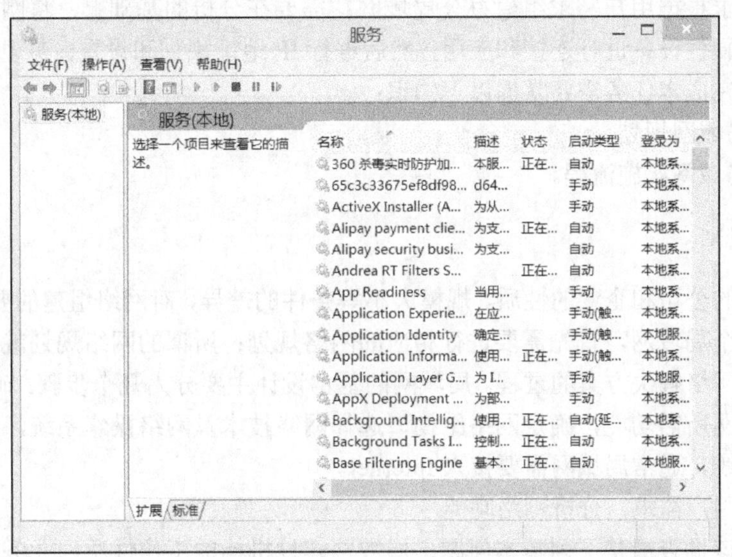

图 2-5-22 “服务”窗口

找到 HomeGroup Listener、HomeGroup Provider，并分别停止和禁用这 2 个服务，然后重启系统。如果遇到服务无法停止，请先确认自己是否已经加入家庭组。如果是，需要先退出。通过这样几步操作，就把这个 Windows 7 家庭组网完全关闭了，其他计算机无法找到这个家庭网络。

任务六 办公局域网组建

任务说明

随着计算机技术以及网络的普及和越来越快的发展，网络已成为人们生活中不可缺少的一部分。家庭组可以使人们方便地在家庭内部、邻里之间实现共享资源、进行联机游戏等，对于许多小型公司或企业，为了提高办公效率，满足现代办公的网络需求，希望在企业或公司内部构建一个经济、实用、多功能且易升级的办公局域网。

小型办公局域网常指用于办公室、实验室、网络教室，或者一个部门、一个小公司及小企业等，占地空间小、规模小、建网经费少的计算机网络。建成后的局域网能够实现网络通信和资源共享，可以提供文件共享、办公设备资源共享、能运行 OA（办公自动化）软件协同工作、能够实现网络会议及 Internet 访问等功能，从而提高工作效率，改善工作环境。

任务分析

本任务要求根据用户需求组建办公局域网；需要在分析的基础上，将网卡、双绞线和交换机等网络硬件设备进行连接和应用，然后进行 IP 地址规划和设置，实现办公局域网的功能。因此，完成本任务需要掌握以下知识：

1）办公局域网规划。

2）办公局域网实施流程。

1. 网络规划

根据不同的公司和企业的性质、规模大小等条件的差异，对网络组建的要求也不相同，因此，组建一个局域网，首先需要进行相应的网络规划；所谓的网络规划就是根据用户的组网需求设计网络解决方案的过程。局域网的基本设计主要分为几个步骤：确定用户需求，从而分析局域网所需功能，确定网络结构，选择网络技术及网络操作系统，然后选用网络硬件设备和布线，通常局域网需要接入 Internet。

（1）确定用户需求，分析网络功能

首先，应该调查清楚下列基本问题：局域网建设机构的工作性质、业务范围和服务对象；局域网建设机构目前的用户数量，目前准备入网的结点计算机数量，预计将来的发展会达到的规模；规划建设局域网的最终分布范围；局域网建设机构是否有建立专门部门（如网络中心、信息中心或数据中心）进行信息业务处理的需求；局域网是否有多媒体业务的需求；局域网建设机构对网络安全有哪些需求，对网络与信息的保密有哪些需求。然后，结合未来可能的发展要求，选择、设计合适的网络结构和网络技术，提供用户满意的高质服务。

在一个小型公司中，一般有多台计算机以及其他的硬件设备，如打印机、扫描仪等。要求组建小型办公网络，以实现网络通信和资源共享，让所有的计算机能够共享文件、文件夹和 Internet 连接。让用户可以不用坐在其他计算机面前，就可以使用这些计算机资源或者设备；能够处理存储在网络中其他计算机上的文件；能够通过网络使用计算机发送和接收传真；能够开网络会议等；同时办公室局域网也是多人协作工作的基础设施，可以真正实现无纸办公。

（2）确定网络结构

组建一个经济、实用、多功能且易升级的办公室局域网是小公司、小企业提高办公效率的需要，复杂的网络不但增加开支，而且会给日后的网络维护带来无尽的麻烦，成为企业的一个负担。因此，对于办公室、某个部门、小型企业诸如此类计算机数量在 10 台左右的小型局域网络，可采用对等网络结构。

对等网络（图 2-6-1）不需要专用服务器，对等网中的每一台计算机可以同时是客户机和服务器。网络中的所有计算机可直接访问网络中的数据、软件和其他网络资源。换言之，每一台网络中计算机与其他联网的计算机是对等（Peer）的，它们没有层次的划分。

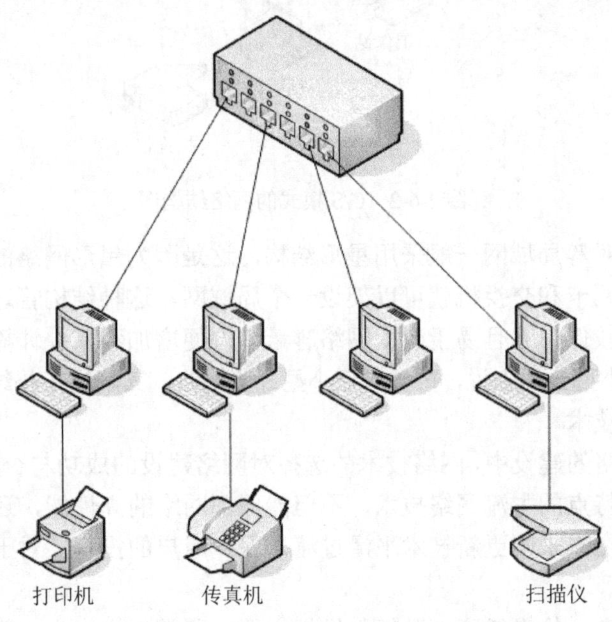

图 2-6-1　对等式网络结构图

对等网主要针对一些小型企业，因为它不需要服务器，所以对等网成本较低，但它只是局域网中基本的一种，许多管理功能不能实现。它可以使职员之间的资料免去了用软盘或其他存储设备复制的麻烦，对于规模较小公司，这些有限的功能足够满足他们的要求。并且对等网构架简单，而且价格低，维护方便，可扩充性也好。

与之对应的是客户机/服务器（Client/Server，C/S）结构，在客户机/服务器网络中，计算机划分为服务器和客户机，如图 2-6-2 所示。它引进了层次结构，是为了适应网络规模增大所需的各种支持功能设计的。客户机/服务器网络主要应用于大中型企业，它可以实现数据共享，对财务、人事等工作进行网络化管理，还提供了强大的 Internet/Intranet Web 信息服务等，能更有效使用资源。但它需要一台或多台高档服务器，所以成本较高，管理也较为困难；但对于企业而言，它的功能给企业的工作效率及业务工作带来了极大的方便，这远远超过了对它的投资。所以客户机/服务器结构主要适用于数据处理量很大的大型网络，如酒店、大型商场、银行、税务局、Internet 服务器等。

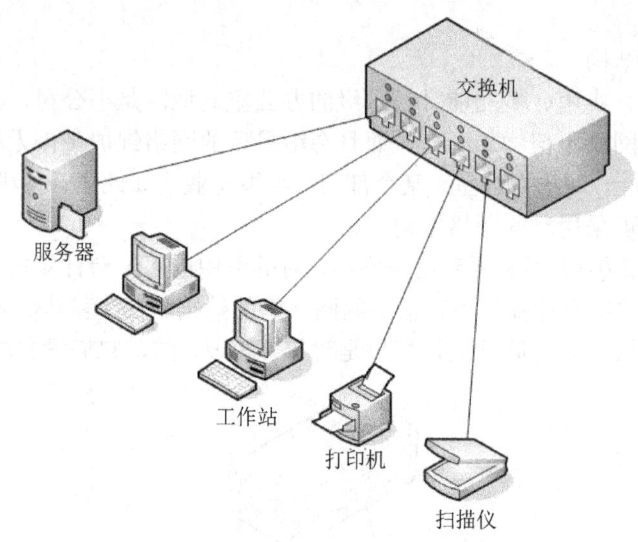

图 2-6-2　C/S 模式的网络结构图

常见的办公室对等局域网一般采用星形结构，这是因为星形网络的构造简单，连接容易，使用双绞线、网卡和交换机就可以架设一个局域网。这种结构管理也比较简单，建设费用和管理费用都较低，并且易于改变网络容量，方便增加和减少计算机，容易发现、排除故障。因此对于小型公司来说，可以构建小型办公网络，其网络拓扑结构如图 2-6-3 所示。

（3）选择网络技术

在小型办公网络的建设中，网络技术的选择对网络建设的成功与否起着决定性的作用。选择适合网络需求特点的主流网络技术，不但能保证网络的高性能，还能保证网络的先进性和扩展性，能够在未来向更新技术平滑过渡，保护用户的投资。对于小型局域网，通常选用以太网技术。

以太网性能优良、价格低廉、升级与维护方便，通常将它作为小型局域网的首选。其实它不是一种具体的网络，而是一种技术规范，是当今现有局域网采用的通用的通信协议标准。该标准定义了在局域网中采用的电缆类型和信号处理方法。以太网技术自 20 世纪 70 年代至今，已历经了以太网、快速以太网、千兆网和万兆以太网 4 个发展阶段。表 2-6-1 给出了 4 代以太网的典型技术特征。

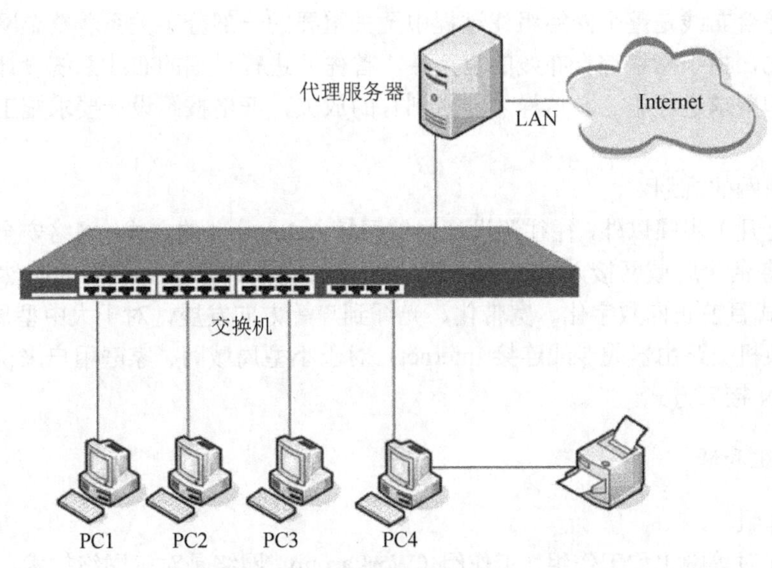

图 2-6-3　网络拓扑结构

表 2-6-1　4 代以太网技术的主要技术特征

名　　称	标准以太网	快速以太网	千兆以太网	万兆以太网
带宽	10Mb/s	100Mb/s	1000Mb/s	10Gb/s
拓扑结构	总线型、星形	星形、扩展星形	星形、扩展星形	星形、扩展星形
传输介质	双绞线、同轴电缆	双绞线、光纤	双绞线、光纤	光纤

从这 4 代以太网技术的主要技术特征可以看出，在传输介质的使用上，以太网接口之间越来越多地使用光纤来连接。与双绞线相比，虽然光纤的成本较高，架设稍复杂，但其连接距离远，工作稳定，可扩展性强，已经成为高速网络连接无可替代的主要介质。同时，传输速率也在迅速提升，从 10Mb/s、100Mb/s、1000Mb/s 一直到 10Gb/s，就是为了适应日益增长的数据流和多媒体服务。

目前，百兆传输的快速以太网主要用于简单的桌面环境，如办公室局域网、家庭网；千兆以太网则以其高效、高速、高性能广泛地应用在电信、金融、商业、教育、政府机关及厂矿企业等各行各业；随着技术的进一步发展，万兆以太网也必将成为以后的主流网络技术。

（4）网络操作系统的选择

由于目前国内大多用户使用的是 Microsoft 的 Windows 系列产品，并且 Windows 系统操作简单，安装方便，有很多的软件支持，设置简单，易用性强。同时利用 Windows 系统可以方便地连接 Internet，将整个局域网连入国际互联网，且运行稳定，是办公局域网组建的首选操作系统，因此在网络中可以选用 Windows 系统。

（5）确定布线方案

局域网布线设计的依据是网络的分布架构。由于网络布线是一次完成、多年使用的工程，必须有较长远的考虑。在企业局域网中，特别是在一些规模较大、结构较复杂的局域网组建中，综合布线是整个网络组建过程中至关重要的一部分，关系着整个网络组建的成败。一般来说，由于网络综合布线的复杂性，首先要进行详细的布线系统设计，然后再按照设计图纸和要求进行施工。这样才能做到有的放矢，严格按照设计要求施工，满足用户的需求。

（6）局域网的规划

除了以上几个步骤以外，往往还设计局域网接入 Internet 的方式、网络安全及管理设计等。尤其是将企业局域网接入 Internet 已成为目前绝大部分企业组网的必然选择。接入 Internet 的方式目前正向数字化、宽带化、光纤到户等方向发展，对于大中型局域网来说，通常使用交换机、路由器或专线连接 Internet；对于小型局域网、家庭用户来说，通常使用 ADSL 或 LAN 接入方式。

2. 工作组和域

（1）工作组

Windows 对等网也称工作组，工作组（Workgroup）网络是对等网络技术在局域网中的应用，是根据用户自定义的分组特点（如不同部门、不同爱好、不同操作系统类型等）把网络中的许多用户计算机分门别类地纳入不同工作组中。划分工作组的主要目的是便于浏览、查找，另外还方便于管理员对用户计算机的管理。

工作组网络既然是对等网，从其名称中的“对等”两个字就可以看出来，对等网中的各主机都是对等的，地位平等，没有管理和被管理之分。在网络应用中，各主机既可以当做服务器，为其他主机提供访问服务，也可以当做客户机，访问其他主机。

在一个对称网中可以有多个工作组。工作组的划分可以是任意的，一般是按部门，或者按工作性质等来划分的。但是要注意的是，工作组不代表安全边界。也就是说，不同工作组之间并没有权限意义上的区别，只是一种便于访问或管理的方式。它与我们现实生活中的“组”有些区别，因为现实生活中的“组”往往会有一个“组长”，负责整个组的管理。但在工作组中并没有一台主机具有管理整个组的权限，只是各主机“平等共处”而已。

不同工作组的主机之间是可以相互访问的，而且就像没有划分多个组，在一个工作组中不同主机间的访问一样简单，只是需要正确输入对方的用户账户信息即可。因为工作组网络中的网络访问身份验证是依据各成员计算机的账户系统，所以在一些公共网络应用服务器中的安全配置就显得比较复杂了，要么是网络中各计算机都启用默认的 Guest 账户（并且全都采用默认的空密码），要么在授权访问的每台计算机配置相同的组或者用户账户，否则就无法进行全面授权。如果启用 Guest 账户，会给企业网络带来巨大的安全隐患。

计算机要加入某工作组，只需要在 Windows 7 桌面，右击“计算机”图标，在弹出的快捷菜单中选择“属性”命令，在打开的窗口中单击“高级系统设置”超链接，在打开的“系统属性”对话框中选择“计算机名”选项卡，再单击“更改”按钮，就可以查看及更改计算机名和工作组了，只需要在“计算机名”文本框中添入已想好的名称，在“工作组”文本框中添入想加入的工作组名称。如果输入的工作组名称是一个不存在的工作组，那么就相当于新建一个工作组。工作组名称的改变不能防止别人访问共享资源，计算机可以随便加入同一网络上的任何工作组，也可以随时离开一个工作组。“工作组”就像一个自由加入和退出的俱乐部一样。它本身的作用仅仅是提供一个“房间”，以方便网上计算机共享资源的浏览。

（2）域

域（Domain）其实是 Microsoft 公司借鉴了互联网中的域名技术，是目前大中型企业局域网中应用较为广泛的一种网络管理模式。如果说工作组是“免费的旅店”，那么域就是“星级的宾馆”；工作组可以随便进出，而域则需要严格控制。“域”的真正含义指的是服务器控制网络上的计算机能否加入的计算机组合。

在对等网模式下，任何一台计算机只要接入网络，其他机器就都可以访问共享资源，如共享上网等。尽管对等网络上的共享文件可以加访问密码，但是非常容易被破解。而在“域”模式下，至少有一台服务器负责每一台联入网络的计算机和用户的验证工作，相当于一个单位的门卫一样，称为域控制器（Domain Controller，DC）。

域控制器中包含了由这个域的账户、密码、属于这个域的计算机等信息构成的数据库。当计算机联入网络时，域控制器首先要鉴别这台计算机是否是属于这个域的，用户使用的登录账号是否存在、密码是否正确。如果以上信息有一样不正确，那么域控制器就会拒绝这个用户从这台计算机登录。不能登录，用户就不能访问服务器上有权限保护的资源，只能以对等网用户的方式访问 Windows 共享出来的资源，这样就在一定程度上保护了网络上的资源。

实现步骤

1. 网线制作及硬件设备连接

首先选择所需要的硬件：4 台带有有线网络适配器的计算机、网络电缆及配件、网线制作工具、打印机和交换机各一台等。然后根据 EIA/TIA 接线标准，制作直通线或交叉线，网线做好后，需要用测线仪测试是否连通。用网线把计算机与交换机连接起来，如图 2-6-3 所示。

2. 网络配置

单是网络物理连通还不能使整个网络运作起来，还必须对每一台计算机进行网络配置。才能使它们成为一个完整的局域网，以实现这个局域网与 Internet 的互联。

（1）设置网卡参数

以 Windows 7 操作系统为例，进入“控制面板”单击“查看网络状态和任务”超链接，在“打开”窗口中单击“更改适配器设置，超链接，进入本地网络设置。在使用的本地连接上右击，在弹出的快捷菜单中选择“属性”命令，在打开的“本地链接 属性”对话框中双击“Internet 协议版本 4（ICP/IP04）”进行网络参数设置，设置 IP 地址、子网掩码等参数。IP 地址建议使用 C 类的私有地址，如 192.168.10.x，子网掩码采用默认的 255.255.255.0 即可，网关和 DNS 可设置为 192.168.10.1。

（2）连通测试

可按以下步骤诊断：首先检查网络物理上是否连通，保证网络物理是连通的，然后检查工作组名称是否和其他计算机一致。如果什么都看不到，可能是网卡的设置问题，重新检查网卡设置，或者换一块网卡。可以结合 ipconfig、ping 等网络检测工具诊断。

（3）同步工作组

不管使用的是什么版本的 Windows 操作系统，都需要保证联网的各计算机的工作组名称一致。要查看或更改计算机的工作组、计算机名等信息，应右击“计算机”图标在弹出的快捷菜单中选择“属性”命令。在打开的窗口中单击“高级系统设置”超链接，在打开的“系统属性”对话框中选择到“计算机名”选项卡，单击“更改”按钮，再在“工作组”选项中，将 4 台计算机设置成同样的工作组、不同的计算机名。

（4）打开共享设置

在打开的“网络和共享中心”窗口中单击左侧的“更改高级共享设置”超链接，打开“高级共享设置”窗口，设置网络发现、文件和打印机共享、公用文件夹共享为启用、关闭密码保护共享，设置完成后，保存修改。

（5）取消禁用 Guest 用户

为了实现不同 Windows 系统之间可以正常连接，需要开启 Guest 来宾账户。在“计算机”图标上右击，在弹出的快捷菜单中选择“管理”命令，打开“计算机管理”窗口，如图 2-6-4 所示。

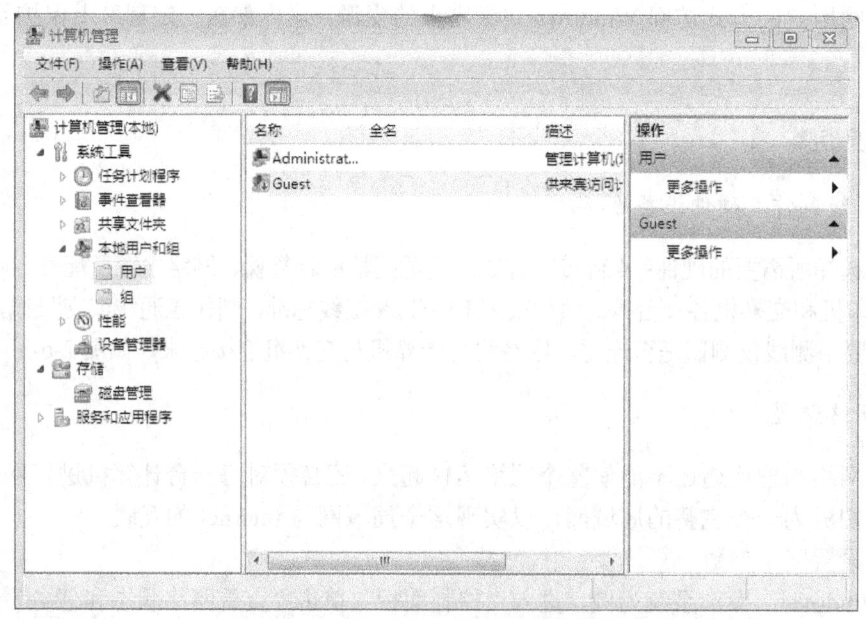

图 2-6-4 “计算机管理”窗口

然后双击“Guest”选项，打开“Guest 属性”对话框，确保“账户已禁用”复选框没有被选中，如图 2-6-5 所示。

图 2-6-5 取消禁用 Guest 用户

（6）本地安全策略

打开“控制面板”，单击“系统和安全”超链接，在“打开”窗口中单击“管理工具”超链接，在“打开”窗口中单击“本地安全策略”超链接，或者按“Win+R”组合键，运行“gpedit.msc”命令，进入“本地安全策略”窗口，如图 2-6-6 所示。

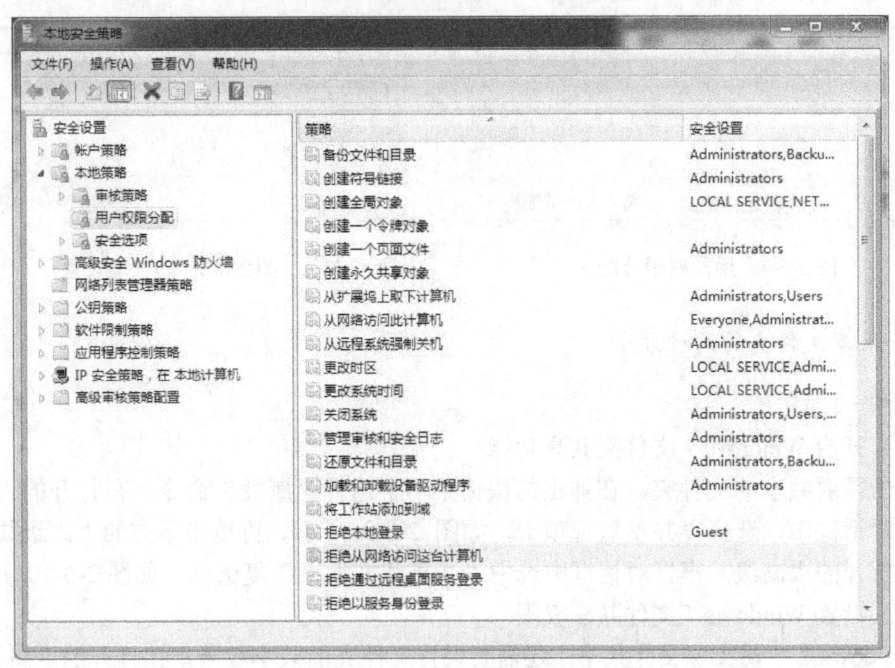

图 2-6-6 “本地安全策略”窗口

单击“用户权限分配”，在右边的策略中找到“从网络访问此计算机”选项，双击，在打开的对话框中把可以访问此计算机的用户或组添加进来。找到“拒绝从网络访问这台计算机”，把 Guest 删除后，单击“确定”按钮保存即可，如图 2-6-7 所示。

（7）关闭 Windows 7 防火墙

防火墙有可能造成局域网文件的无法访问。打开“网络和共享中心”窗口，单击“Windows 的防火墙”超链接，在打开的“Windows 的防火墙”窗口中，单击“打开或关闭 Windows 防火墙”超链接，在打开的窗口中选择“关闭 Windows 防火墙”选项，单击“确定”按钮保存。

（8）启用 Windows 7 文件夹共享规则

防火墙关闭后，打开“控制面板”，单击“系统和安全”超链接，在打开的窗口中单击“Windows 防火墙”超链接，检查一下防火墙设置，确保“文件和打印机共享”是允许的状态，如图 2-6-8 所示。

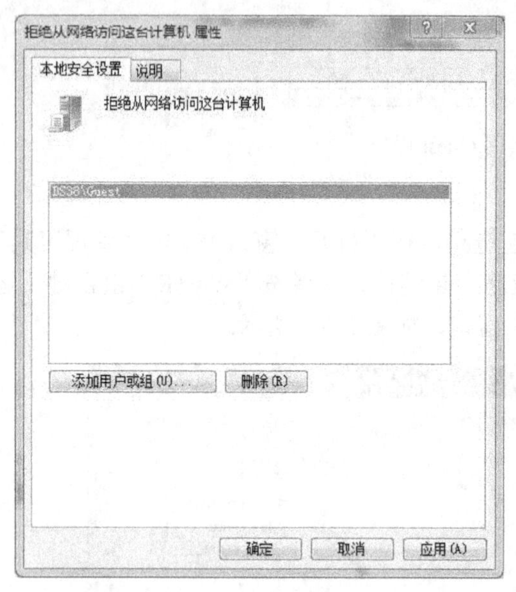

图 2-6-7　用户权限分配

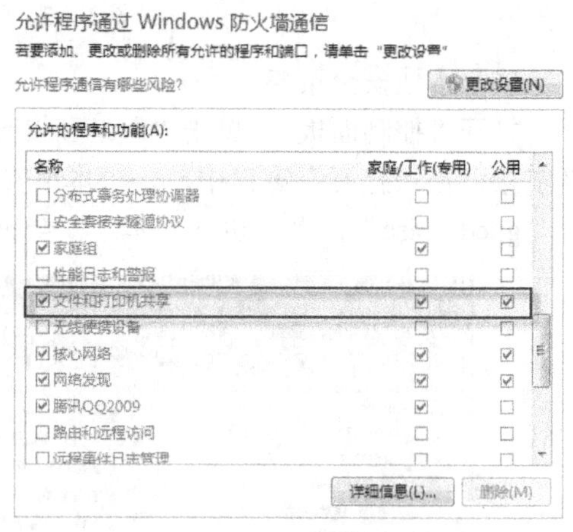

图 2-6-8　防火墙设置

3. 共享文件夹的两种方法

方法一：

（1）开启 Windows 7 文件夹共享功能

右击需要共享的文件夹，在弹出的快捷菜单中选择“属性”命令，在打开的“文件夹属性”对话框中，选择“共享”选项卡，如图 2-6-9 所示。再单击下方的“高级共享”按钮，在打开的“高级共享”对话框中选中“共享此文件夹”复选框，如图 2-6-10 所示。

（2）设置 Windows 7 文件共享权限

Windows 7 中要实现文件共享，还需要设置文件夹的共享权限。在打开的“高级共享”对话框中，单击“权限”按钮打开相应的权限对话框，单击“添加”按钮，在打开的“选择用户或组”对话框中，单击“高级”按钮，在打开的对话框中单击“立即查找”按钮。然后在查找的结果中选择“Everyone”，并且根据需要设置好用户的操作权限。如果共享文件夹所在的磁盘格式为 NTFS，还需要设置 NTFS 格式的权限。右击需要共享的文件夹，在弹出的快捷菜单中选择“属性”命令，在打开的“文件夹属性”对话框中，选择“安全”选项卡，在“组或用户名”列表框下单击“编辑”按钮，在打开的相应对话框中单击“添加”按钮，打开“选择用户或组”对话框，在“输入对象名称来选择”文本框中输入“Everyone”，单击“确定”按钮即可，如图 2-6-11 所示。

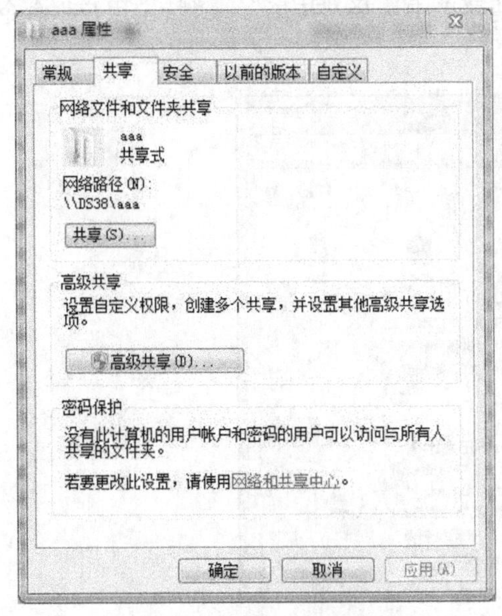

图 2-6-9 文件夹共享

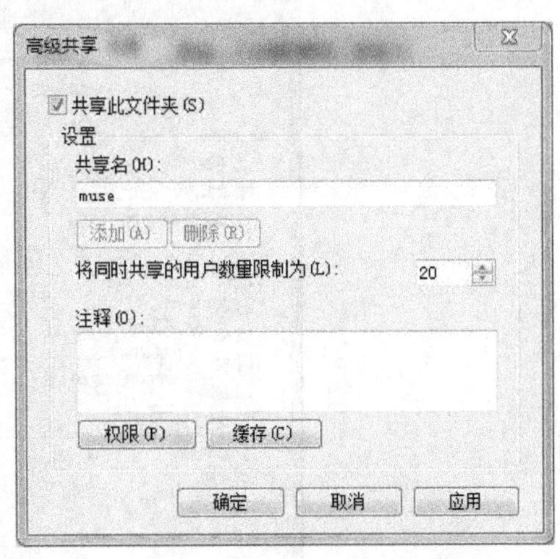

图 2-6-10 “高级共享”对话框

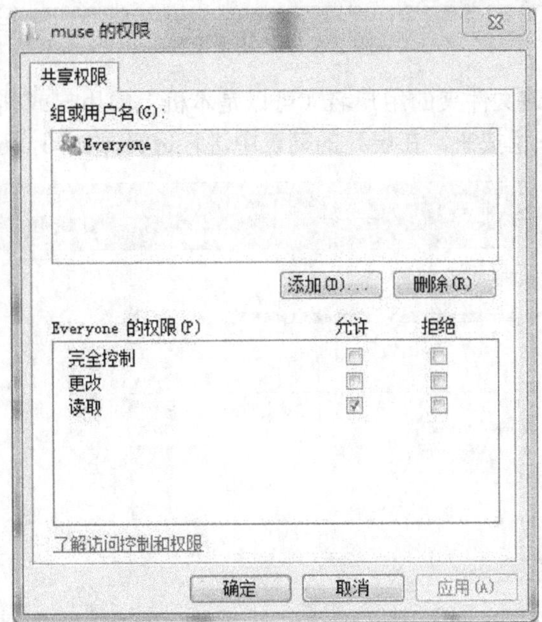

图 2-6-11 共享权限

（3）查看共享文件

双击桌面上的“网络”图标，打开“网络”窗口，找到对应计算机即可查看共享文件夹。

方法二：

1）选择要共享的文件夹右击，在弹出的快捷菜单中选择“共享”→“特定用户”命令，如图 2-6-12 所示。

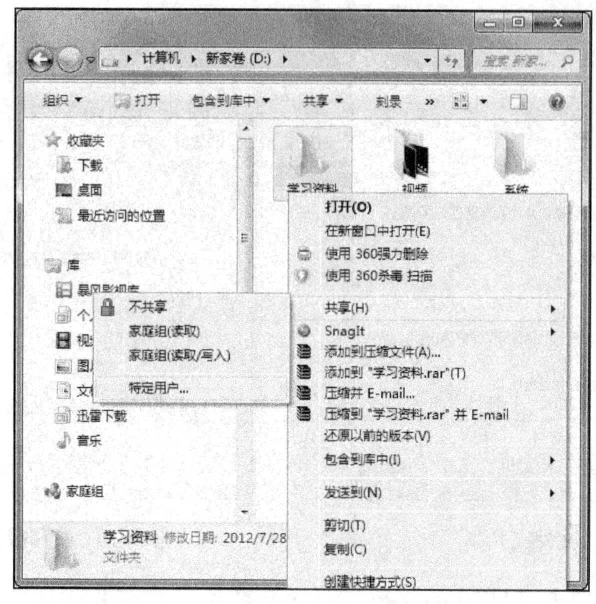

图 2-6-12　共享设置

2）输入可以访问该文件夹的用户名（可以是本机上的用户或其他计算机中的用户），或单击编辑框右侧的下拉按钮，在展开的列表中进行选择，如图 2-6-13 所示。

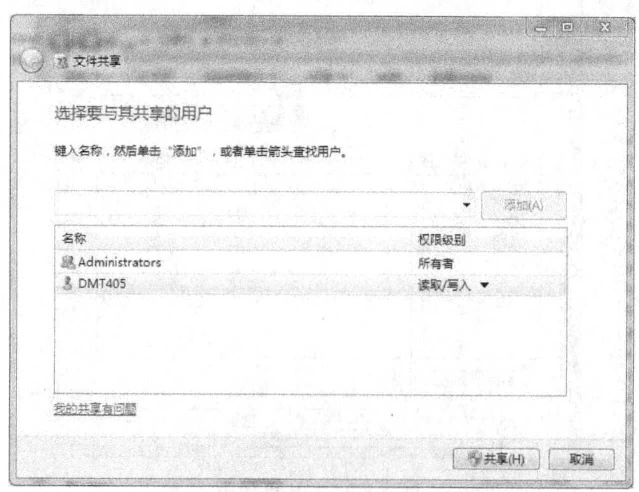

图 2-6-13　文件共享

3）设置用户对文件夹的访问权限级别，如图 2-6-14 所示。

① 读取：表示只能查看、打开和复制该文件夹中的文件。

② 读/写：表示能对该文件夹中的文件进行任何操作。

③ 删除：可取消对该用户的共享。

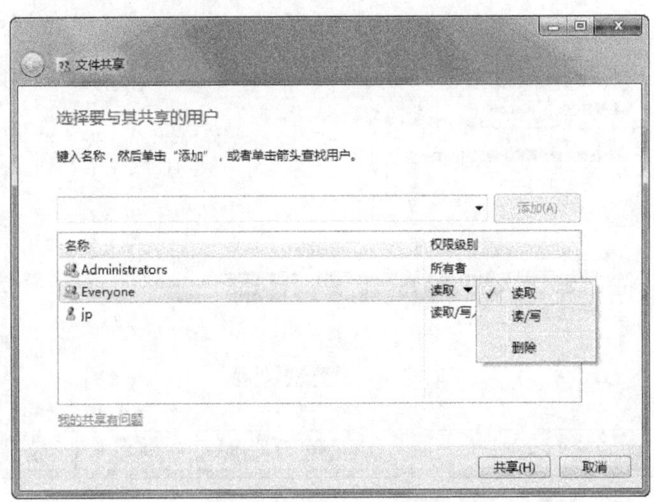

图 2-6-14 访问权限

4）设置共享后，其他用户就可通过局域网来查看该文件夹了。

5）访问共享文件。

打开资源管理器，单击导航窗格“网络”左侧的下拉按钮将其展开，可看到局域网中所有计算机的名称，单击某个用户名，可在右侧的窗格中看到该计算机共享的文件夹，双击共享的文件夹，可打开该共享文件夹，然后可对其中的文件进行打开、复制等操作。

无论使用何种方式共享文件夹，若要停用文件夹共享，可右击共享的文件夹，在弹出的快捷菜单中选择“属性”命令，在打开的“文件夹属性”对话框中选择“共享”选项卡，单击“高级共享”按钮，然后取消“共享此文件夹”复选框的选中即可。

4. 共享目标打印机

在进行打印机共享前，需要启用“文件和打印机共享”功能，同时保证局域网中计算机能相互访问。

1）单击“开始”按钮，选择“设备和打印机”命令，在打开的窗口中找到想要共享的打印机，在该打印机上右击，在弹出的快捷菜单中选择“打印机属性”命令。注意：前提是打印机已正确连接，驱动已正确安装。

2）在“打印机属性”对话框中选择“共享”选项卡，选中“共享这台打印机”复选框，并且设置一个共享名，如图 2-6-15 所示。

3）在其他计算机上添加共享的网络打印机，添加共享的网络打印机的方法有多种，以通过网络浏览直接添加打印机的方法为例进行网络打印机的添加。操作步骤如下：

① 双击桌面“网络”图标，打开“网络”窗口。

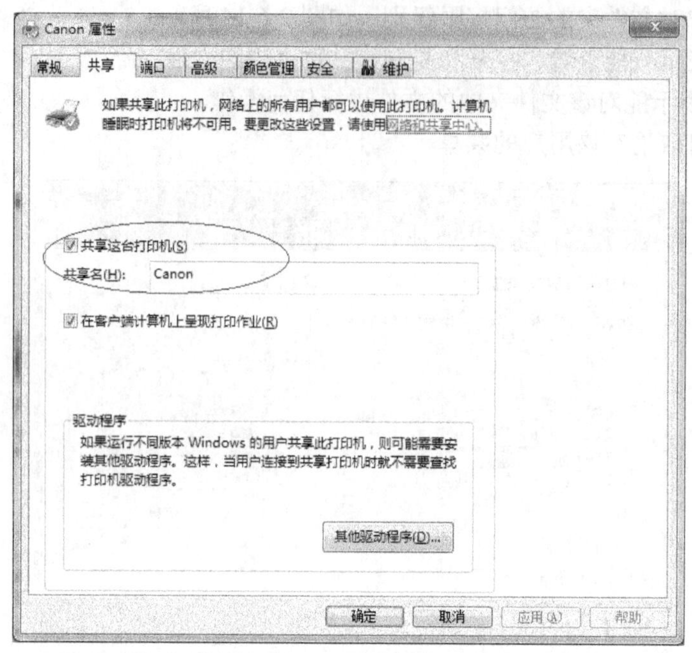

图 2-6-15　共享打印机

② 双击添加有打印机的目标计算机，打开该计算机“共享”窗口。

③ 双击共享打印机，为网络打印机添加驱动程序。

接下来的操作比较简单，系统会自动找到并把该打印机的驱动安装好。至此，打印机即成功添加。

任务七　共享上网设置

任务说明

针对内部已经实现联网的企业，共享上网可以让所有联网的计算机一起共享上网账号和线路，这样既满足工作需要又大幅度节约经费。针对小型局域网，要实现共享上网，首先该局域网要正常工作，其次是要有一条连接互联网的线路，然后，在局域网内的一台性能比较好的计算机上添加第二块网卡做代理服务器使用，从而实现局域网共享上网。

任务分析

局域网通过代理服务器共享上网方案，由于连接了服务器，管理功能强大，可灵活设定各种配置，安全性好，但需要有一定的维护能力。其适用于要求更高一点的中小企业、网吧等用户，完成本任务需要掌握以下知识：

1）共享上网。

2）代理服务器。

1. 共享上网概述

从技术实现角度来说，共享上网分为：硬件共享上网和软件共享上网。无论是软件还是硬件方式，其工作原理都是把局域网内部的网络请求做转换处理以后，从连接互联网的线路发送到 Internet，然后把从互联网 Internet 接收到的数据在处理以后，发送到发出该请求的内部计算机上。

2. 硬件共享上网

小型局域网通过网络硬件实现共享上网，是指通过路由器、宽带路由器、内置路由功能的 ADSL Modem 等实现共享上网。该类设备通常除具有共享上网的功能外，还具有 HUB 或交换机的功能；它们通过内置的硬件芯片来完成互联网和局域网之间数据报的交换管理，实质也就是在芯片中固化了共享上网软件，当然功能强大的大型路由器不在此列。由于硬件工作不依赖于操作系统，所以稳定性较好，但更新性相对软件显得差一些，并且投资也相对稍高。

3. 软件共享上网

软件共享上网就是在小型局域网中的一台具有互联网连接线路的计算机上安装共享上网软件，以实现整个局域网的共享 Internet。软件共享上网的优势在于花费低，并且有些共享上网软件甚至是免费的，而且软件更新较快，可以比较快地适应互联网新的接入技术和应用协议，缺点就是需要专门使用一台计算机来作为共享上网服务器，为其他计算机提供上网能力，并且这台计算机的性能不能太低，另外它还依赖于操作系统，是一个标准的应用程序，所以稳定性相对硬件方式略差。

（1）用 Windows 操作系统自带的连接共享

目前，绝大部分的 Windows 系统中集成了 Internet 连接共享的功能，即 ICS 功能，其连接示意图如图 2-7-1 所示。将作为 ICS 主机的 Internet 连接设置 Internet 连接共享，当客户机想访问 Internet 时，先向 ICS 主机提出请求，通过 ICS 主机中转，将请求发送出去；而外部数据同样也要经 ICS 主机中转，才能得到所需信息。这种方式充分利用了操作系统自带的功能，不需要额外的资金投入，但功能比较单一，且不具备对内部网的保护作用，对网络的安全构成很大的威胁，只适用于网络规模较小且安全性要求不高的用户。

（2）Windows 的网络地址转换功能

网络地址转换（Network Address Translation，NAT），是一个标准，其允许一个整体机构以一个公用 IP 地址出现在 Internet 上。顾名思义，它是一种把内部私有网络地址（IP 地址）翻译成合法网络 IP 地址的技术。简单地说，就是在局域网内部网络中，当内部结点要与外部网络进行通信时，NAT 就在网关（可以理解为出口）处，将内部地址替换成公用地址，从而在外部公网（Internet）上正常使用。

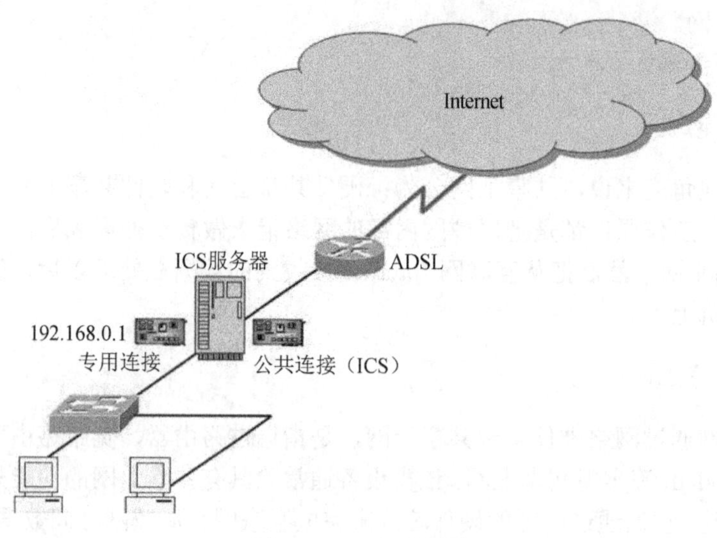

图 2-7-1　ICS 示意图

（3）第三方软件接入

目前，小型局域网内用户共享上网采用的第三方软件主要有两类：代理服务器（Proxy Server）类和网关类。代理服务器类软件安装、设置简单，使用比较方便，用户上网的速度比较快；而网关类软件一般比较庞大，本身又要起到网关（协议转换器）的作用，用户上网的速度也因而受到影响，安装相对繁琐，其应用较少，但网关类软件能起到网络防火墙的作用，是功能单一的代理服务器类软件无法与之相比的。

代理服务器的功能就是代理网络用户去取得网络信息，它就好比是网络信息的中转站。在一般情况下，我们使用网络浏览器直接去连接其他 Internet 站点取得网络信息时，都是送出请求信号，然后对方再把所请求的信息传送回来。它利用缓存内容可以提高访问速度，减少不必要的网络流量，并且隐藏内部网络细节，还能监控用户行为。图 2-7-2 所示为代理服务器示意图。

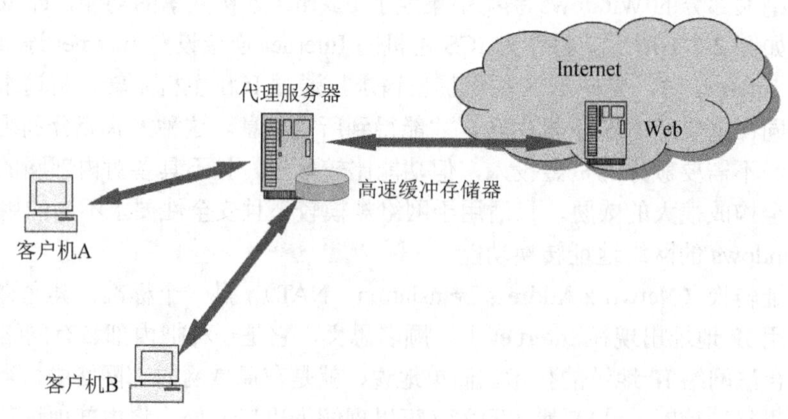

图 2-7-2　代理服务器示意图

当客户机发出资源的请求，根据客户机上的代理服务器设置，该请求会发到代理服务器；代理服务器将该客户机的请求发送到 Internet 上的一台 Web 主机，Web 主机将资源返回给代理服务器，代理服务器将资源内容发送给客户机的同时将内容存储在本地高速缓冲存储器（Cache）中，这样客户机就可以看到自己请求的资源。

如果客户机 B 请求与客户机 A 相同的资源，和客户机 A 一样，也会将请求发送到代理服务器，由于代理服务器上已经有该资源的内容，所以代理服务器会直接将资源内容发送给客户机 B，由此可以看出，代理服务器可对用户上网实现代理、缓存、过滤、监控等。

目前，常用的第三方软件功能非常丰富，尤其是防火墙功能可将内部信息与外部信息进行分离，通过防火墙的过滤，对局域网内部的计算机数据起到安全保护的作用。例如，WinGate、SyGate、CCProxy 等，还有 Microsoft 公司的 ISA 等，这些软件虽然方便性不如硬件方式，但能对网络进行有效的管理和控制。因此，它们比较适合于通信量较大且对内部网的数据安全性要求较高的局域网共享上网采用。

由于软件方式只需要在现有局域网上增加一个软件，不需要额外的资金投入，所以是目前比较主流的一类共享上网方式。

4. 代理服务器 CCProxy 简介

代理服务器 CCProxy 于 2000 年 6 月问世，是国内流行的下载量较大的多账号代理服务器，是主要用于局域网内共享上网和上网行为监控的较好的代理服务器。

CCProxy 的共享上网功能可以支持 ADSL 拨号、宽带上网、专线接入、ISDN、卫星上网、代理服务器上网、3G 上网等几乎所有的上网方式。只要装有 CCProxy 的 IP 代理服务器能上网，并且其他客户端能够连接到这台服务器，通过设置代理服务器密码就可以通过局域网代理服务器的代理功能实现共享上网。

代理服务器网站的上网行为监控包括上网权限认证、网站访问黑白名单、聊天工具限制、带宽及连接数限制、分时段控制上网、日志记录以及流量统计等功能。CCProxy 代理服务器具有应用不需要客户端、全中文界面及符合中国用户操作习惯的特点，同时具有代理服务器问题解决方案。可以说，CCProxy 比较适合国内用户使用。无论是机关、企业、公司、学校或者网吧、个人，CCProxy 都是共享上网的最佳选择。

实现步骤

1. 网线制作及硬件设备的连接

首先选择所需要的硬件：四台带有有线网络适配器的计算机、网络电缆及配件、网线制作工具、打印机和交换机各一台和双网卡计算机一台；然后根据 EIA/TIA 接线标准，制作直通线或交叉线，网线做好后，需要用测线仪测试是否连通。如图 2-7-3 所示，建立物理网络环境。

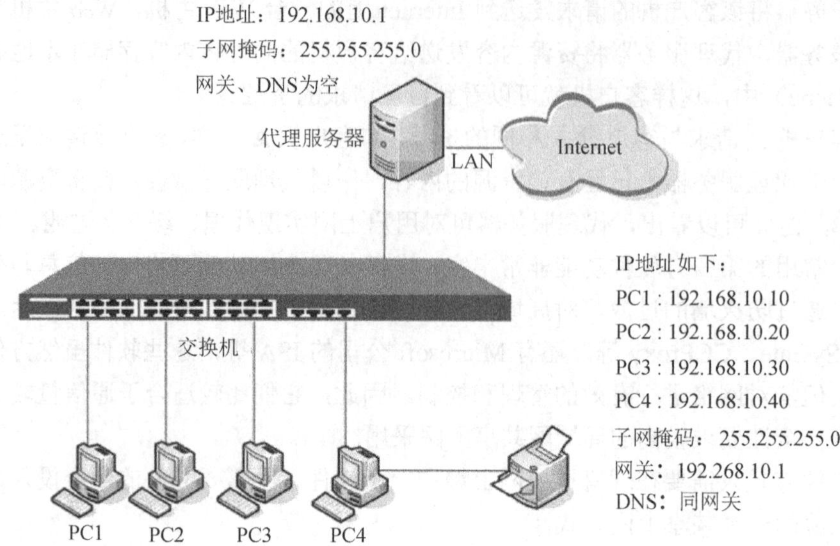

图 2-7-3　网络连接与配置

2. 网络配置

配置交换机上 PC1～PC4 四台计算机的 IP 地址等参数，需要注意四台计算机的 IP 地址应在同一网段，但绝对不能配置相同地址，配置完成后，应能够相互 ping 通，应确认局域网连接通畅。

3. 安装网上

代理服务器上安装两块网卡，一块网卡和局域网其他计算机一样连接在交换机上，并设置同一网段的 IP 地址，具体配置参数如图 2-7-3 所示；代理服务器的另一块网卡接入 Internet，接入方式不同，网卡参数配置也不同，可根据实际设置，并实现接入访问 Internet。

4. CCProxy 的下载安装

在代理服务器上，打开 IE 浏览器，输入网址 http://www.ccproxy.com/所打开的网页中下载最新的 CCProxy 软件。注意软件有版本号和发布日期，应确保版本号和发布日期都是最新的。在服务器上运行下载的 CCProxy 安装程序，安装完后会自动运行 CCProxy，并启动默认服务和默认服务端口。

5. CCProxy 客户端设置

首先确认客户端与服务器是连通的，能够互相访问。

（1）设置 IE 浏览器代理上网

打开 IE 浏览器，选择“工具”→“Internet 选项”命令，在打开的“Internet 选项”对话框中选择“连接”选项卡，单击“局域网设置”按钮，如图 2-7-4 所示；选中“使用代理服务器”复选框，单击“高级”按钮，打开“代理设置”对话框进行相关设置。设置如

图 2-7-5 所示。通过设置后，局域网内的用户就都可以正常使用 IE 浏览器查看网页内容了。

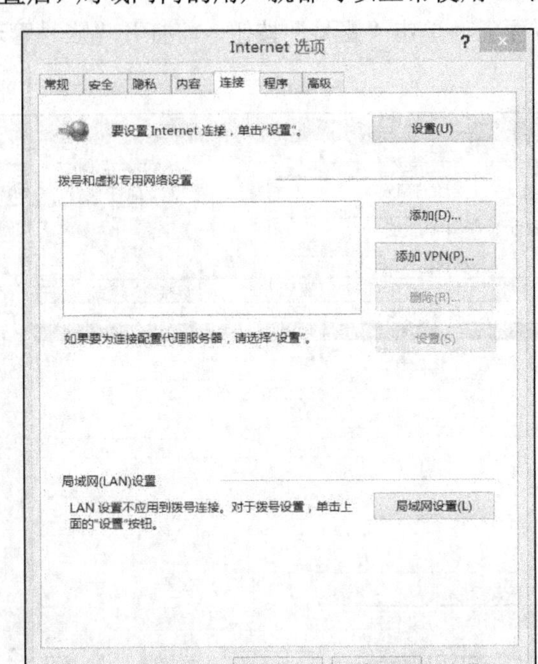

图 2-7-4 “连接”选项卡

（2）设置 QQ 代理

登录 QQ 以后的窗口中单击“设置”按钮，打开“网络设置”对话框，如图 2-7-6 所示，进行设置即可。

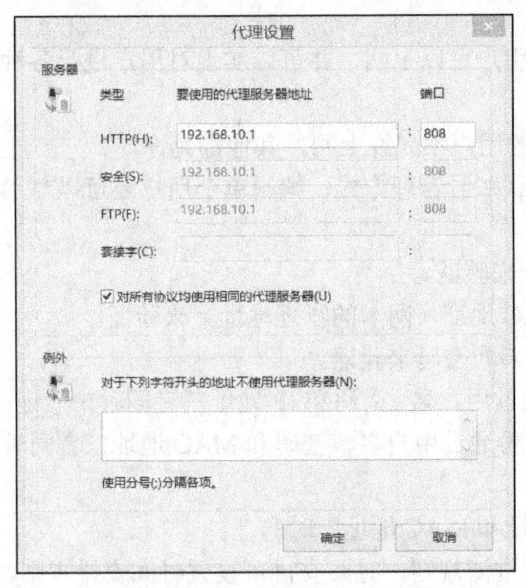

图 2-7-5 “代理设置”对话框

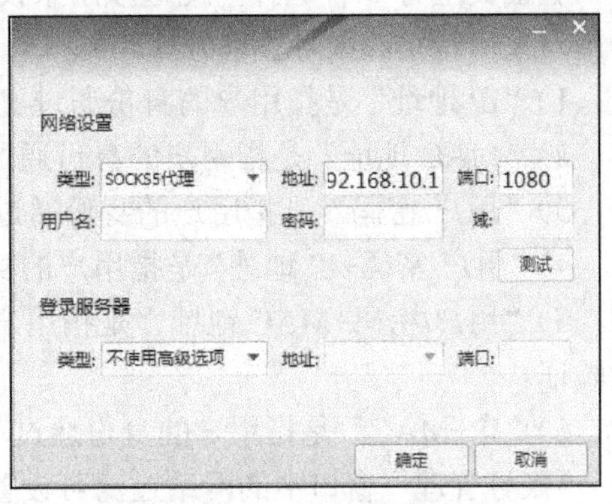

图 2-7-6 QQ 代理设置

(3) 账号管理

在 CCProxy 的主界面上，单击“账号”按钮，将打开“账号管理”窗口，如图 2-7-7 所示。

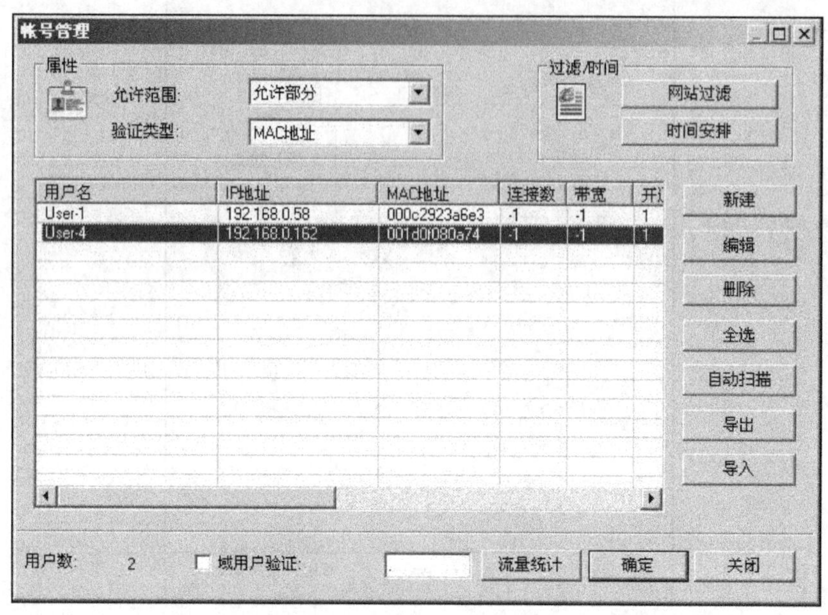

图 2-7-7　“账号管理”窗口

代理服务器 CCProxy 的“账号管理”窗口中，允许范围设置有 3 种选择：“允许所有”“允许部分”和“不允许部分”。

1）“允许所有”是默认状态，表示允许所有客户端上网，此方法适用于不需对客户端进行上网管理的应用。

2）“允许部分”表示只有加入用户列表的用户可以上网，并可以实现对用户进行各种管理。

3）“不允许部分”表示只有加入用户列表的用户不允许上网，其他都允许。

验证类型有 6 种选择，此选项用来设置默认账号管理方式，编辑单个用户还可以对单个用户采用特别的账号管理方式。

1）“IP 地址”是指用户的身份通过 IP 地址来验证。

2）“MAC 地址”是指用户的身份通过 MAC 地址（网卡的物理地址）来验证。

3）“用户/密码”是指用户的身份通过用户名和密码来验证。

4）“用户/密码+IP 地址”是指用户的身份通过用户名、密码和 IP 地址三者同时来验证；

5）“用户/密码+MAC 地址”是指用户的身份通过用户名、密码和 MAC 地址三者同时来验证。

6）“IP+MAC”是指用户的身份通过 IP 地址和 MAC 地址同时验证。

“账号管理”窗口中的网站过滤可设置网站过滤规则，时间安排可设置时间安排规则，流量统计主要用于统计用户浏览网页所使用的流量，选中域用户验证可以设置域用户代理。

思考和练习

1. 思考题

（1）请以一个你所熟悉的 Internet 应用为例，说明对计算机网络定义和功能的理解。

（2）常见的局域网由哪些硬件组成？

（3）双绞线、同轴电缆、光纤三种传输介质各有什么特点？

（4）制作双绞线时若没有按标准制作，而是采用自己规定两头一样的顺序制作，该双绞线能使用吗？会产生什么后果？

（5）若做好了一根直通双绞线，使用测试仪测试时，灯亮的顺序是一样，可是两个对应的 2 号灯都不亮，有可能是什么问题？怎样补救才有可能使这根线能被测通？

（6）在局域网组网中，选择集线器和交换机作为网络互联设备对网络运行性能有什么影响？

（7）企业构建局域网常用的网络拓扑结构有哪些？

（8）网络拓扑图在构建和维护网络中有何用途？

（9）某实验室有如下几个内部子网：172.18.1.x，172.18.2.x，172.18.3.x，172.18.4.x，172.18.5.x，现欲加入一台 IP 地址为 172.18.100.x 的计算机，使它们组成一个网络，如何设置其子网掩码？

（10）在使用 ping 命令进行连通测试时，若 ping 不通本机，说明有什么问题？怎样解决？

（11）什么是子网掩码？子网掩码的作用是什么？

（12）请分别写出 A、B、C 三类 IP 地址中的私有地址。

（13）在两机互连的测试中，如果不能 ping 通对方的计算机，可能的原因是什么？怎样解决这个问题？

（14）某一办公室的计算机数量超过单个交换机的典型端口数（24 口或 48 口等），将如何解决？

（15）ADSL Modem 与普通的 Modem 有什么区别？

（16）如果公司要上网，有几种方法可以实现，各有什么特点？

（17）无线局域网的“无线”是什么含义？如何实现？有何特点？

（18）什么是 WEP？什么是 SSID？

（19）若在家庭中安装了一个无线局域网，每个房间都能共享 ADSL 上网，邻居知道后，也在他家的机器上装入一块无线网卡，他也能免费享受到 ADSL 上网吗？你打算怎么办？

（20）解决我国 IP 地址总量不足的办法是什么？

2. 练习题

（1）参观并调查社会上某公司的内部局域网络，分析一下这个局域网的系统结构、组成、功能等，了解该公司在这个局域网上的主要应用。

（2）制作一根直通线和一根交叉线，然后进行测试，并总结制作双绞线的方法与步骤。

（3）在只有两台计算机的情况下，可以利用以太网卡和 UTP 电缆直接将它们连接起来，构成一个小网络。想一想组装这样的小网络需要什么样的网卡和 UTP 电缆。动手试一试，验证你的想法是否正确。

（4）了解有关网卡、交换机、集线器等网络设备的知识。弄清每一种网络设备的基本工作原理，在实验环境或现实网络中的作用。

（5）调查所在单位的内部网络，确定局域网中使用的网络传输介质及传输速率，画出拓扑结构图，并判断出拓扑结构类型，说明该拓扑结构的优缺点。

（6）在一台计算机中安装共享打印机，别的计算机浏览到以后，能直接使用该打印机吗？为什么？

（7）一个办公室有 10 台计算机，准备连接组网。请写出所需的所有网络设备以及选择什么操作系统，如何设置？画出相应的网络连接图，并标出各机的 IP 地址和子网掩码。

（8）某家庭用户，原有一台计算机通过 ADSL 上网（ADSL Modem 不带路由功能），现又拥有一台笔记本电脑，想在每个房间都能使用该笔记本电脑上网，该如何做才能实现？请列出需要哪些设备，画出其实现示意图，并说明其实现步骤。

（9）目前市场上常见无线局域网通信标准有哪些？它们的传输速率及传输距离分别是多少？

项目三 Windows 系统应用

2014 年 4 月，Microsoft 公司宣布不再为 Windows XP 操作系统提供支持服务，不过这并不意味着所有的用户立即放弃并换到新版 Windows 7 或 Windows 8 操作系统。相反，实际上很多用户仍在使用 Windows XP，而且这个时间超过了预期，所以到现在为止，该不被支持的操作系统仍是全世界市场份额第二高的桌面平台，而 Windows 7 则是全球广大用户的首选。

Windows 7 系统应用项目活动任务如下：

1）Windows 7 安装与环境设置。

2）事件查看器应用。

3）轻松传送功能应用。

4）远程桌面设置。

任务一 Windows 安装与环境设置

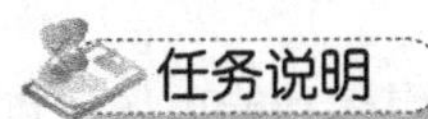

Windows 7 的安装方式有很多，大致有表 3-1-1 所示的几种。

表 3-1-1 Windows 7 的安装方式

方　法	说　明
升级安装	要安装 Windows 7 并保留当前的应用程序、用户账户、用户配置文件数据和设置，可以使用此方法
全新安装	安装 Windows 7 但不保留设置时可以使用此方法。例如，在新计算机上安装，无法从当前操作系统版本进行升级，或者当前安装存在问题
联机安装程序包	Microsoft 公司在某些地区提供了从 Microsoft 商店购买 Windows 的选项。当用户联机购买 Windows 时，将提供一个用于下载安装文件的选项，该文件就是联机安装程序包
OEM 映像	许多品牌计算机使用此安装方法。此安装方法可能包括由 OEM 预安装的其他非 Windows 软件，如可能包括安全软件或其他程序
公司部署	这是一些公司通过网络或通过自动化方式安装 Windows 所使用的方法，这样不需要每个用户都执行与安装相关的任务
Windows Anytime Upgrade	此方法用于从 Windows 7 的一个版本升级到更高版本

任务分析

本任务要求在计算机上安装 Windows 7 操作系统，完成本任务需要掌握以下知识：

1）Windows 7 操作系统的版本。

2）Windows 7 系统的安装要求。

Microsoft 公司于 2009 年 10 月 23 日在中国正式发布了 Windows 7 操作系统，2011 年 2 月 22 日发布了 Windows 7 SP1。

Windows 7 操作系统为了满足不同用户人群的需要，开发了 6 个版本，分别是 Windows 7 简易版、Windows 7 家庭普通版、Windows 7 家庭高级版、Windows 7 专业版、Windows 7 企业版与 Windows 7 旗舰版。

1. Windows 7 简易版

该版本是 Windows 7 系列中功能最少的版本，没有 64 位支持，没有 Windows 媒体中心和移动中心等，对更换桌面背景有限制。它主要设计用于类似上网本的低端计算机，仅安装在原始设备制造商的特定机器上，并限于某些特殊类型的硬件。

2. Windows 7 家庭普通版

该版本是简化的家庭版，支持多显示器，有移动中心，限制部分 aero 特效，没有 Windows 媒体中心，没有远程桌面，只能加入、不能创建家庭网络组等。它仅在新兴市场投放，不包括美国、西欧各国、日本和其他发达国家。

3. Windows 7 家庭高级版

该版本面向家庭用户，满足家庭娱乐需求，包含所有桌面增强和多媒体功能，如多点触控功能、媒体中心、建立家庭网络组、手写识别等，不支持 Windows 域、Windows XP 模式、多语音等。

4. Windows 7 专业版

该版本是面向操作系统爱好者和小企业用户，满足办公开发需求，包括加强的网络功能，如活动目录和域支持、远程桌面等，另外还有网络备份、位置感知打印、加密文件系统、演示模式、Windows XP 模式等功能。64 位版本可支持更大的内存。

5. Windows 7 企业版

该版本是面向企业市场的高级版本，满足企业数据共享、管理、安全等需求，包含多语言包、UNIX 应用支持、驱动器加密、分支缓存等。该版本通过与 Microsoft 公司有软件保证合同的公司进行批量许可出售，不在 OEM 和零售市场发售。

6. Windows 7 旗舰版

该版本拥有新操作系统的所有功能，与企业版基本是相同的产品，仅仅在授权方式、相关应用及服务上有区别，面向高端用户和软件爱好者。专业版用户和家庭高级版用户可以付费通过 Windows 随时升级服务升级到旗舰版。

在这 6 个版本中，Windows 7 家庭高级版和 Windows 7 专业版是两大主力版本，前者面向家庭用户，后者主要针对商业用户。此外，32 位版本和 64 位版本没有外观或功能上的区别，但 64 位版本支持 16GB（最高至 192GB）内存，而 32 位版本只能支持最大 4GB 内存。目前所有新的和较新的 CPU 都是 64 位兼容的，均可使用 64 位版本。

Windows 7 系统安装时有配置要求，安装时推荐的最低硬件配置见表 3-1-2。

表 3-1-2　最低硬件配置

硬　件	推 荐 配 置
处理器	1 GHz 32 位或 64 位处理器
内存	推荐使用 1 GB 系统 RAM
磁盘空间	16 GB 可用磁盘空间
显示适配器	支持 DirectX 9 图形，具有 128 MB 显存（为了支持 Aero 主题）
光驱动器	DVD-R/W 驱动器
Internet 连接	访问 Internet 以获取更新

在执行 Windows 7 的全新安装时，与 Windows Vista 相比有两个明显变化：创建单独的系统分区以及选择加入无线网络。

在从 DVD 启动来执行 Windows 7 的全新安装时，需要符合以下的三个条件：

1）计算机上没有现有的系统分区。

2）系统没有 3 个现有分区。

3）磁盘上具有用于额外分区的未分配空间。

安装程序在安装之后创建 100MB 的系统分区，将会在“磁盘管理”中发现两个分区，如表 3-1-3 所示。

表 3-1-3　系统分区

驱动器号	大　小	类　型	说　明
（无驱动器号）	100 MB	主分区、系统、活动	这是系统分区，包含 Bootmgr 和 Boot 文件夹
C:	驱动器的其余部分	主分区、启动、页文件、故障转储	这是 Windows 分区

注意：“磁盘管理”中对分区使用的术语容易发生混淆。如上所述，“启动文件”位于系统分区上，而 Windows 系统文件位于启动分区上。创建此分区有以下几个主要原因：

1）Bitlocker 要求分隔启动文件与 Windows 文件。这是 Windows Vista 需要 Bitlocker 驱动器准备工具的原因。

2）防止被删除（如在双启动方案中）。在此新配置中，可以格式化 Windows 分区而不会影响系统启动。该驱动器没有驱动器号，可以进一步防止意外删除启动文件。

如果不能满足之前的三个条件，Windows 7 安装程序将使用与 Windows Vista 安装程序相同的方法继续执行。

1. Windows 7 系统安装

Windows 7 的全新安装与升级类似，采用的步骤和结构与在 Windows Vista 安装程序中使用的相同。全新安装的阶段见表 3-1-4。

表 3-1-4　全新安装阶段

名　称	说　明
下层	仅在从以前的操作系统启动安装程序时才使用
WinPE	与第一阶段类似，通过从 DVD 启动来启动安装程序时会直接进入此阶段
联机配置	在此步骤中，计算机第一次在 Windows 7 下启动。安装程序首先执行一组特殊化操作，使 Windows 的安装具有唯一性
欢迎使用 Windows	在安装完成之后，即在“欢迎使用 Windows”阶段中开始使用 Windows 7，该阶段也称为“开箱即用体验”(OOBE)。在此部分安装中，可以设置时区，选择更新和安全功能的配置，有机会连接到网络，如果在用户网络上发现家庭组还可以加入该家庭组

1）将操作系统光盘插入光驱，开启计算机电源，在自检界面中，按 Delete 键进入 BIOS 设置光盘启动，或者有的计算机可以按 F12 键选择启动方式，在弹出的选择启动菜单中，选择“CD/DVD 启动”选项，按 Enter 键。计算机将开始读取光盘数据，引导启动，出现的“Windows is loading files...”：从 DVD 启动安装的第一步是“按任意键从 CD 或 DVD 启动”。WinPE 开始加载，并显示“Windows 正在加载文件”进度指示器，Windows 加载文件过程大约 1min。接下来是“正在启动 Windows”图像，这是 Windows 7 启动的新“初始屏幕”。

2）选择安装的语言版本。如图 3-1-1 所示，默认为“中文（简体）”，这里可以直接单击“下一步”按钮。注意：完成安装语言版本的选择后，进入的界面有两个选项：“现在安装”和“修复计算机”。

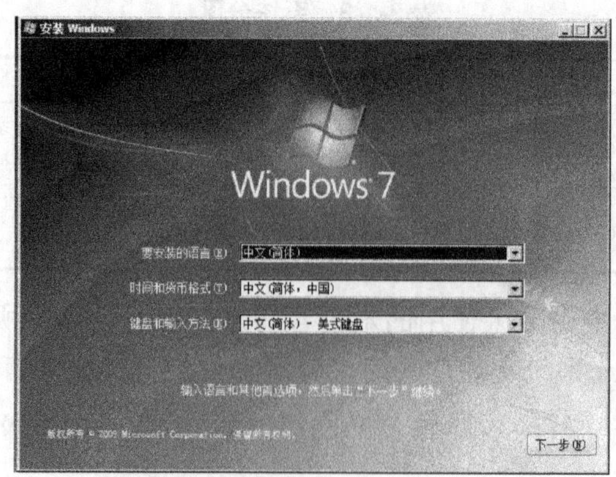

图 3-1-1　选择安装的语言版本

3）确认安装。选择“现在安装”选项，将显示“安装程序正在启动”，指示已启动 setup.exe。

4）等待“安装程序正在启动”完成后，需要阅读并接受“Microsoft 软件许可条款”后，才能继续安装，如图 3-1-2 所示。

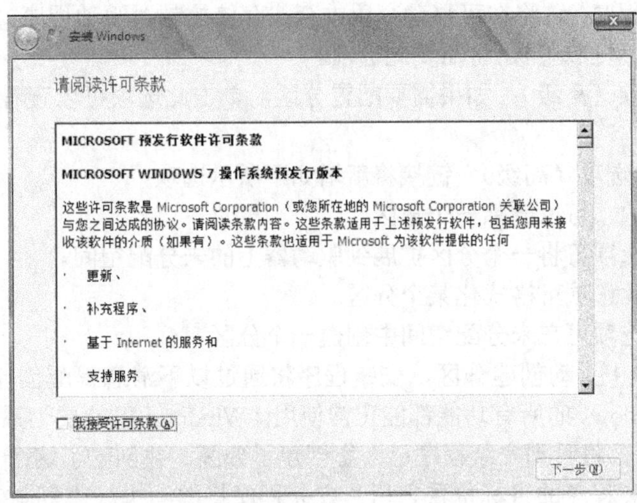

图 3-1-2 Microsoft 软件许可条款

5）需要选择安装方式。Windows 7 提供了两种安装方式：升级和自定义。

① 升级：指在当前已安装的操作系统的基础上升级的 Windows 7，并保留用户的设置和程序。

② 自定义：全新安装 Windows 7，不保留当前已安装操作系统文件、用户设置及程序。

6）选择安装方式后，进入“您想将 Windows 安装在何处”界面，在此步骤中选择目标磁盘或分区，如图 3-1-3 所示。在具有单个空硬盘驱动器的计算机上，只须单击“下一步”按钮执行默认安装。安装程序将创建一个 100MB 的系统分区，并将其余的磁盘空间分配给 Windows 分区。

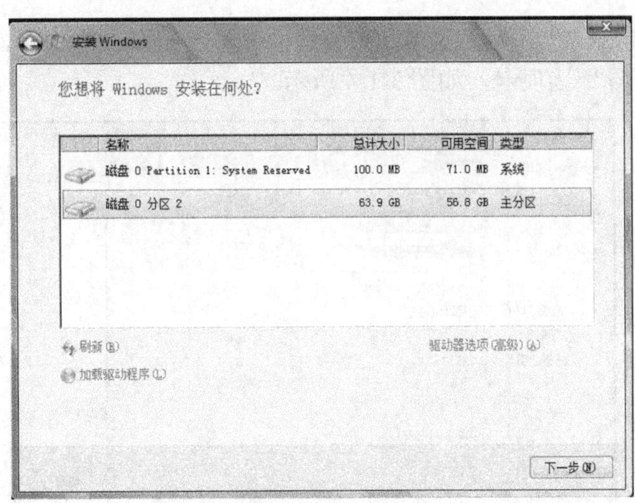

图 3-1-3 选择目标磁盘或分区

在此步骤中有 3 个主要选项：

① 刷新：如果应该显示的驱动器没有列出，单击此选项将刷新此视图。如果在安装程序外部配置磁盘（如通过 Shift + F10 组合键和 Diskpart.exe），也可以使用此选项。

② 加载驱动程序：这将在可移动介质中查找存储控制器驱动程序。如果有一个随机驱动程序不支持的磁盘控制器，将需要此选项。

③ 驱动器选项（高级）：如果需要配置分区，单击此选项可以查看其他驱动器和分区管理选项。

单击“驱动器选项（高级）”链接将新增如下所示选项：

① 删除：此选项可以删除一个分区。

② 扩展：此选项可将一个分区扩展到驱动器上的未分配空间。

③ 格式化：此选项可格式化某个分区。

④ 新建：此选项可在未分配空间中创建一个分区。

如果在此步骤中手动创建分区，安装程序将通过以下消息提醒创建 100MB 的系统分区，若要确保 Windows 的所有功能都能正常使用，Windows 可能要为系统文件创建额外的分区。在创建之后，将看到安装程序已为您创建了分区，并创建了这个 100B 的系统分区。

7）在选择安装程序的目标位置之后，安装程序将继续执行“复制 Windows 文件”步骤。完成后，计算机将自动重新启动。

8）与升级安装相比，“欢迎使用 Windows”体验在全新安装期间提供了若干其他配置步骤。这些步骤包括计算机和用户名输入、密码创建、时间和时区、连接到无线网络。

结束“欢迎使用 Windows”的相关设置后，就会看到登录屏幕。至此，就完成了 Windows 7 操作系统的安装。

2. 加快 Windows 7 系统启动速度

Microsoft 公司 Windows 7 默认仅仅是使用一个处理器来启动系统的，但现在很多用户早就用上多核处理器的计算机了。增加用于启动的内核数量可以减少开机所用时间，只需修改系统设置即可。

1）打开 Windows 7“开始”菜单，在搜索框中输入 msconfig 命令，打开“系统配置”对话框，选择“引导”选项卡，如图 3-1-4 所示。

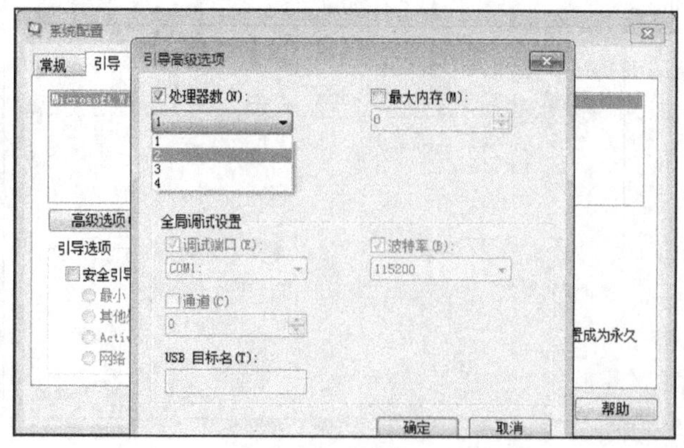

图 3-1-4　引导高级选项

2）Windows 7 拥有强大便捷的搜索框，记住一些常用命令，可以操作起来更快捷。单击“系统配置”对话框中的“高级选项”按钮，此时就可以看到将要修改的设置项了。选中“处理器数”和“最大内存”复选框，看到计算机可选项中有多大就可以选多大，这里所用计算机最大就支持将处理器调整到 2，可能你的机器会更高（处理器数目通常是 2、4、8），同时调大内存，确定后重启计算机即可生效。

3. 加快 Windows 7 系统关机速度

Windows 7 系统的开机速度可以加快，那自然关机速度也是可以加快的。虽然 Windows 7 的关机速度已经比之前的 Windows XP 和 Windows Vista 系统快了不少，但按以下方法修改注册表后关机会更加迅速。

1）在 Windows 7 系统的“开始”菜单处的搜索框中输入“regedit”，打开注册表编辑器。

2）找到 HKEY_LOCAL_MACHINE/SYSTEM/CurrentControlSet/Control 一项并打开，可以发现其中有一项“WaitToKillServiceTimeOut”，右击，在弹出的快捷菜单中选择“修改”命令，可以看到 Windows 7 默认数值是 12000（代表 12s），这里可以把这个数值适当改低一些，如 5s 或 7s，如图 3-1-5 所示。设置完成后单击“确定”按钮，重启计算机，再次关机就会发现所用时间缩短了。

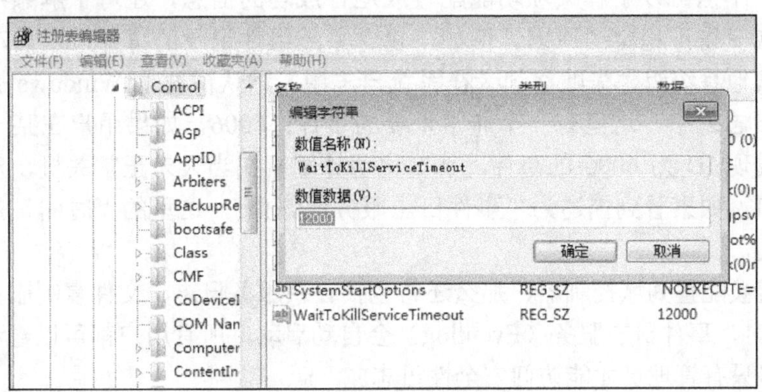

图 3-1-5 修改注册表信息

任务二 事件查看器应用

任务说明

无论是普通计算机用户，还是专业的计算机系统管理员，在操作计算机的时候都会遇到某些系统错误。我们经常为无法找到出错原因，解决不了故障问题感到困扰。事实上，利用 Windows 内置的事件查看器，加上适当的网络资源，就可以很好地解决大部分的系统问题。

本任务要求利用 Windows 系统的事件查看器查看系统错误，完成本任务需要掌握以下知识：

1）Windows 7 事件查看器的作用。

2）事件查看器中事件的类型。

Windows 系统的事件查看器是 Windows 2003/Windows 2000/Windows XP 中提供的一个系统安全监视工具。在事件查看器中，可以通过使用事件日志，收集有关硬件、软件、系统问题方面的信息，并监视 Windows 系统安全。它不但可以查看系统运行日志文件，而且可以查看事件类型，使用事件日志来解决系统故障。在系统启动的同时，事件日志服务会自动启动。

事件查看器根据来源将日志记录事件分为应用程序日志（Application）、安全日志（Security）和系统日志（System）。

系统日志中存放了 Windows 操作系统产生的信息、警告或错误。通过查看这些信息、警告或错误，不但可以了解某项功能配置或运行成功的信息，还可了解系统的某些功能运行失败，或变得不稳定的原因。例如，包含系统组件记录的事件，在启动过程中加载驱动程序或其他系统组件失败将记录在系统日志中，默认情况下 Windows 会将系统事件记录到系统日志之中。这里有一个非常重要的事件：6006，如果用户在某一天的事件查看器中没有发现 ID 为 6006 的事件，那么说明计算机在当天未正常关机，双击打开“事件属性”窗口，如果看到描述为“事件日志服务已停止”，这里的“时间”是指计算机正常关机的时间。

如果机器被配置为域控制器，那么还将包括目录服务日志、文件复制服务日志；当启动 Windows 时，事件日志服务（Eventlog）会自动启动，所有用户都可以查看应用程序和系统日志，但只有管理员才能访问安全性日志。

安全日志中存放了审核事件是否成功的信息，记录了如有效和无效的登录尝试等事件，以及与资源使用相关的事件。例如，创建、打开或删除文件或其他对象，系统管理员可以指定在安全性日志中记录什么事件。默认设置下，安全性日志是关闭的，管理员可以使用组策略来启动安全性日志，或者在注册表中设置审核策略，以便当安全性日志满后使系统停止响应。通过查看这些信息，可以了解到这些安全审核结果为成功还是失败，可以记录有效和无效的登录尝试等安全事件以及与资源使用有关的事件。例如，创建、打开或删除文件，启动时某个驱动程序加载失败。同时，管理员还可以指定在安全日志中记录的事件。例如，如果启用了登录审核，那么系统登录尝试就记录在安全日志中。

应用程序日志中存放应用程序产生的信息、警告或错误。通过查看这些信息、警告或错误，可以了解到哪些应用程序成功运行，产生了哪些错误或者潜在错误。

事件查看器还按照类型将记录的事件划分为错误、警告和信息 3 种基本类型。

1）错误：重要的问题，如数据丢失或功能丧失。如在启动期间系统服务加载失败、磁盘检测错误等，这时系统就会自动记录错误。这种情况下必须要检查系统。

2）警告：不是非常重要但将来可能出现问题的事件，如磁盘剩余空间较小，或者未找到安装打印机等都会记录一个警告。这种情况下应该检查问题所在。

3）信息：用于描述应用程序、驱动程序或服务成功操作的事件，如加载网络驱动程序、成功地建立了一个网络连接等。

这些看似枯燥的日志可能包含了很多非常有用的信息，如果能仔细分析，肯定可以在这里找到很多有用的信息，这样会有助于解决系统错误。

1）信息：描述了应用程序、驱动程序或服务的成功操作的事件。例如，当网络驱动程序加载成功时，将会记录一个“信息”事件。

2）成功审核：成功的审核安全访问尝试，主要是指安全性日志，这里记录着用户登录/注销、对象访问、特权使用、账户管理、策略更改、详细跟踪、目录服务访问、账户登录等事件。例如，所有的成功登录系统都会被记录为“成功审核”事件。

3）失败审核：失败的审核安全登录尝试。例如，用户试图访问网络驱动器失败，则该尝试会被作为失败审核事件记录下来。

4）警告：虽然不是很重要，但是将来有可能导致问题的事件，这种情况下应该检查问题所在。例如，当磁盘空间不足或未找到打印机时，都会记录一个“警告”事件。

5）错误：重要的问题。例如，数据丢失或功能丧失都会以“错误”事件的形式被记录下来，这种情况下有必要检查系统。

事实上，记录下来的系统事件大部分是一些流水账，随着时间的增加，系统日志文件内容也在不断扩大，当达到事先设置的日志大小后，会停止记录新的事件，因此需要定期释放多余的日志。

选中需要清除的日志，选择“操作”→“清除所有事件”命令，此时会弹出对话框，询问是需要将当前日志保存下来，单击“是”按钮会在清除之前将日志保存下来，单击“否”按钮将永久丢弃当前事件记录，并开始记录新的事件。假如用户觉得操作太繁琐，可以在活动日志的“属性”对话框中，选择“不改写事件（手动清除日志）”，可以看到默认设置的“最大日志文件大小”只有 512KB，用户可以根据实际情况重新设置，以后当日志达到一定的大小或出现提示日志已满的信息时，系统会自动清除日志；或者选择“按需要改写事件”，这样可以确保在日志写满时，也能够将所有的新事件写入日志，新日志会自动覆盖旧日志。

用户需要以管理员或 Administrators 组成员的身份登录系统才能拥有足够的权限清除或改写事件日志。或者，用户也可以进入\Windows\system32\config\文件夹，其中以*.evt 作为扩展名的文件就是所谓的日志文件，即应用程序日志，Appevent.evt 即系统日志，Sysevent.evt 即安全性日志，直接在这里删除相应的文件就可以了，不过如果使用的是格式的系统，在删除日志文件之前必须首先关闭事件检查器服务。

除了使用事件查看器管理事件日志外，用户也可以使用命令行工具来创建和查询事件日志，以及使程序与特殊的日志事件关联。例如，Eventcreate.exe 可创建自定义的事件日志，Eventquery.vbs 可从一个或多个事件日志中列出事件和事件属性，Eventtriggers.exe 可创建事件触发器，这样当特定事件日志发生时将自动执行相应的程序，从而弥补了事件查看器无法实时跟踪可疑事件的不足。

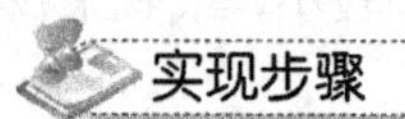

实现步骤

利用事件查看器可以对故障信息进行分析、查找具体原因，也可以对日志数据进行存档，对日志数据进行筛选等。

1. 事件查看器的启动

在“开始”菜单的搜索框中输入“事件查看器”，然后在结果栏里选择“事件查看器”选项；或者在“开始”菜单的搜索框中输入“eventvwr.msc”并按 Enter 键。也可以选择“开始”→“控制面板”命令，在打开的“控制面板”窗口中单击“系统和安全”超链接，在打开的窗口中单击“管理工具”超链接，然后双击“计算机管理”图标，在控制台树中，单击“事件查看器”。

启动的“事件查看器”窗口如图 3-2-1 所示。左侧窗格中是控制台树，可以在这里选中某个事件分类；中间窗格的上半部分是事件日志窗格，显示某个事件分类里的所有事件，其下半部分为事件预览窗格，显示给定事件的详细信息；右侧窗格是操作窗格，可以在这里筛选、搜索事件日志，还可以给特定事件绑定相应的任务计划。

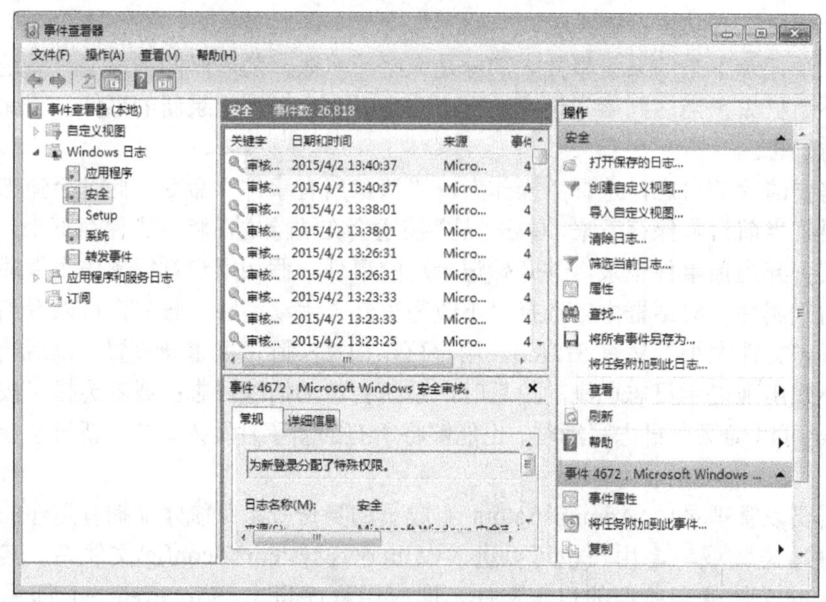

图 3-2-1　事件查看器的窗口布局

应用程序日志、安全日志和系统日志显示在“事件查看器”窗口中。单击日志后，系统会出现该日志的相关信息。

2. 查看事件日志的详细属性

在“事件查看器”窗口的事件日志窗格中选中某个事件，即可在下方显示该事件的预览信息。双击该事件，即可查看该事件的详细属性，包括事件的来源、事件 ID、事件发生的时间等，如图 3-2-2 所示。

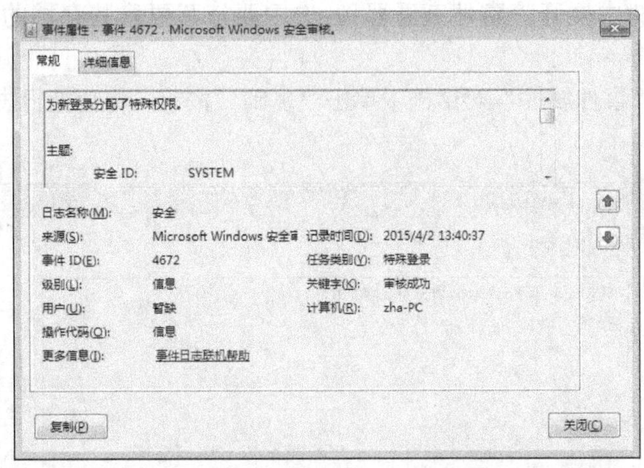

图 3-2-2 查看某个事件的详细属性

在“常规”选项卡中单击“事件日志联机帮助”超链接，在打开的对话框中单击“是”按钮，可以搜索 Microsoft 数据库，查看是否具有更详细的解释和对应的解决办法，如图 3-2-3 所示。

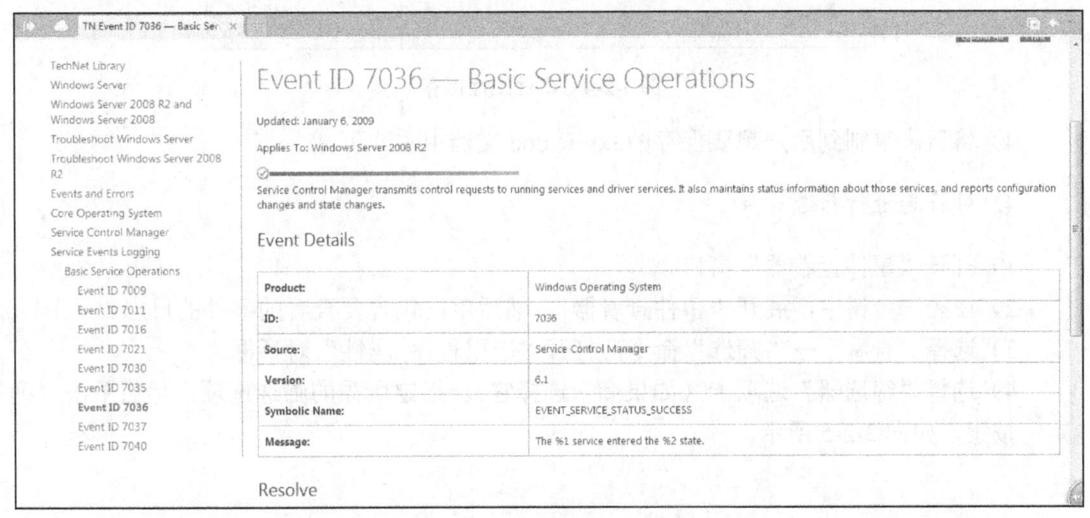

图 3-2-3 查看网站的详细信息

切换到“详细信息”选项卡，还可以 XML 格式显示事件日志的详细信息，这是 Windows 7 新引入的一个功能，以前的事件日志都是以文本文件的形式显示的。采用 XML 格式保存事件日志，方便开发人员定制相应的工具，更好地对事件日志进行管理。

3. 将事件日志存档

为了记录错误的日志信息，有时需要将日志保存下来。将日志存档操作步骤如下：

1）选择“开始”→“控制面板”命令，在打开的“控制面板”窗口中单击“系统和安全”超链接，在打开的窗口中单击“管理工具”超链接，然后双击“计算机管理”图标。

2）在控制台树中展开“事件查看器”，选中要打开要将其存档的日志，双击打开该日志。

3）在打开的“事件属性”对话框中单击“复制”按钮，将会把日志复制到内存里，如图 3-2-4 所示。

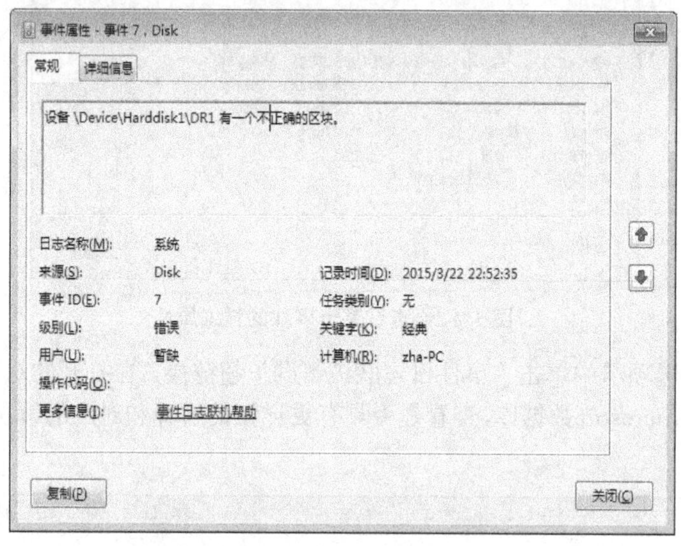

图 3-2-4　事件属性保存

4）将日志复制到用户想要保存的.txt 或.doc 文档中去即可。

4. 对日志进行筛选

1）打开“事件查看器”窗口。

2）在控制台树中，展开“事件查看器”，然后单击包含要查看的事件的日志。

3）选择“查看”→“筛选”命令，打开“应用程序 属性”对话框。

4）选择“筛选器”选项卡（如果尚未选择它）。指定所需的筛选选项，然后单击“确定”按钮，如图 3-2-5 所示。

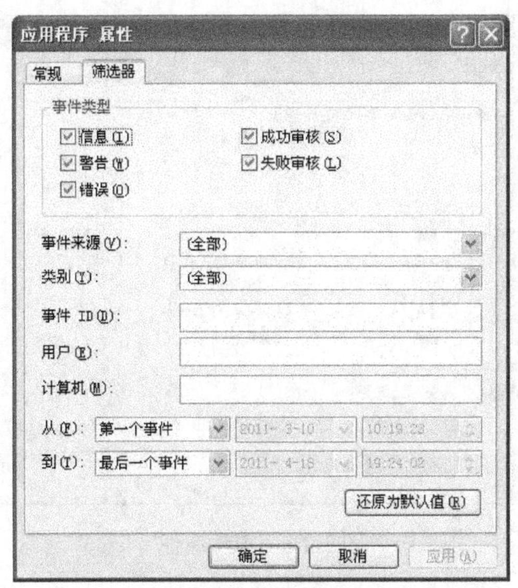

图 3-2-5　事件筛选器

5. 对故障进行分析

找到相应的报错日志后，双击打开后会出现相关的信息。用户可以看到报错的日期、时间、来源、类别、类型、事件 ID、用户和计算机等。

1）日期：事件发生的日期。

2）时间：事件发生的时间。

3）来源：事件的来源。它可以是程序、系统组件或大型程序的单个组件的名称。

4）类别：按事件来源对事件进行的分类，它主要用于安全日志。

5）类型：事件的类型。它可以是以下 5 种类型之一：错误、警告、信息、成功审核或失败审核。

6）事件 ID：表示事件类型的事件编号。产品支持代表可以使用事件 ID 来帮助了解系统中发生的情况。

7）用户：事件发生时已登录的用户的用户名。

8）计算机：发生事件的计算机的名称。

图 3-2-6 所示的事件信息，可以清楚地看到此事件的发生日期是 2015 年 3 月 22 日的 22 时 52 分 35 秒，事件类型为信息，事件的 ID 是 7，来源是 Disk。事件的描述信息是设备\Device\Harddisk1\DR1 有一个不正确的区块。通过这个事件可以清楚地看出此台计算机是在 2015 年 3 月 22 日晚上的 10 时 52 分 35 秒时，磁盘有一个区块出现了问题。

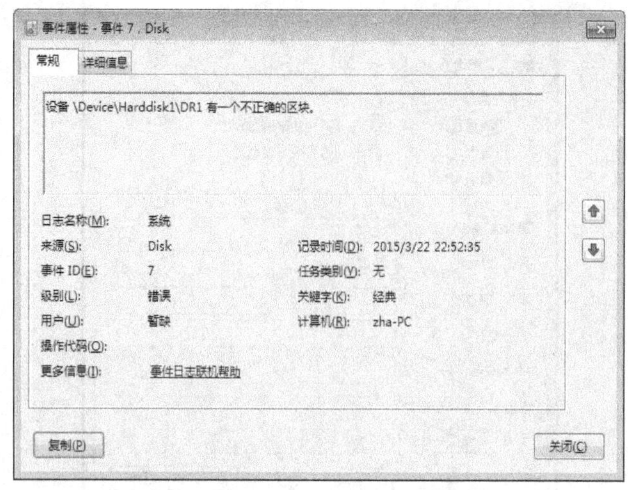

图 3-2-6　事件属性

通过对事件的 ID 和描述来进行对故障的判断，有时可以很直观地通过描述判断出故障，进行处理问题。有时描述不是很清楚，可以通过事件 ID 到 Microsoft 公司的官方网站去查找故障原因和处理方法，来更好地解决问题。

服务器维护人员每天（至少检查两次，上午、下午各一次）需要定时对服务器的事件查看器进行检查，如发现问题及时查找原因并对其解决，避免造成不必要的停机影响，问题处理完成后，需做好记录，写清事故的报错原因和处理方法。

任务三　Windows 轻松传送功能应用

任务说明

重装系统或更换计算机是很常见的一件事情，不少人会碰上备份收藏夹、电子邮件、用户配置文件、常用文档等问题，虽然称不上复杂但绝对是一件烦人的事情。以前传送设置和数据，不论是自己动手还是用第三方软件，操作过程都比较繁琐，不仅费力，可靠性也没有保障。其实在 Windows 7 中有一个非常简单的解决方案——Windows 轻松传送。利用这个工具，系统管理员可以轻松地将旧计算机上的用户配置文件、电子邮件（包括账号等信息）、Internet 收藏夹等轻松地移植到新的操作系统中，而且整个过程都是图形化的提示向导，操作起来会非常方便。

任务分析

本任务要求利用 Windows 轻松传送实现不同系统间的文件传送，完成本任务需要掌握以下知识：

1）Windows 轻松传送的作用。

2）不同操作系统间文件传送的方法。

“Windows 轻松传送”可以传送的内容很多，包括账号信息，“个人文件夹”里的几乎所有文件。例如，里面的“我的文档”“我的图片”“我的音乐”“我的视频”“收藏夹”等；还有邮件设置、联系人，如 Outlook 和 Foxmail 中的账号设置和通讯簿等；Microsoft Office 软件等程序的各种设置，如用户账户和设置、主题设置（包括桌面背景、颜色、声音等）、网络连接、屏幕保护程序、字体、“开始”菜单选项、任务栏选项和网络打印机、Internet 设置等，这些内容一般都在系统分区中。

注意：“程序设置”的传送只能针对程序所做的设置，而不能传送程序文件本身（如 Office 软件，重装系统之后仍然需要再次安装），而且支持的主要是 Microsoft 公司的产品。

在 Microsoft XP、Microsoft 2003、Microsoft Vista 等客户端都能够跟 Windows 7 实现文件的传送，不过在跟不同的操作系统版本使用这个工具进行文件对传的时候，仍然需要一些额外的配置与限制条件。

实现步骤

1. Windows XP 系统和 Windows 7 之间的传送

Windows XP 系统上的准备：用管理员账户登录，插入 Windows 7 光盘，运行 Windows 7 系统盘里的程序“SUPPORTMIGWIZMIGWIZ.exe”，即可启动“Windows 轻松传送”。对于只有一台计算机的情况，可以选择“外部硬盘或 USB 闪存驱动器”选项。之后“Windows 轻松传送”便开始搜索账户和共享项目中可以转移的内容，所需时间与文件多少有关，需要等到搜索完成才能继续下一步，如果只需要传送某一账户的内容，就选中该账户，其他的无需选中，进入“自定义”以及“高级”选项卡，中可进行更详细的选择，单击“下一步”按钮后会要求设置一个密码，这是为了保护个人文件及隐私的安全。之后选择保存这些资料的文件路径，可以存在 U 盘或硬盘分区上，注意不要选择在系统分区，以免因重装系统而丢失。“Windows 轻松传送”可将所选内容保存到一个扩展名为.mig 的单文件中。如果发现需要传送的文件比较大，可以在自定义中取消选中非系统盘上等地方的不必要文件。

重装了 Windows 7 系统，用户以管理员用户登录系统后（安装系统时创建的第一个用户便是管理员），需先安装好 Office 等常用的软件，然后双击生成的文件即可启动“Windows 轻松传送”程序，需要输入正确的密码才能继续。如果转移的内容包含多个账户信息，在点击“传送”按钮之前，最好单击“高级选项”按钮，设置好账户间的传送关系，最后单击“传送”按钮即可。传送完成后，进入“查看已传送的内容”可以查看传送报告，包含文件传送和程序设置传送的详细情况。需要注意的是，在传送前最好关闭计算机管家等安全软件，以免在传送过程中不断出现警告提示。另外，在传送过程中最好不要进行其他操作，以免造成传送出错。

2. Windows 7 系统之间的传送

1）启动“Windows 轻松传送”，选择“开始”→“所有程序”→“附件”→“系统工具”→“Windows 轻松传送”命令，如图 3-3-1 所示。

图 3-3-1 Windows 轻松传送

2）打开“Windows 轻松传送”工具界面，弹出一个很人性化的对话框，如图 3-3-2 所示。根据这个对话框的提示，除了可以利用这个工具来传输普通的文件外，还可以用来传输一些特殊的文件，如用户信息、Internet 收藏夹等。这对经常重装系统，或有多台计算机的人保持同步来说非常有用。

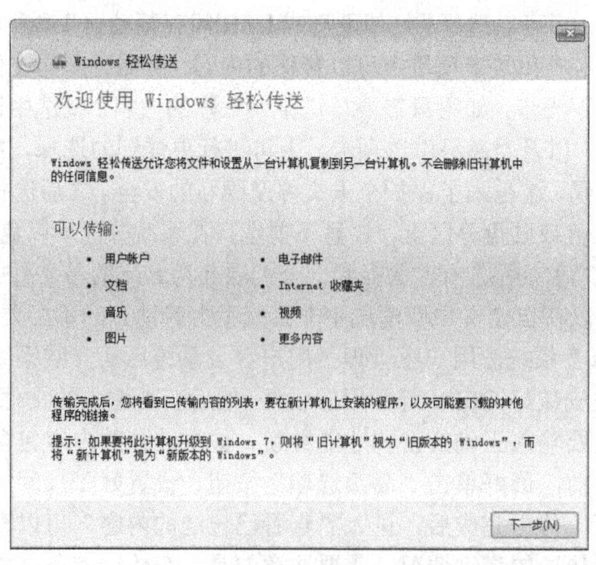

图 3-3-2 欢迎使用轻松传送

3）在下一步的传送方式界面中，一般选择“网络”来传输文件，也是最方便的方式，然后会出现如图 3-3-3 所示的对话框。这需要两台计算机都启动“轻松传送程序”，如果某台计算机上没有，直接从 Windows 7 中复制过去即可。

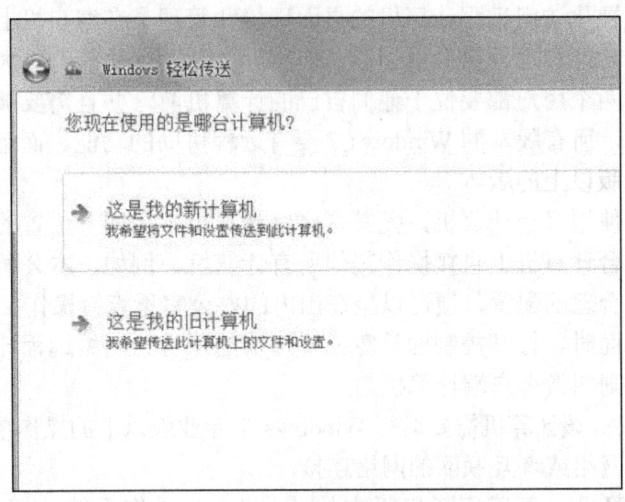

图 3-3-3　选择本机类型

在 Windows 软件传送过程中，也考虑到了安全性的需要。让新旧计算机正常连接后（如果从新计算机向旧计算机发起连接请求），则新计算机会像旧计算机发送一个传送密码。然后在新计算机上会提示用户“输入旧计算机上显示的 Windows 轻松传送密钥”。用户只有正确输入密钥之后，才可以开始传输文件。这个安全措施，从一定程度上保障了文件传输过程中的安全。

任务四　远程桌面设置

任务说明

随着计算机价格的走低，上网本的日益流行，现在很多用户家中有好几台计算机。可是通常情况下用户一般只使用一台计算机，但如果需要同时操作两台或多台计算机，该如何是好呢？Windows 系统中自带的远程桌面连接功能就可以帮助用户轻松解决这一问题，这样在家中也能轻松控制公司里自己的办公计算机，以顺利完成工作。

任务分析

本任务要求利用 Windows 系统中自带的远程桌面实现远程访问，完成本任务需要掌握以下知识：

1）Telnet 的基本概念。

2）Windows 远程桌面的基本概念。

远程桌面连接是Windows提供的一种远程操作计算机的模式，它的前身是Telnet。Telnet是一种字符界面的登录方式，Microsoft 公司将其扩展到图形界面上，显示了异常强大的功能。它可以用于可视化访问远程计算机的桌面环境和管理员在客户机上对远程计算机服务器进行管理等。该功能和远程协助很相似，但实际上这两个功能有很大的不同。首先，在远程协助会话中，两个用户都要位于他们自己的计算机前，并且需要被连接的一方批准才能建立连接。其次，所有版本的 Windows 7 要有远程协助的功能。而远程桌面只能用于连接 Windows 7 专业版以上的版本。

对于需要同时使用多台计算机，尤其是这些计算机不在同一位置的时候，也可以使用远程桌面功能在一台计算机上直接操作其他所有计算机。例如，本公司在国外的分支机构办公室，只要通过合理的配置，便可以坐在国内的办公室里直接操作。

在使用远程桌面时，打开控制的计算机（远端的那台）叫做远程计算机，用来控制远程计算机的计算机则叫做客户端计算机。

1）远程计算机：该计算机需要运行 Windows 7 专业版以上的操作系统，同时这台计算机必须拥有到本地网络或者互联网的网络连接。

2）客户端计算机：可运行任何版本的 Windows 操作系统，但为了用于连接运行 Windows 7 的远程计算机，可能还需要安装最新版本的远程桌面客户端软件。

实现步骤

1. 远程桌面

默认情况下，远程桌面功能并未开启，按照以下步骤将其启用，并配置相关的选项。

1）在被连接的计算机上进行设置。使用右击“计算机”图标，在弹出的快捷菜单中选择“属性”命令，在打开的系统窗口单击“远程设置”超链接，在打开的“系统属性”对话框，选择“远程”选项卡，选中“允许运行任意版本远程桌面的计算机连接”复选框，如图 3-4-1 所示。

这里提供了 3 个选项，其含义和作用如下。

① 不允许连接到这台计算机：该选项可以在本机上彻底禁用远程桌面功能，本机将无法通过远程桌面进行连接，但本机依然可以链接其他远程系统。

② 允许运行任意版本远程桌面的计算机连接（较不安全）：该选项可启用远程桌面功能，同时将允许任何版本的客户端软件进行连接。因为老版本远程桌面软件不包含网络级身份验证协议，所以不够安全。只有需要接受老版本 Windows 系统的远程桌面连接时，才建议选择该选项。

③ 仅允许运行使用网络级别身份验证的远程桌面的计算机连接（更安全）：如果所有需要通过远程桌面连接到本机的计算机都运行了 Windows Vista 之后的操作系统，或者所用的远程桌面客户端软件支持网络级别身份验证协议，则可以使用该选项，这样远程桌面会话可以更加安全。

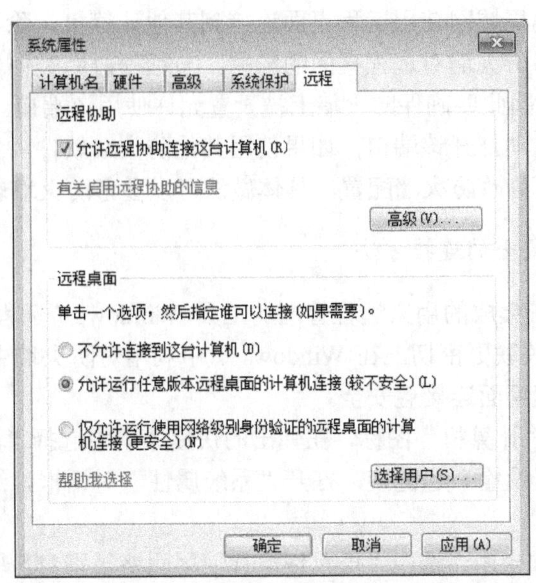

图 3-4-1 “系统属性”对话框

2）进入控制面板窗口，单击“用户账户和家庭安全”超链接，给这台需要被登录的计算机设置账户密码。这是因为被登录的计算机需要设置账户密码才可以通过远程桌面来连接。

3）单击“用户账户”超链接，进入用户账户窗口后，单击“为您的账户创建密码”超链接。这里添加的用户必须是本机已经存在的账户，其他人必须在远程桌面连接软件中输入账户的用户名和密码，才可以成功创建连接。

4）在提示框中输入要使用的密码后，单击“创建密码”按钮。

5）当前面几步设置好之后，回到另外一台计算机上，单击“开始”菜单，在搜索框中输入命令 MSTSC，按 Enter 键，在打开的“远程桌面连接”窗口中输入需要连接的计算机的 IP 地址，然后单击“连接”按钮，在打开的窗口中输入刚才设定好的账户密码，单击“确定”按钮。

6）确定后，计算机显示器上就出现了另外一台计算机的桌面，远程桌面连接成功了。

另外，在“远程桌面连接”窗口中单击“选项”按钮后可以修改更多的属性包括显示、本地资源、程序、体验和高级等。这些属性可以控制远程桌面打开后的使用情况，如“显示”选项卡中可以设置远程桌面的大小和显示颜色，如果远程计算机是宽屏的，设置到全屏模式下登录后可能出现断开现象。一般情况下，只要将按照远程计算机分辨率进行调整就可以了。

其他的本地资源、程序、体验、高级也都是针对登录到远程计算机的设置，选项都很简单，只要根据自己的需要进行简单调整即可。

7）设置完成远程连接的各种选项后就可以开始连接了，单击“连接”按钮后会打开用户名和密码输入的窗口，只要正确输入登录口令，就可以开始像操作本机一样操作远程计算机。

如果只希望从本地局域网使用远程桌面连接到其他计算机，除了按照上述方法进行设置外，还需要注意网络防火墙对远程桌面的影响。与远程协助类似，远程桌面也需要使用 TCP 协议 3389 端口，因此要确保防火墙上被设置允许使用该端口。Windows 防火墙可以识别远程桌面应用并自动打开该端口；如果使用其他防火墙软件，并且无法自动为远程桌面创建端口，那就需要修改防火墙配置，具体做法可以参考防火墙软件的产品说明书。

2. 让远程桌面更安全的连接方法

作为 Windows 系统集成的用来远程管理的工具，Windows 7 远程桌面在功能上更丰富，与 Windows 防火墙的关联更密切。在 Windows 7 中利用对防火墙中的策略进行相关设置，可以让 Windows 7 远程桌面连接更安全。

1）在桌面上右击“计算机”图标，在弹出的快捷菜单中选择“属性”命令，在打开的系统窗口中单击“远程设置”超链接，打开“系统属性”对话框，选择的“远程”弹出的快捷选项卡。

2）在“远程”选项卡中，选中“仅允许运行使用网络级别身份验证的远程桌面的计算机连接（更安全）”单选按钮。

3. 修改远程桌面默认端口

在默认状态下远程桌面使用的端口为 3389，如果不及时将这个端口号码更改，黑客可能会利用这个端口来远程控制和入侵本地工作站，以便窃取保存在本地工作站中的各类隐私信息。为了保护本地工作站的安全，可以按照如下步骤，将远程桌面连接使用的默认端口号码更改成其他的端口号码。

1）以特权身份登录进本地工作站系统，并选择“开始”→“运行”命令，从打开的系统运行框中，输入字符串命令 regedit，单击“确定”按钮后，打开本地工作站的系统注册表编辑界面。

2）在该编辑界面的左侧显示区域，展开 HKEY_LOCAL_MACHINE 注册表分支，从打开的分支列表中，依次选中 SYSTEM\CurrentControlSet\Control\TerminalServer\WdsrdpwdTdstcp 子键，在 tcp 子键所对应的右侧显示区域中，可以看到一个名为 PortNumber 的子键，如图 3-4-2 所示。这个子键其实就是用来定义远程桌面连接端口号码的，将该子键的数值设置成其他端口号码，如可以将其数值设置成 9999；完成数值修改操作后，再将鼠标指针定位于注册表分支 HKEY_LOCAL_MACHINE\SYSTEM\CurrentControl\SetContro\TerminalServer\WinStations\RDP-Tcp，在 RDP-Tcp 子键所对应的右侧显示区域中，同样会看到一个名为 PortNumber 的子键，该子键的数值也要一并修改过来。

完成本地工作站的远程桌面连接端口号码设置后，通过远程桌面连接到该工作站时，需要打开对应工作站中的远程桌面连接设置窗口，并在其中设置好需要远程连接的工作站地址，之后单击“另存为”按钮将远程桌面设置保存成文件，接着用写字板之类的文本编辑程序将前面保存生成的 RDP 文件打开，并在文本编辑区域中手工输入一行“server port：i：9999”这样的语句，再将该文件按照原名重新保存一下，这样以后就能通过远程桌面安全地连接到本地工作站中了。其他用户只要不知道新的远程桌面端口号码，就无法与本地工作站创建远程桌面连接，本地工作站的安全性就会得到大大增强。

名称	类型	数据
MinEncryptionLevel	REG_DWORD	0x00000002 (2)
NWLogonServer	REG_SZ	
OutBufCount	REG_DWORD	0x00000006 (6)
OutBufDelay	REG_DWORD	0x00000064 (100)
OutBufLength	REG_DWORD	0x00000212 (530)
Password	REG_SZ	
PdClass	REG_DWORD	0x00000002 (2)
PdClass1	REG_DWORD	0x0000000b (11)
PdDLL	REG_SZ	tdtcp
PdDLL1	REG_SZ	tssecsrv
PdFlag	REG_DWORD	0x0000004e (78)
PdFlag1	REG_DWORD	0x00000000 (0)
PdName	REG_SZ	tcp
PdName1	REG_SZ	tssecsrv
PortNumber	REG_DWORD	0x00000d3d (3389)
SecurityLayer	REG_DWORD	0x00000001 (1)
Shadow	REG_DWORD	0x00000001 (1)
UserAuthentication	REG_DWORD	0x00000000 (0)
Username	REG_SZ	

图 3-4-2　系统注册表编辑界面

4. 远程桌面实现文件传输

在局域网中传输文件时，相信多数人会通过文件共享的方式来进行，可是设置成共享状态的目标文件很容易被其他人偷看到，而且一些别有用心的人还会通过共享通道对本地工作站实施攻击。为了确保在局域网中能够安全地传输文件，可以利用远程桌面连接程序中自带的磁盘映射功能，来让局域网中的文件传输进行得更安全、更简便。具体操作步骤如下：

1）在本地工作站系统桌面中选择“开始”→“所有程序”→“远程桌面连接”命令，打开“远程桌面连接”窗口，单击该窗口中的“选项”按钮，并打开的选项设置窗口中选择“本地资源”选项卡，选中其中的“磁盘驱动器”复选框，再单击“连接”按钮，开始进行远程桌面连接。

2）当成功连接到对方工作站系统后，双击对方工作站系统桌面中的“计算机”图标，就会看到本地工作站的各个磁盘分区包括光驱等都已经被映射到了对方工作站中了，这时可像在本地复制、移动文件那样来轻松、安全地进行文件传输操作。文件传输操作完毕后，必须及时断开远程桌面连接，以防止其他用户趁机窃取的隐私信息。

思考与练习

1. 思考题

（1）远程桌面连接的默认端口号是多少？如何修改为其他端口号？

（2）如何设置 Windows 7 轻松传送？
（3）日志记录事件有哪几种？请简要说明。
（4）如何导出事件日志？

2. 练习题

（1）练习安装 Windows 7 操作系统。
（2）检查系统是否允许 Guest 账户登录。
（3）设置服务器端、客户端、远程桌面属性，实现远程桌面连接。
（4）在远程计算机与本地计算机之间传递文件。
（5）怎样使用 Windows 轻松传送功能？

项目四 Windows 网络服务

Windows 7 是 Microsoft 公司推出的计算机操作系统，供个人、家庭及商业使用，一般安装于笔记本计算机、平板计算机、多媒体中心等。而 Windows Server 2008 R2 相当于是 Windows 7 的服务器版本，系统内核号为 NT6.1，于 2009 年发售。同 2008 年 1 月发布的 Windows Server 2008 相比，Windows Server 2008 R2 继续提升了虚拟化、系统管理弹性、网络存取方式，以及信息安全等领域的应用，其中有不少功能需搭配 Windows 7。这是 Microsoft 公司第一个仅支持 64 位的操作系统。

作为新一代的 Windows Server 系列操作系统，Windows Server 2008 R2 不仅改善了用户操作界面，还继承了 Windows Server 2003 操作系统的各种优点。它能够按照用户的实际需求，以集中或分布式管理各种服务器角色。其中一些服务器角色包括文件和打印服务器、Web 服务器、邮件服务器、远程访问/虚拟专用网络（VPN）服务器、流媒体服务器、域名服务器（DNS）、动态主机配置协议（DHCP）服务器、文件传输（FTP）服务器和 Windows Internet 命名服务器（WINS）等。本项目的活动任务如下：

1）Windows Server 2008 R2 安装与配置。

2）DHCP 服务器配置与管理。

3）DNS 服务器配置与管理。

4）Web 服务器配置与管理。

5）FTP 服务器配置与管理。

任务一 Windows Server 2008 R2 安装与配置

任务说明

Windows Server 2008 R2 增强了核心 Windows Server 操作系统的功能，提供了富有价值的新功能，以协助各种规模的企业提高控制能力、可用性和灵活性，适应不断变化的业务需求。新的 Web 工具、虚拟化技术、可伸缩性增强和管理工具有助于节省时间、降低成本。此外，由于 Windows Server 2008 R2 版本和 Windows 7 具有相同内核，因此，它们也就具有很多相同的功能和组件，因此，无论在使用 Windows 7 还是 Windows Server 2008 R2，都可以用大致相同的方式管理这些功能和组件。一些世界领先的公司，已经开始采用 Windows Server 2008 R2 实现其高可用性、可延展性和易管理性，并通过虚拟化和安全性获得收益。本节主要介绍 Windows Server 2008 R2 的安装环境、系统安装的方法和步骤。

任务分析

本任务要求能够选择合适的 Windows Server 2008 R2 版本，并正确安装系统。因此，完成本任务需要掌握以下知识：

1）Windows Server 2008 R2 版本。

2）安装 Windows Server 2008 R2 的系统需求。

3）安装计算机操作系统的基本常识。

1. Windows Server 2008 R2 版本简介

除了核心相同之外，Windows Server 2008 R2 与 Windows 7 有很大的不同。对于初学者而言，Windows Server 2008 R2 是 Microsoft 公司目前所发布的第一款只支持 64 位系统的操作系统。具体来说，Windows Server 2008 R2 支持针对 x64 体系结构设计的 64 位系统。对 Itanium 64 位（IA-64）处理器的支持不再是 Windows 操作系统中的一项标准。Microsoft 公司已针对基于 Itanium 的计算机开发了一个单独的 Windows Server 2008 R2 版本。

Windows Server 2008 R2 版本共有 6 个：基础版、标准版、企业版、数据中心版、Web 版和安腾版，目前在 Microsoft 公司官网可以看到这些版本的简介和区别，具体如下。

基础版（Foundation）：为小型企业提供经济高效的入门级基础版本，支持单路处理器，提供了中小企业应用最多的文件与打印共享、远程访问、目录服务等，并且在安全性上没有缩水。适合作为中小企业文件打印服务器、文件共享服务器、用于网络基础架构管理的域控制器和终端服务器等。不过基础版并不单独发售，是随同 OEM 的单路服务器一同提供给用户的。

标准版（Standard）：提供了基础的 Web、虚拟化、安全性、可靠性和生产特性，并平衡了成本。最高支持 4 颗 x64 处理器、32GB 内存、最大支持 250 个网络访问连接、集成 Hyper-v、IIS7.5、远程桌面服务、具备 Server Core 模式，支持 Powershell 2.0。

企业版（Enterprise）：提供企业级别的可伸缩性和可用性。此版本支持所有服务器角色，提供了强大的可靠性和可扩展性，相对标准版功能更加全面，如不再有连接数的限制，具有更加丰富的管理功能和特性如 ADRMS、DirectAccess 等，此外具有丰富的容错选项，支持 16 结点的容错群集，具有同步内存容错功能等，是一个强大的企业管理平台。

数据中心版（Datacenter）：数据中心版是 Windows Server 2008 R2 系列版本中最高级的版本，提供全局数据中心级的可伸缩性和可用性，并且具有支持热添加内存、热添加处理器、热更换内存和热更换处理器的增强功能。和企业版相比，数据中心版更适合大规模的虚拟化应用，消除了虚拟化使用限制，具有快速迁移等特性，具有更佳的可用性。在扩展性上更强，最大支持 64 颗 64 位处理器、2TB 内存，与企业版相比，同样具有丰富的容错特性。

Web 版：是一个功能单一的版本，价格比较低廉，主要用于构建 Web 服务器，集成 IIS7.5、

ASP.NET、Microsoft.NET Framework，让用户可以快速地部署网页、网络站点、Web 应用和服务。Web 版本最大支持 4 颗 x64 服务器和最高 32GB 内存。

安腾版（Itanium-Based Systems）：Windows Server 2008 R2 的安腾版本，支持 64 颗 IA-64 处理器、2TB 内存，支持热替换内存和热替换处理器功能、支持 8 结点容错群集、具有同步内存容错功能，并消除虚拟机数量限制，是一个高扩展、高可用的企业级平台。

2. Windows Server 2008 R2 系统需求

欲使用 Windows Server 2008 R2，必须符合如表 4-1-1 所示的需求。

表 4-1-1 Windows Server 2008 R2 系统需求

硬　件	需　求
处理器	最低：1.4 GHz（x64 处理器）； 注意：Windows Server 2008 for Itanium-Based Systems 版本需要 Intel Itanium 2 处理器
内存	最低：512 MB RAM（随机存储器）； 最大：8 GB（基础版）或 32 GB（标准版）或 2 TB（企业版、数据中心版及 Itanium-Based Systems 版）
可用磁盘空间	最低：32 GB 或以上； 基础版：10 GB 或以上； 注意：配备 16 GB 以上 RAM 的计算机将需要更多的磁盘空间，以进行分页处理、休眠及转储文件
显示器	超级 VGA（800 像素 × 600 像素）或更高分辨率的显示器
其他	DVD 驱动器、键盘和 Microsoft 鼠标（或兼容的指针设备）、Internet 访问（可能需要付费）

实现步骤

1）启动计算机后，放入 Windows Server 2008 R2 系统安装光盘，打开如图 4-1-1 所示的窗口，然后单击“下一步”按钮。

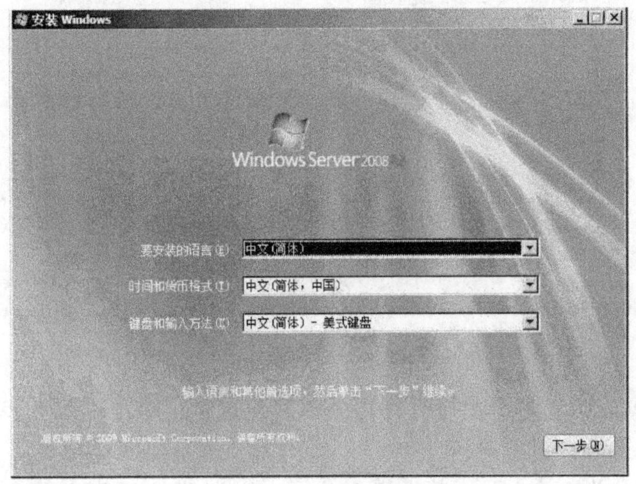

图 4-1-1 安装窗口

2）打开如图 4-1-2 所示的窗口，单击“现在安装”按钮，进入安装程序。

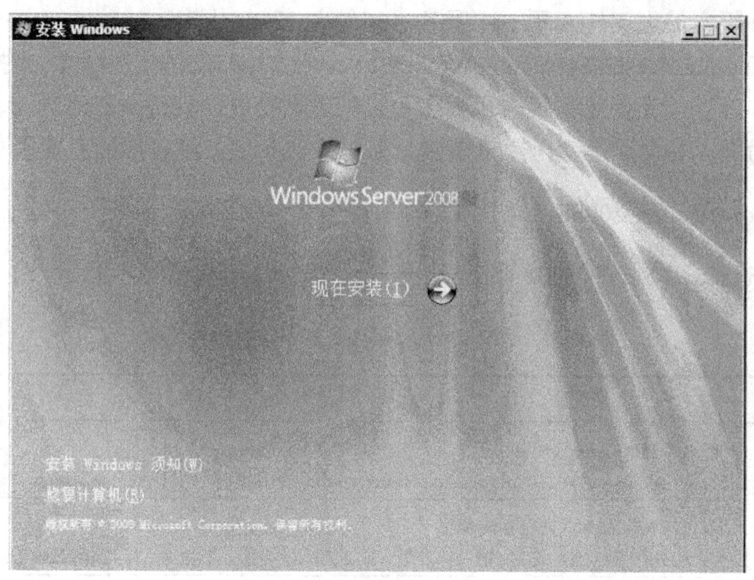

图 4-1-2　安装 Windows

3）在打开的如图 4-1-3 所示的窗口中选择“Windows Server 2008 R2 Enterprise（完全安装）”选项，单击“下一步”按钮。

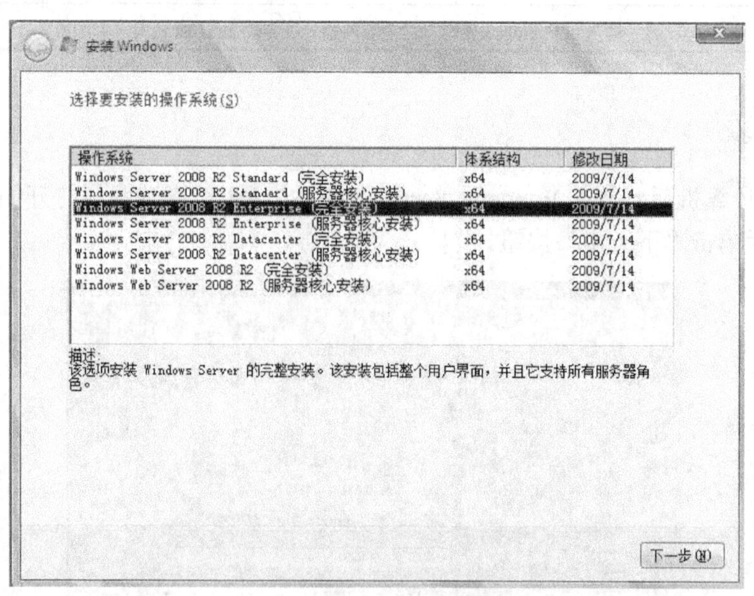

图 4-1-3　选择操作系统

4）在打开的窗口中选中“我接受许可条款”复选框，单击“下一步”按钮；然后选择“自定义（高级）”选项，进行分区。

建议将硬盘划分为 2 个分区，其中第 1 分区大小为 30～50GB，第 2 分区为硬盘剩余空间，用来保存虚拟机。所有分区使用 NTFS 文件系统格式化。系统保留分区是划分第一个分区时自动生成的，用来保存系统的引导目录文件，如图 4-1-4 所示。

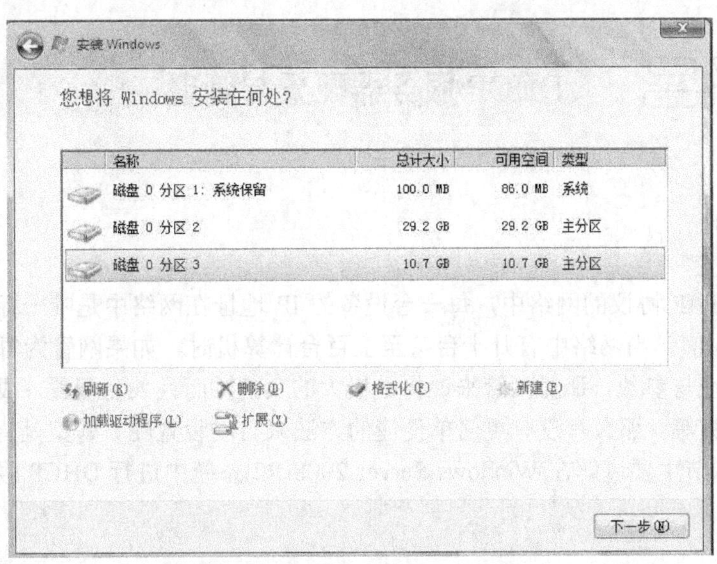

图 4-1-4　分区配置

5）分区设置完成后，单击“下一步”按钮安装 Windows。

6）如图 4-1-5 所示，安装过程中重启数次后即完成安装。

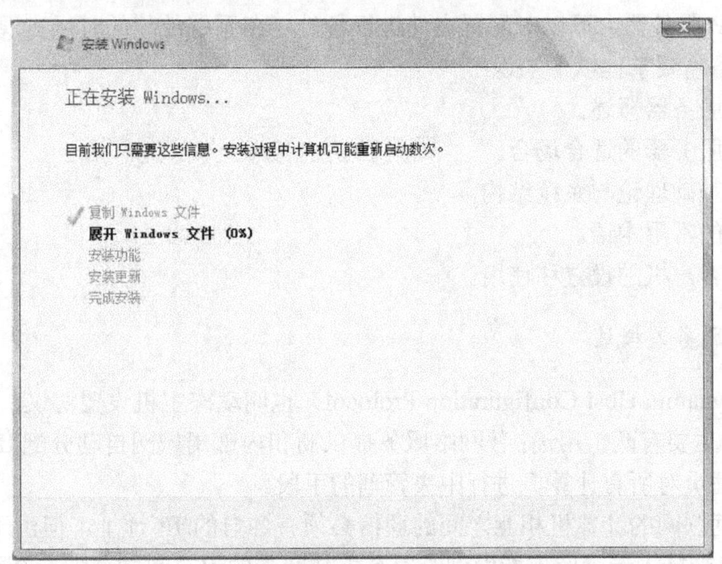

图 4-1-5　安装过程

7）重新启动计算机后，需要为用户首次登录设置密码；密码更改完成后就可以进入系统了。

8）进入系统后，首先要激活系统，确认系统激活以后再进行网络设置。例如，配置计算机名称、网卡的 IP 地址、子网掩码、DNS 一般设置 2 个，以免某个 DNS 出现故障导致解析问题。

任务二 DHCP 服务器配置与管理

任务说明

在使用 TCP/IP 协议的网络中，每一台设备的 IP 地址在网络中是唯一标志用于和网络中的其他主机通信。当网络中有几十台甚至上百台计算机时，如果网管为每台计算机手动设置这些 IP 地址与参数，那对网管来说将是极大的负担，而且人为配置，很容易出现错误造成 IP 地址冲突等。那么有没有更简单便捷的方法来自动设置呢？答案是肯定的，那就是 DHCP 服务。本节主要讲解在 Windows Server 2008 R2 系统中进行 DHCP 服务器的配置与管理。

任务分析

本任务要求能够在 Windows Server 2008 R2 系统中进行 DHCP 服务器的配置与管理，并能够设置客户端，实现自动获取网络 IP 地址，实现对网络服务的访问，同时为更好地管理和维护 DHCP 服务器，可以对配置文件进行备份，在系统故障的时候实现快速恢复。因此，完成本任务需要掌握以下知识：

1）DHCP 服务器概述。

2）DHCP 服务器的适合场合。

3）DHCP 基础理论与系统结构。

4）DHCP 的常用术语。

5）DHCP 客户机的设置和使用。

1. DHCP 服务器概述

DHCP（Dynamic Host Configuration Protocol）也叫动态主机设置协议，它是一个局域网的网络协议，主要有两个用途：替网络服务提供商和内部局域网自动分配 IP 地址给用户，是内部网络管理员对所有计算机进行中央管理的手段。

两台接入互联网的计算机相互之间的通信必须有各自的 IP 地址，但由于现在的 IP 地址资源有限，宽带接入运营商不能做到给每个报装宽带的用户都能分配一个固定的 IP 地址（所谓固定 IP 就是即使在用户不上网的时候，其他用户不能使用这个 IP 地址，这个资源一直被使用者所独占），所以要采用 DHCP 方式对上网的用户进行临时的地址分配。也就是当用户的计算机需要连上网时，DHCP 服务器才从地址池里临时分配一个 IP 地址给用户，每次上网分配的 IP 地址可能会不一样，这跟当时 IP 地址资源有关。当用户下线的时候，

DHCP 服务器可能就会把这个地址分配给之后上线的其他计算机（这样就可以有效节约 IP 地址，既保证了用户的通信，又提高 IP 地址的使用率）。

在一个使用 TCP/IP 协议的网络中，每一台计算机都必须至少有一个 IP 地址，才能与其他计算机连接通信。为了便于统一规划和管理网络中的 IP 地址，DHCP 应运而生了。这种网络服务有利于对校园网络中的客户机 IP 地址进行有效管理，而不需要一个一个手动指定 IP 地址。

2. DHCP 服务器的适合场合

在以下场合通常利用 DHCP 服务器来完成 IP 地址分配：

1）网络规模较大，手工配置需要很大的工作量，并难以对整个网络进行集中管理。

2）网络中主机数目大于该网络支持的 IP 地址数量，无法给每个主机分配一个固定的 IP 地址，且对同时接入网络的用户数目也有限制（例如，Internet 接入服务提供商即属于这种情况），大量用户必须通过 DHCP 服务动态获得自己的 IP 地址。

3）在网络中只有少数主机需要固定的 IP 地址，大多数主机没有固定 IP 地址的需求。

3. DHCP 工作原理

DHCP 分为客户端和服务器，客户端通过服务器端获得 IP 地址，具体过程如图 4-2-1 所示。

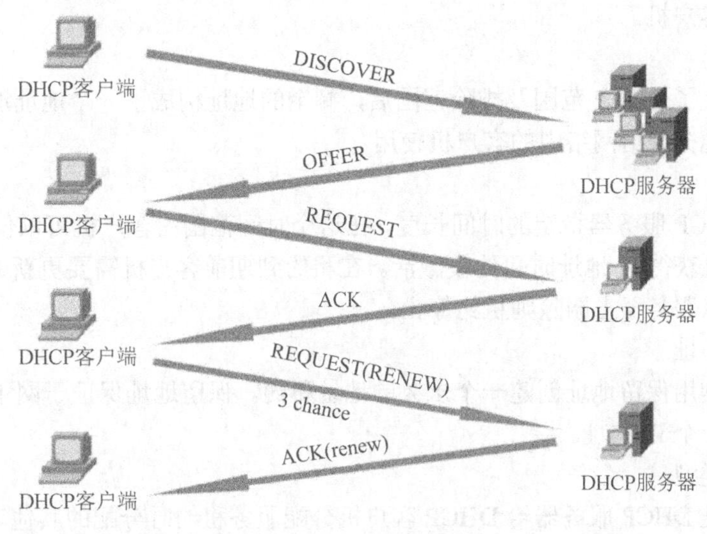

图 4-2-1 DHCP 工作原理

第一步，DHCP 客户端启动时，以 0.0.0.0 为源地址，255.255.255.255 为目的地址，在当前的子网中广播 DHCPDISCOVER 报文向 DHCP 服务器申请一个 IP 地址。

第二步，DHCP 服务器收到 DHCPDISCOVER 报文后，将从地址区间中为它提供一个尚未被分配出去的 IP 地址，并将该 IP 地址暂时标记为不可用。服务器以 DHCPOFFER 报文送回给主机。如果网络里包含有不止一个的 DHCP 服务器，则客户端可能收到好几个

DHCPOFFER 报文，客户端通常只承认第一个 DHCPOFFER。

第三步，客户端收到 DHCPOFFER 报文后，向服务器发送一个含有有关 DHCP 服务器提供的 IP 地址的 DHCPREQUEST 报文。如果客户端没有收到 DHCPOFFER 报文并且还记得以前的网络配置，此时使用以前的网络配置（如果该配置仍然在有效期限内）。

第四步，DHCP 服务器向客户端发回一个含有原先被发出的 IP 地址及其分配方案的一个应答报文（DHCPACK），这时，客户端就获得了 IP 地址，就可以使用 IP 地址了。

第五步，客户端接收到包含了配置参数的 DHCPACK 报文，利用 ARP 检查网络上是否有相同的 IP 地址。如果检查通过，则客户端接受这个 IP 地址及其参数，如果发现有问题，客户端向服务器发送 DHCPDECLINE 信息，并重新开始新的配置过程。服务器收到 DHCPDECLINE 信息，将该地址标为不可用。

4. DHCP 的常用术语

（1）作用域

作用域是一个网络中的所有可分配的 IP 地址的连续范围。作用域主要用来定义网络中单一物理子网的 IP 地址范围。作用域是服务器用来管理分配给网络客户的 IP 地址的主要手段。

（2）排除范围

排除范围是不用于分配的 IP 地址序列。它保证在这个序列中的 IP 地址不会被 DHCP 服务器分配给客户机。

（3）地址池

在用户定义了 DHCP 范围及排除范围后，剩余的地址构成了一个地址池，地址池中的地址可以动态地分配给网络中的客户机使用。

（4）租约

租约是 DHCP 服务器指定的时间长度，在这个时间范围内客户机可以使用所获得的 IP 地址。当客户机获得 IP 地址时租约被激活。在租约到期前客户机需要更新 IP 地址的租约，当租约过期或从服务器上删除则租约停止。

（5）保留地址

用户可以利用保留地址创建一个永久的地址租约。保留地址保证子网中的指定硬件设备始终使用同一个 IP 地址。

（6）选项类型

选项类型是 DHCP 服务器给 DHCP 客户机分配服务租约时分配的其他客户配置参数。经常使用的选项包括默认网关（路由器）的 IP 地址、DNS 服务器及 WINS 服务器。一般在设置每个范围时这些选项都被激活。DHCP 管理器允许设置应用于服务器上所有范围的默认选项。

实现步骤

要实现在 Windows 网络中的 DHCP 服务，首先选择一台已经安装 Windows Server 2008

R2 系统的计算机，确认其已安装了 TCP/IP 协议，然后将自己的 IP 地址设为静态，即固定地址。如果准备再搭建一台 DHCP 服务器，必须还要事先规划好可提供给 DHCP 客户端使用的 IP 地址范围（IP 作用域）。

以学校实际应用为主要需求建立一台 DHCP 服务器，假设某学校的网络规模在迅速扩大，计算机数量还在不断增加，教师和学生随意修改 IP 地址造成地址冲突的现象越来越多。为了能把网络管理好，管理员决定使用 DHCP 动态的为客户端计算机自动分配 IP 地址，这样可以省去手动配置 IP 地址的麻烦，还能减轻工作负担。在进行配置 DHCP 服务器之前，管理员已经了解到了以下情况：

1）学校目前有计算机 300 台，但同时上网的总数不会超过 250 台，规划使用的地址范围为 10.10.1.1～10.10.1.254，租约时间为 8 天。

2）目前内网已经有一台 DNS 服务器，IP 地址为 10.10.1.2/24，因此打算在这台服务器上再部署 DHCP 服务，同时保留服务器和默认网关地址，实现 IP 地址的动态分配。

3）为了便于客户机访问 Internet，希望 DHCP 服务器在分配 IP 地址的同时分配默认网关与 DNS（内网 DNS 为 10.10.1.2，外网为 8.8.8.8），经了解默认网关为 10.10.1.254。

4）某校级领导所使用的计算机 IP 地址固定不变，其他教职员工的计算机 IP 地址可随时改变。

1. 安装 DHCP 服务器

1）设置 IP 地址等信息。在将要安装 DHCP 服务器的计算机中，配置 IP 地址并检查是否正常，在本例中，设置 IP 地址为 10.10.1.2，子网掩码为 255.255.255.0，DNS 地址为 10.10.1.2 和 8.8.8.8，在实际使用中，应该在 DNS 客户端中设置地址为 DNS 服务器地址，本例中设置 DNS 的地址为本机地址，主要用于实验测试，如图 4-2-2 所示。

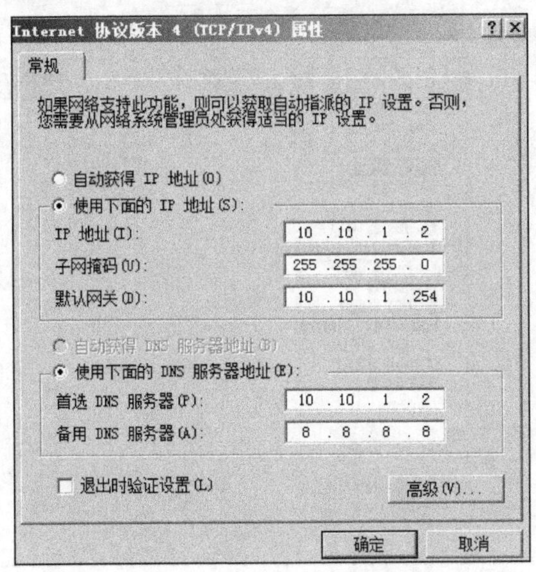

图 4-2-2 设置服务器 IP 地址等信息

2）进入“服务器管理器”窗口，右击“角色”，在弹出的快捷菜单中选择“添加角色”命令，或者在右侧的“角色”中单击“添加角色”超链接，如图 4-2-3 所示。

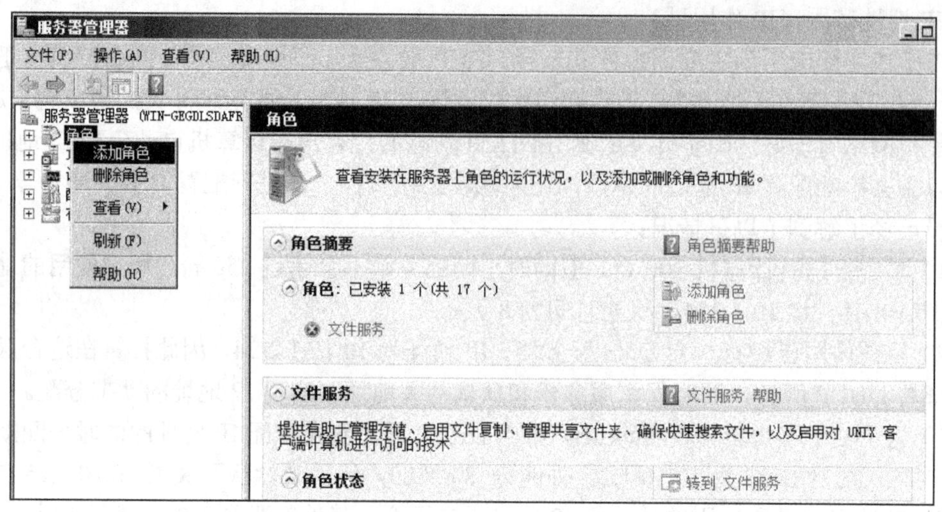

图 4-2-3　添加角色

3）在打开的“添加角色向导”对话框选择服务器角色界面中，选择要安装的角色。在这个界面中，还可以添加或删除 DHCP 服务器、Web 服务器、证书服务器、Active Directory 活动目录等。在本例中，选择添加 DHCP 服务器，单击“下一步”按钮，如图 4-2-4 所示。

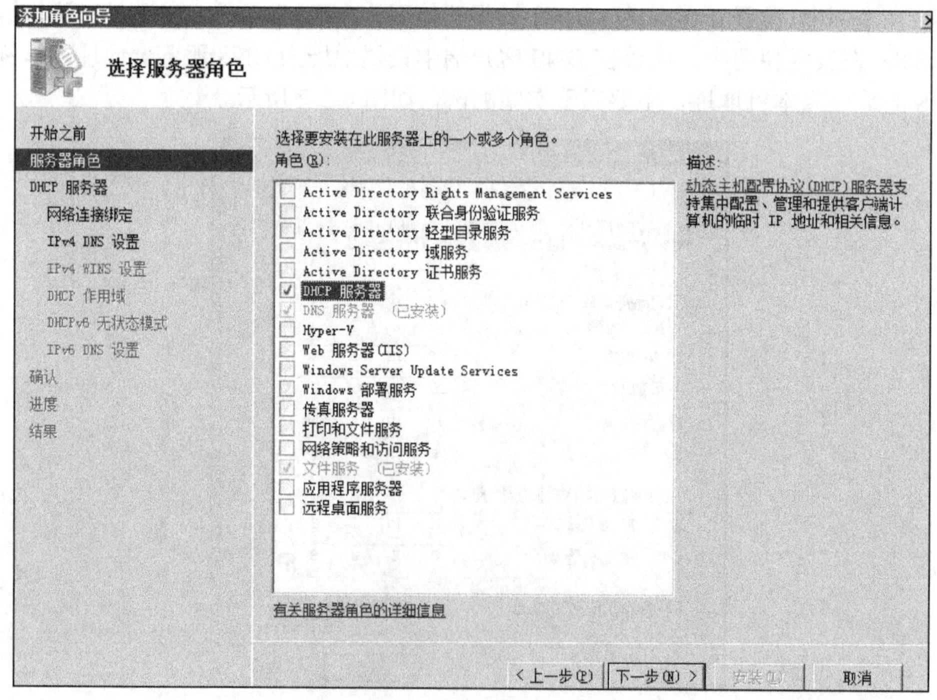

图 4-2-4　选择 DHCP 服务器

4）在 DHCP 服务器界面中，显示了 DHCP 服务器简介及安装注意事项，查看之后，单击“下一步”按钮即可开始安装，如图 4-2-5 所示。

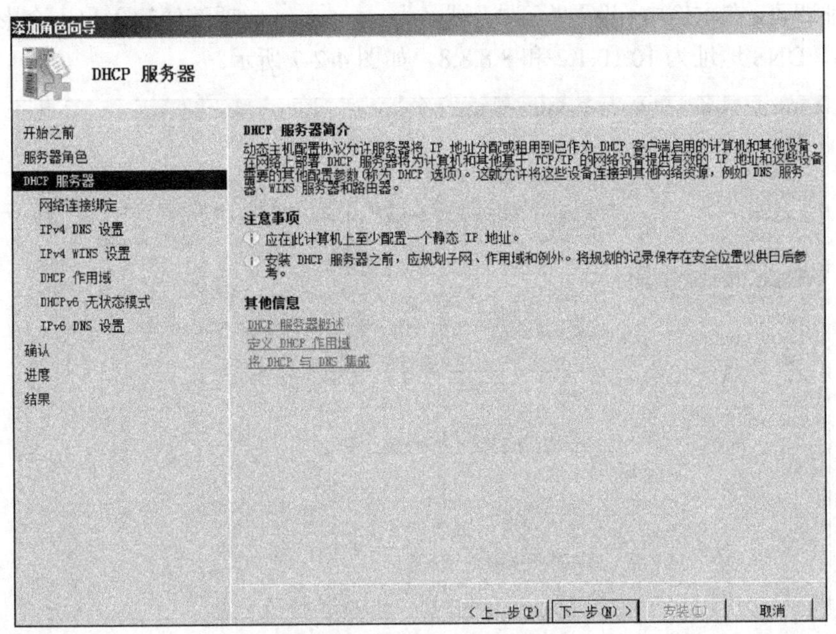

图 4-2-5 DHCP 服务简介

5）在选择网络连接绑定界面中，选择向客户端提供服务的网络连接，即侦听 DHCP 客户端请求的网卡和 IP 地址，在这里选择 10.10.1.2，如图 4-2-6 所示。

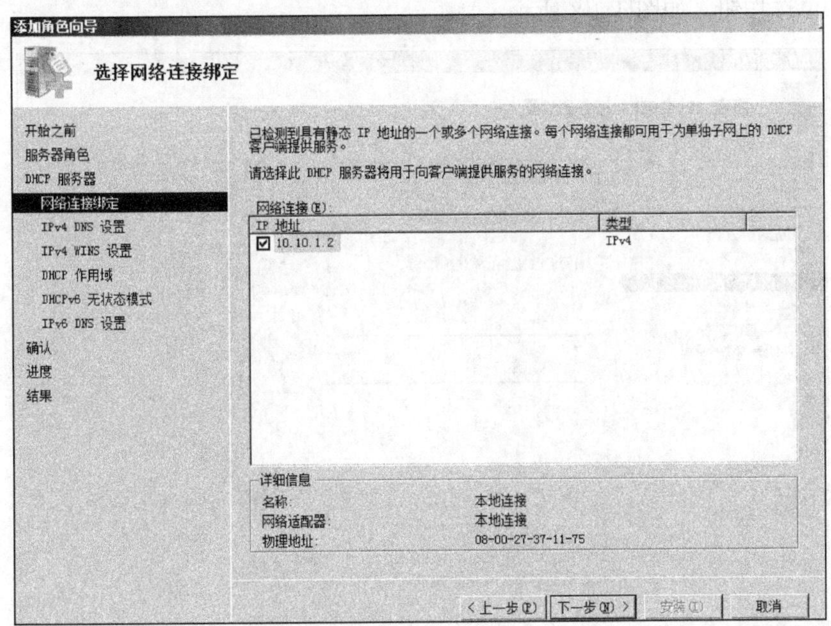

图 4-2-6 DHCP 服务器侦听地址

6）在指定 IPv4 DNS 服务器设置界面中，设置 DNS 的服务器地址，考虑到当前计算机又承担 DNS 服务，则填写当前的 IP 地址。如果使用 ISP 提供的 DNS 地址，则直接填写 ISP 提供的地址即可，在本例中，设置“父域”域名为 wzvtc.cn（此项随便输入也不会影响 DHCP 正常工作）、DNS 地址为 10.10.1.2 和 8.8.8.8，如图 4-2-7 所示。

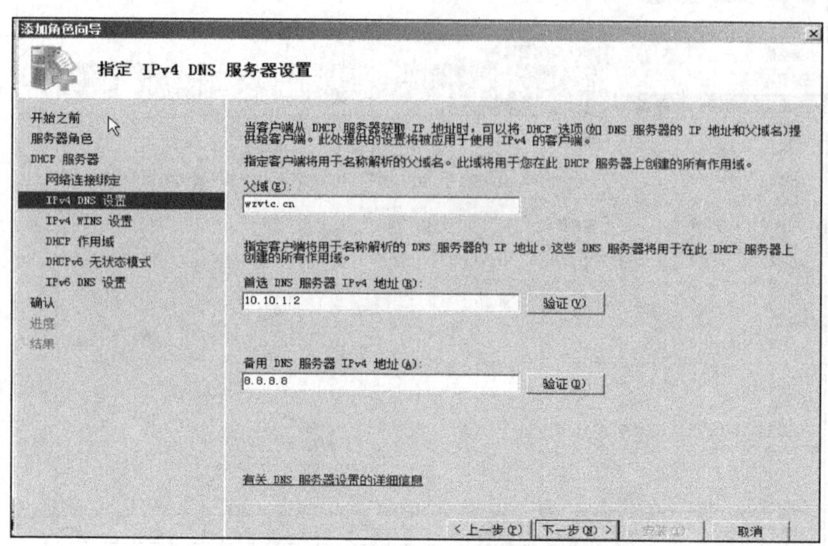

图 4-2-7 DNS 相关信息配置

7）在指定 IPv4 WINS 服务器设置界面中，设置当前网络是否需要 WINS 服务器，由于目前网络中很少使用 WINS 服务器，因此在本例中直接选中“此网络上的应用程序不需要 WINS”单选按钮，如图 4-2-8 所示。

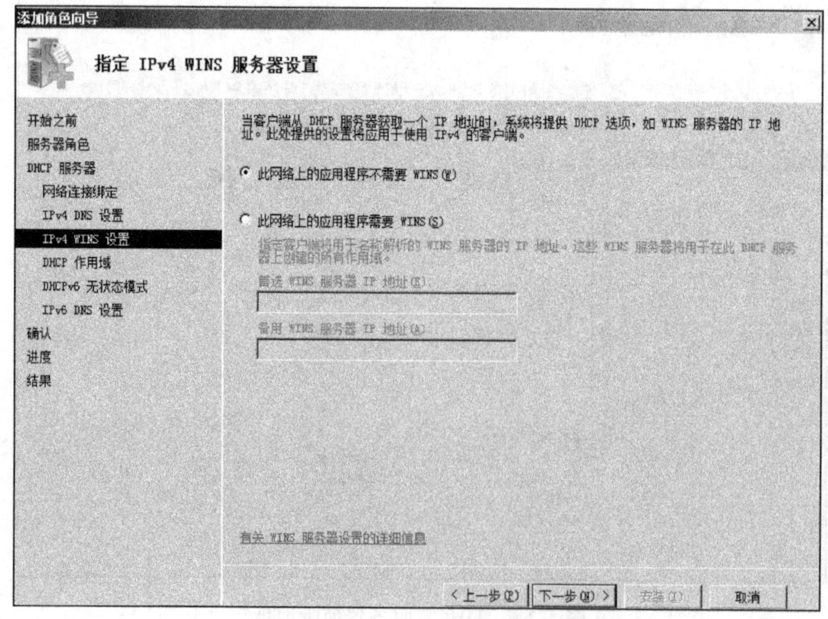

图 4-2-8 WINS 相关信息配置

8）在添加或编辑 DHCP 作用域界面中，添加作用域的名称、地址范围、子网掩码及网关。根据前期规划，这里单击“添加”按钮，在弹出的“添加作用域”对话框中填写 DHCP 作用域信息，填写好相关信息后单击“确定”按钮，如图 4-2-9 所示。

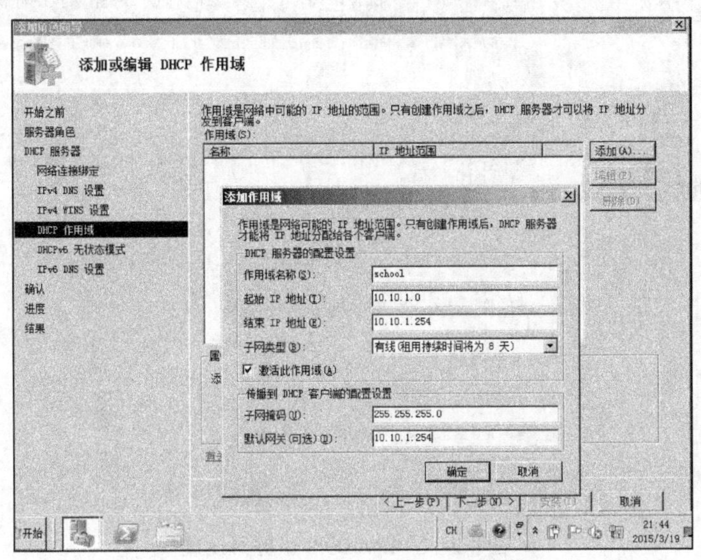

图 4-2-9　DHCP 作用域相关信息配置

9）在配置 DHCPv6 无状态模式界面中，选中“对此服务器启用 DHCPv6 无状态模式”单选按钮，如图 4-2-10 所示。

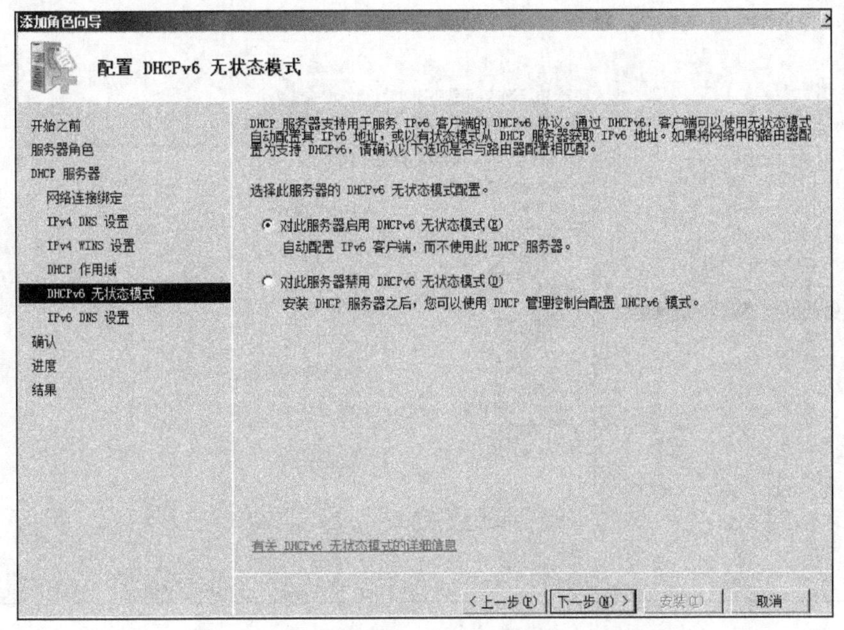

图 4-2-10　DHCPv6 无状态模式配置

10）在指定 IPv6 DNS 服务器设置界面中，单击“下一步”按钮，如图 4-2-11 所示。

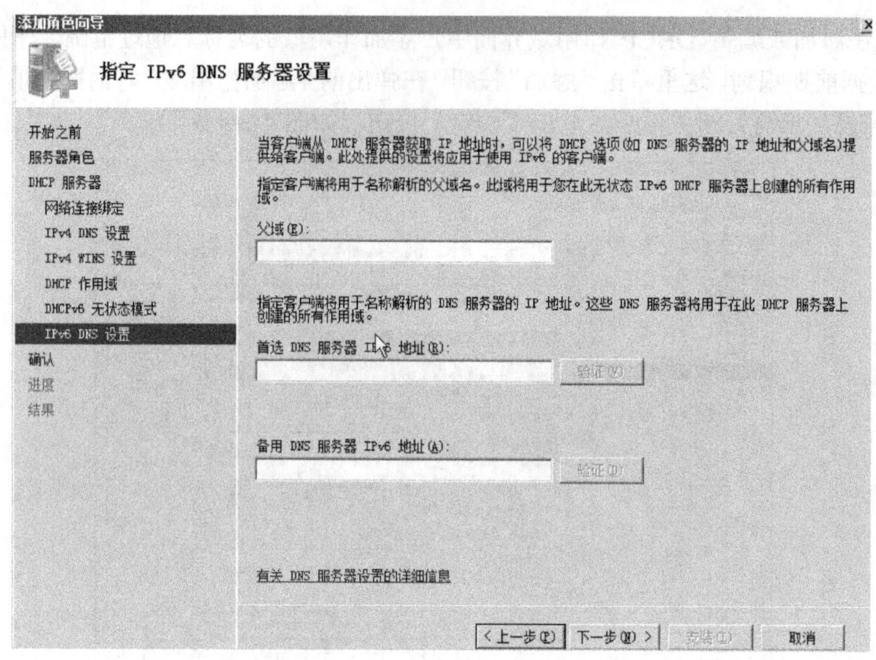

图 4-2-11　IPv6DNS 服务器设置

11）在确认安装选择界面中，显示了要安装的 DHCP 服务器的配置，确认无误之后，单击“安装”按钮，开始安装，如图 4-2-12 所示。

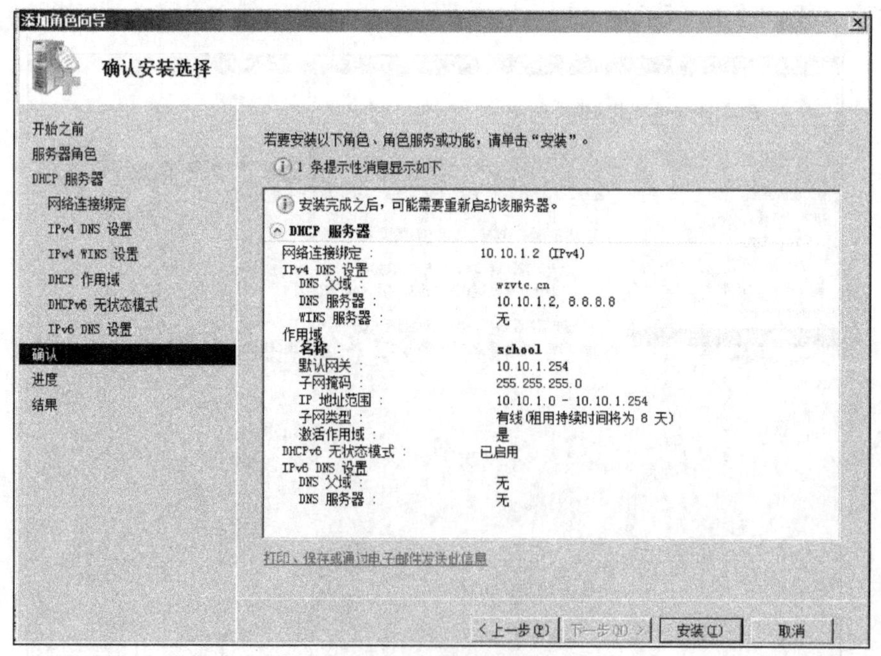

图 4-2-12　安装选择

12）安装完成之后，在安装结果界面中，显示“安装成功”，如图 4-2-13 所示。

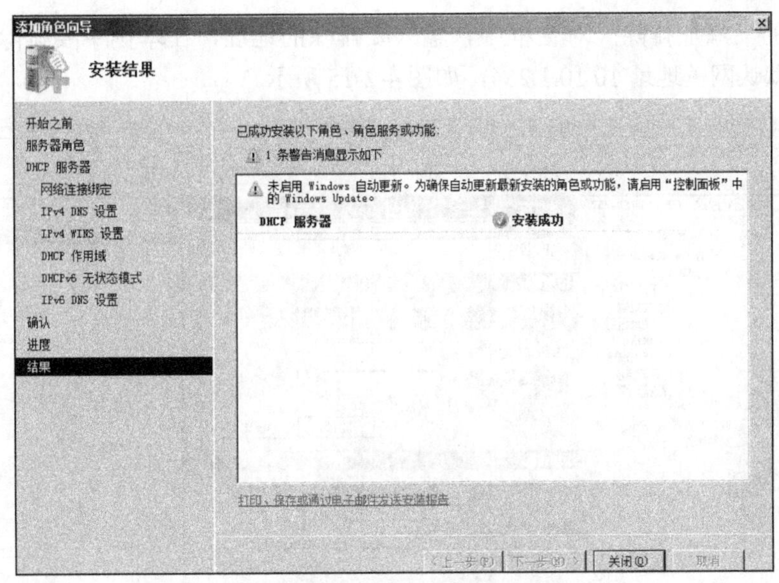

图 4-2-13　安装完成

2. 创建排除地址和保留

DHCP 服务器在为用户分配 IP 地址时，从作用域 IP 地址范围内采用“先来先获得”的原则，通常情况下，客户端获取的 IP 地址将从地址池中获得比较低的地址，后面的计算机则分配比较高的地址，并且工作站每次获得的地址可能不尽相同。在许多时候，一些服务器和路由设置会占用作用域地址段中的某些地址，这些地址将不能再分配给用户使用，因此需要 DHCP 中配置排除地址来实现。同时有些客户机要求获得固定的 IP 地址，这就需要在 DHCP 服务器创建保留地址来实现。

1）创建排除地址。打开 DHCP“服务器管理器”窗口，依次单击“DHCP 服务器”“IPv4”“作用域”“地址池”，右击“地址池”，在弹出的快捷菜单中选择“新建排除范围”命令，如图 4-2-14 所示。

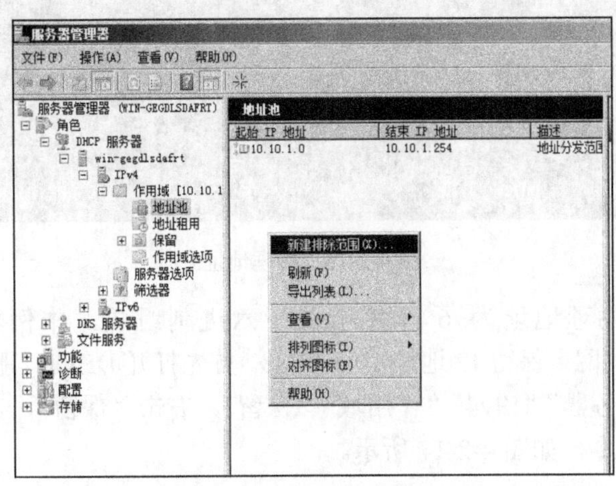

图 4-2-14　新建排除范围

在打开的“添加排除”对话框中，输入要排除的地址，在本例中要排除服务器地址10.10.1.2和默认网关地址10.10.1.254，如图4-2-15所示。

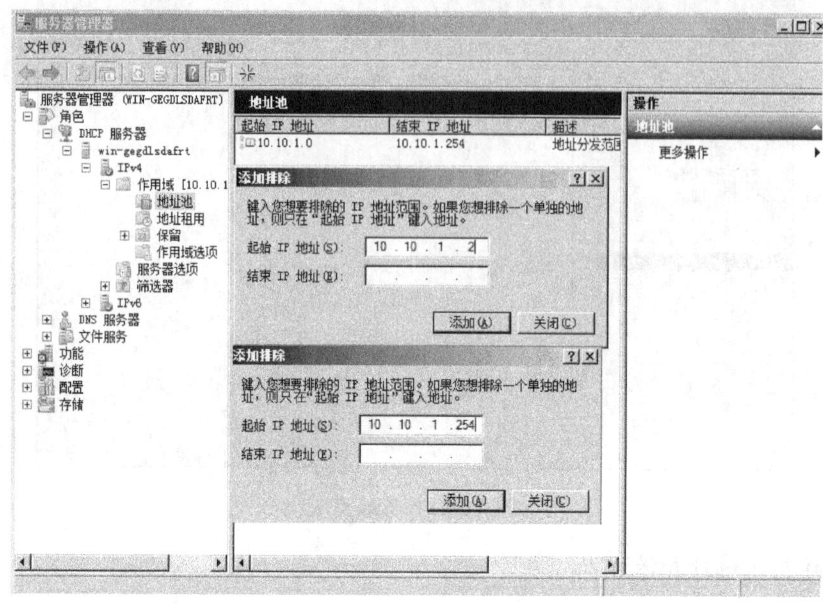

图4-2-15　添加排除

2）创建保留地址。在为客户机分配指定的IP地址时，需要事先知道客户机的MAC地址，可以在客户机上使用ipconfig/all命令获取网卡MAC地址。例如，一台计算机显示如图4-2-16所示。

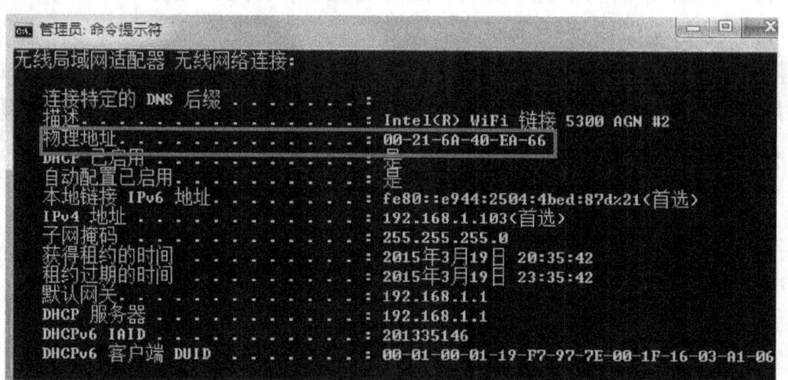

图4-2-16　物理地址

计算机的网卡物理地址为6个字节的十六进制组成，本例将为MAC地址为00-21-6A-40-EA-66的网卡保留IP地址10.10.1.88。首先打开DHCP“服务器管理器”窗口，依次单击“DHCP服务器”“IPv4”“作用域”“保留”，右击“保留”，在弹出的快捷菜单中选择“新建保留”命令，如图4-2-17所示。

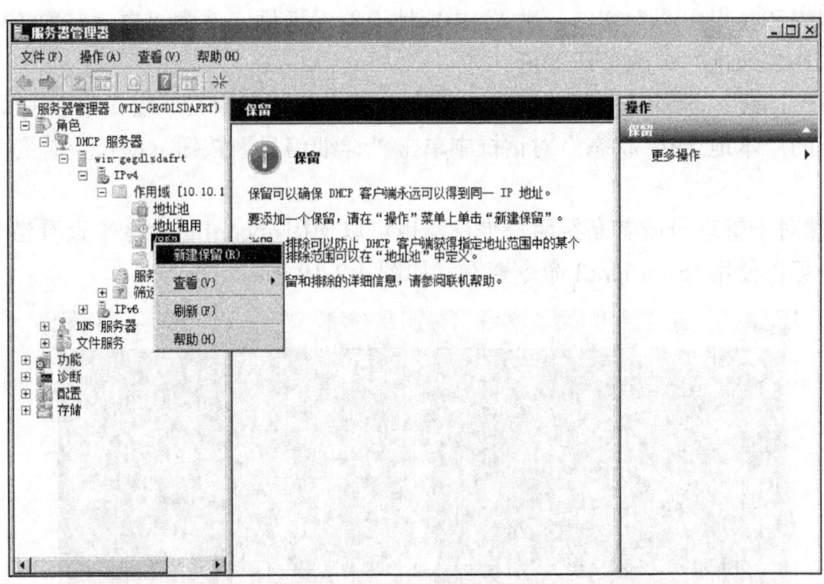

图 4-2-17 新建保留

打开的“新建保留”对话框，在“保留名称”文本框中输入一个标志信息，在“IP 地址”文本框中输入想要保留的 IP 地址，在“MAC 地址”文本框中输入此地址的计算机网卡地址（连续输入，中间不要有短横线），如图 4-2-18 所示。

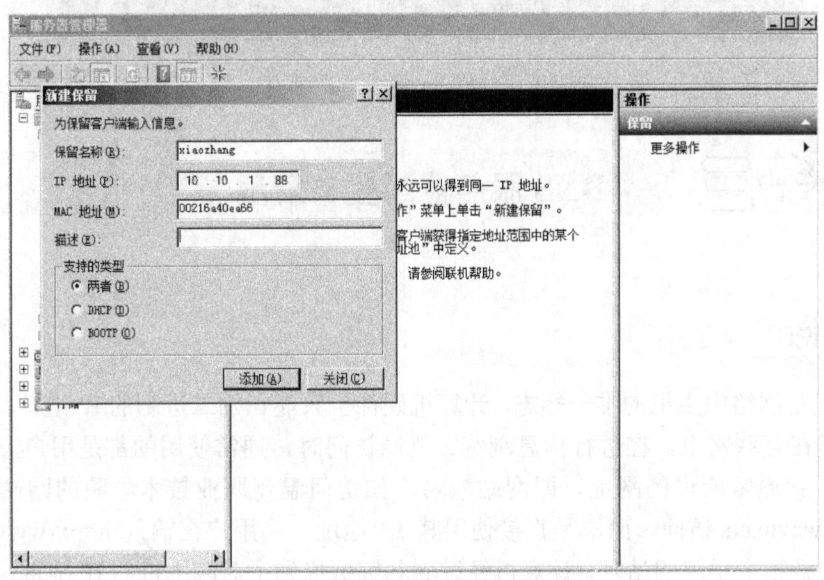

图 4-2-18 为指定工作站保留 IP 地址

3. DHCP 客户端的设置和使用

配置完 DHCP 服务器后，下面以 Windows 7 系统为例介绍如何配置 DHCP 客户端。

1）在 Windows 7、Windows Server 2008 R2 系统中，启用 DHCP 客户端的步骤很简单，

只要在“网络和共享中心”窗口，进入 IP 地址设置对话框，选中“自动获取 IP 地址”和“自动获取 DNS 地址”单选按钮即可。

2）检查 DHCP 地址是否正常获取，可在“网络和共享中心”窗口中双击本地连接图标，在打开的“本地连接 状态”对话框中单击“详细信息”按钮，即可查看到 TCP/IP 各项参数。

3）当然对于管理员或者高级用户来说，也可以使用 ipconfig 命令来查看当前 IP 地址是否正常，可以使用 ipconfig/all 命令查看，如图 4-2-19 所示。

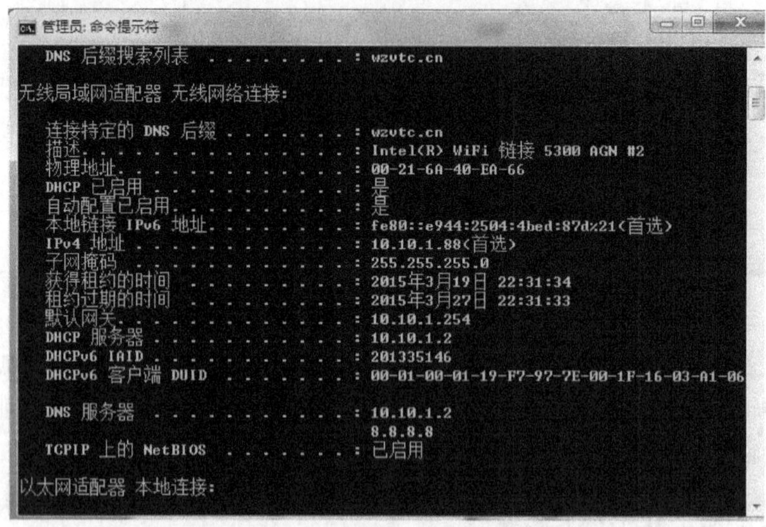

图 4-2-19　检测 DHCP 客户端地址

任务三　DNS 服务器配置与管理

任务说明

IP 地址是网络中主机的唯一标志，计算机硬件也只能识别二进制的 IP 地址，不管在局域网中还是在互联网上，在进行信息浏览、资源访问时，通常使用的都是用户方便记忆的友好名称，就通常所说的网址，即网站域名，如访问温州职业技术学院的网站，会使用 http://www.wzvtc.cn 访问，而不是直接使用其 IP 地址。当用户在输入 http://www.wzvtc.cn 访问温州职业技术学院网站时，计算机经过域名解析找到了对应主机的 IP 地址，实际上用户计算机与服务器通信之前仍然是通过 IP 地址进行连接的。所谓的域名解析，就是在输入域名后，由一台被称为“DNS 服务器”的计算机把输入的域名“翻译”成了相应的 IP 地址，然后根据这个 IP 地址找到所对应的主机，找到相应的网页，传回到浏览器，于是得到所需要的结果。DNS 服务器又是如何工作的呢？在 Windows Server 2008 R2 系统中，如何配置与管理 DNS 服务器呢？

任务分析

本任务要求能够在 Windows Server 2008 R2 系统中进行 DNS 服务器的配置与管理，并能够设置客户端 DNS 参数，实现对网络服务的访问，同时能够简单地使用 ping、nslookup 命令对 DNS 服务器故障进行排错。因此，完成本任务需要掌握以下知识：

1）DNS 域名服务器概述。

2）DNS 基础理论与系统结构。

3）DNS 的常用术语。

1. DNS 域名服务器概述

在网络的初期，计算机之间主要用 IP 地址进行通信。但随着网络的扩大，IP 地址不容易记忆，也不方便管理，这时就引入了 DNS 的概念。DNS 服务是典型的 C/S 模式的网络应用，包括 DNS 客户端和服务器。客户端需要用 DNS 名称进行通信时，通过向 DNS 服务器发出查询请求，用来获取 DNS 名称对应的 IP 地址，并用获取的 IP 地址进行通信。当然 DNS 服务器可以将 DNS 名称解析成 IP 地址，也可以将 IP 地址反向解析成 DNS 名称。

2. DNS 基础理论与系统结构

在早期的网络中，网络上的用户需要维护一个 HOSTS 配置文件，这个文件包括当此工作站和网络上的其他系统通信时所需要的一切信息。HOSTS 文件包括名称和 IP 地址的对应信息。当一台计算机需要定位网络上的另一台计算机时，就会查看本地 HOSTS 文件，这个 HOSTS 文件存储在 C:\Windows\system32\drivers\etc\hosts 中，如果在 HOSTS 文件中没有关于此计算机的表项，说明其不存在。但是，每台机器的 HOSTS 文件需要手动单独更新，几乎没有自动配置，因此使得 HOSTS 文件更新是既枯燥又费时的工作，如图 4-3-1 所示。同时，当今网络的快速发展，使用 HOSTS 文件已经远远无法满足域名解析的需求了。因此，人们就采用了分布式的域名系统（Do main Name System，DNS）。

图 4-3-1 本地 HOSTS 文件

同时，由于计算机在网络中通信采用的 IP 地址和物理地址不易记忆和理解，为了向用户提供一种直观的主机标识符，TCP/IP 协议提供了域名服务，就类似于在电话号码簿或查号台通过查询名字可以得到电话号码一样，域名系统 DNS 服务器在网络中将由一串字母组成的名称（即域名）转换为 IP 地址。当然，严格地说，域名服务对于计算机通信不是必需的，只是计算机容易处理 IP 地址，人却喜欢使用有意义的、容易记忆和理解的名称，因此就需要转换了。图 4-3-2 显示了 DNS 的基本用途，即根据域名名称查询其 IP 地址。

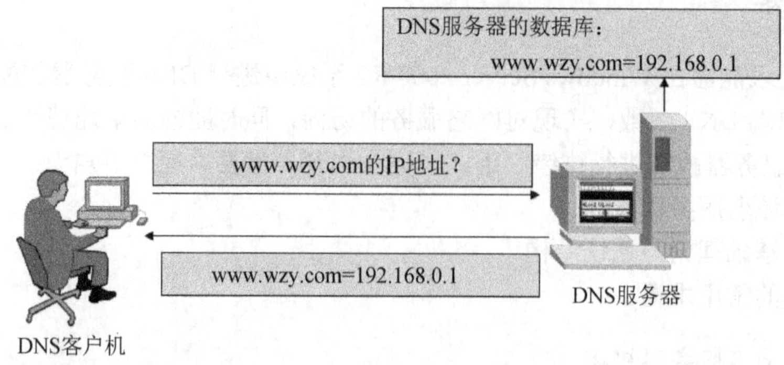

图 4-3-2　DNS 服务器的查询过程

在出现 DNS 之前，人们曾想让一个系统负责把名称翻译成号码。当翻译或解析一个 Web 站点的域名（如 www.wzvtc.cn）并且找到了域名对应的 IP 地址时，IP 地址就是实际的地址，这样 Internet 内容就可以传送到 Web 浏览器上，这个过程就需要一个称为 DNS 的网络系统。当前，对域名进行所有权管理和分发是由 Internet 网络信息中心（InterNIC）负责的，该部门负责代理对 DNS 顶级域名的管理职责，并负责注册第二级域名。顶级域名是一些大家熟悉的域类别，如商业组织（.com）、教育组织（.edu）、政府组织（.gov）等。对于美国以外的国家和地区，则用两个字母的国家/地区代码来表示，如中国用.cn 表示。其结构层次图如图 4-3-3 所示。

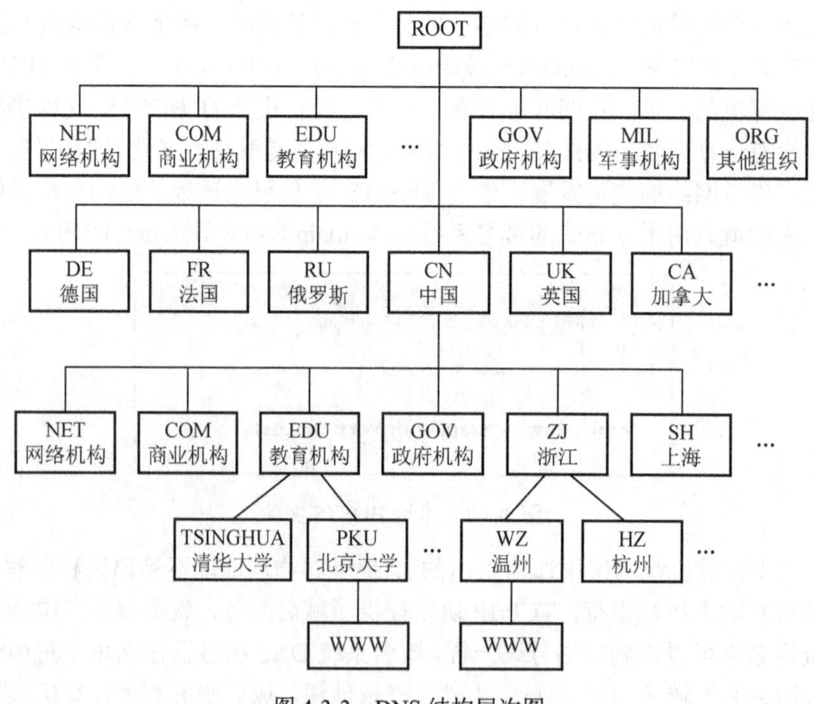

图 4-3-3　DNS 结构层次图

DNS 就是利用 FQDN 一步一步将域名解析为一个 IP 地址，一个典型的解析过程如图 4-3-4 所示。

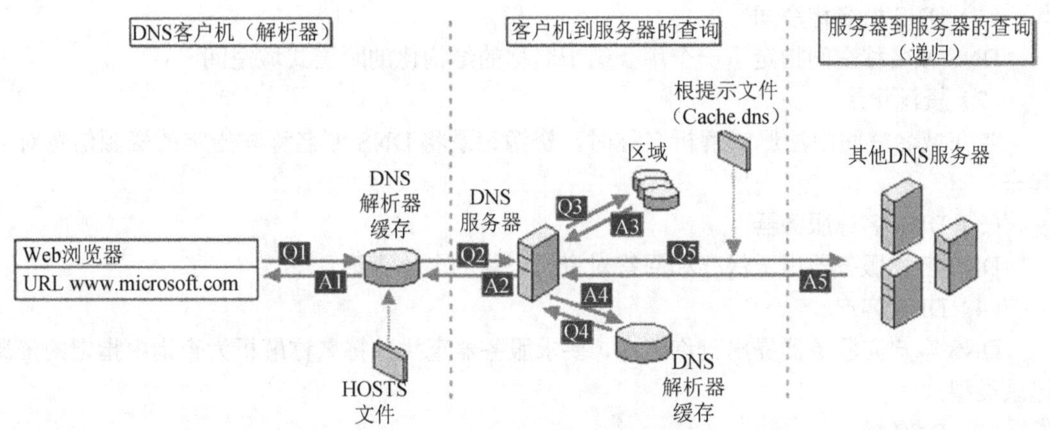

图 4-3-4　DNS 域名解析原理示意图

从图 4-3-3 可以看出，DNS 实际上是一个分布式的数据库系统，它是一个具有层次结构的系统，所有的主机信息存放在许多分布式的域名服务器中，而域名服务器组成一个层次结构的系统，顶层是一个根域（ROOT）。其实，域的概念和地理上的行政区域管理的概念是类似地，一个国家行政机构包括中央政府（就相当于根域）和各个省份的省政府（第一级域名），省政府之下又包括许多市政府（第二级域名），市政府之下包括许多县政府（第三级域名）等依次类推，每一个下级子域都是上级域的子域。每个域都有自己一组的域名服务器，这些服务器中保存着当前域的主机信息和下级子域的域名服务器信息。例如，根域服务器不必知道根域内所有主机的信息，只要知道所有子域的域名服务器的地址即可。

一般来说，每个组织有其自己的 DNS 服务器，并维护域的名称映射数据库记录或资源记录。当请求名称解析时，DNS 服务器先在自己的记录中检查是否有对应的 IP 地址。如果未找到，它就会向其他 DNS 服务器询问该信息。同其结构分层一样，一旦 DNS 服务器在自身的数据库中没有找到 IP 地址，它会请求上一级 DNS 服务器看是否能找到这一 IP 地址，这个过程会继续下去直到找到答案或超时。

DNS 名称是由主机名称与域名称组成的，主机名称是指所在计算机的主机名称，域名是从根到当前域所经过的所有结点的标记名，域名采用层次结构的命名方案，从右到左排列，并用“.”分开，如 www.pku.edu.cn，其中“cn”为顶级域，“edu”为二级域，“pku”为三级域，“www”为主机名。

顶级域有两种划分方法：地理域和通用域。地理域是为世界上每个国家或地区设置的，常见的顶级域名有中国（CN）、澳大利亚（AU）、德国（DE）、英国（UK）、俄罗斯（RU）、日本（JP）、法国（FR）等。

通用域是指按照机构类别设置的顶级域，主要的顶级域名有商业机构（COM）、教育机构（EDU）、政府机构（GOV）、网络机构（NET）、军事机构（MIL）、其他非营利组织（ORG）等。

3. DNS 的常用术语

（1）DNS 域名称空间

DNS 域名称空间指定了一个用于组织名称的结构化的阶层式域空间。

（2）资源记录

当在域名空间中注册或解析名称时，资源记录将 DNS 域名称与指定的资源信息对应起来。

（3）DNS 名称服务器

DNS 名称服务器用于保存和回答对资源记录的名称查询。

（4）DNS 客户

DNS 客户向服务器提出查询请求，要求服务器查找并将名称解析为查询中指定的资源记录类型。

（5）DNS 域名

DNS 利用完整的名称方式来记录和说明 DNS 域名，在一个完整的 DNS 域名中包含着多级域名。

域根，是树的顶级，它表示未命名的等级。在 DNS 域名中使用时，它由尾部句点（.）表示，以指定该名称位于域层次结构的最高层或根。在这种情况下，DNS 域名被认为是完整名称并指向名称树中的确切位置。以这种方式表示的名称称作完全限定的域名（FQDN），如 www.wzvtc.cn.

顶级域，由两三个字母组成的名称用于指示国家、地区、使用的单位类型，如“.com”，它表示在 Internet 上从事商业活动的公司注册的名称。

二级域，为了在 Internet 上使用而注册到个人或单位的长度可变名称，这些名称始终基本于相应的顶级域，这取决于单位的类型或使用的名称所在的地理位置，如 jwc.wzvtc.cn 就是由 Internet DNS 域名注册人员注册到的 jwc 的二级域名。

泛域名：利用通配符*（星号）来做次级域以实现所有的次级域名均指向同一 IP 地址。

（6）区域（zone）

区域是一个用于存储单个 DNS 域名的数据库，它是域名称空间树状结构的一部分，DNS 服务器是以区域为单位来管理域名空间的，区域中的数据保存在管理它的 DNS 服务器中。当在现有的域中添加子域时，该子域既可以包含在现有的区域中，也可以为它创建一个新区域或包含在其他的区域中。一个 DNS 服务器可以管理一个或多个区域，同时一个区域可以由多个 DNS 服务器来管理。

（7）区域文件

区域文件是包含区域资源记录的文件，大部分 DNS 服务器，用文本文件实现区域。

实现步骤

要实现在 Windows 网络中的 DNS 服务，首先选择一台已经安装 Windows Server 2008 R2 系统的计算机，确认其已安装了 TCP/IP 协议，然后将自己的 IP 地址设为静态，即固定地址。作为一台实用的DNS服务器，有服务于Internet并为Internet用户提供DNS解析和查询的DNS服务器，也有专业用于内网并为内网的DNS解析提高解析速度的“DNS缓存”服务器，经常内网服务器提供内网的域名解析并实现外网域名的转发功能。以学校实际应用为主要需求建立一台域名服务器，要求如下。

1）学校申请的域名为wzvtc.cn。

2）DNS服务器地址为10.10.1.2/24。

3）内网需要解析的域名主机有学校网站服务器：www.wzvtc.cn或wzvtc.cn（10.10.1.4）；学校FTP服务器：ftp.wzvtc.cn（10.10.1.8）。

4）服务器能够提供泛域功能，实现未指定的主机均指向网站服务器，防止用户错误输入导致网站不能访问。

5）能够实现其他域名的转发功能，服务器IP地址为10.10.1.2和8.8.8.8。

1. 安装DNS服务器

1）设置IP地址等信息。在将要安装DNS服务器的计算机中，配置IP地址并检查是否正常。在本例中，设置IP地址为10.10.1.2，子网掩码为255.255.255.0，DNS地址为10.10.1.2。在实际使用中，应该在DNS客户机中设置地址为DNS服务器地址，本例中设置DNS的地址为本机地址，主要用于实验测试，如图4-3-5所示。

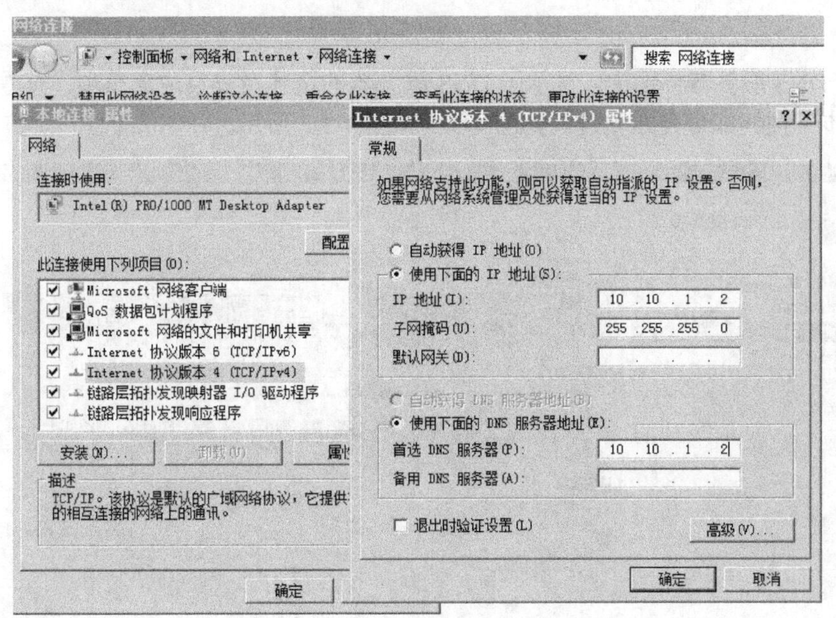

图4-3-5　设置服务器IP地址等信息

2）进入“服务器管理器”窗口，右击“角色”，在弹出的快捷菜单中选择“添加角色”命令，或者在右侧的“角色”中单击“添加角色”超链接，如图4-3-6所示。

3）在打开的“添加角色向导”对话框的选择服务器角色界面中，选择要安装的角色。在这个对话框中，还可以添加或删除DHCP服务器、Web服务器、证书服务器、Active

Directory 活动目录等。在本例中，选择添加 DNS 服务器，如图 4-3-6 所示。

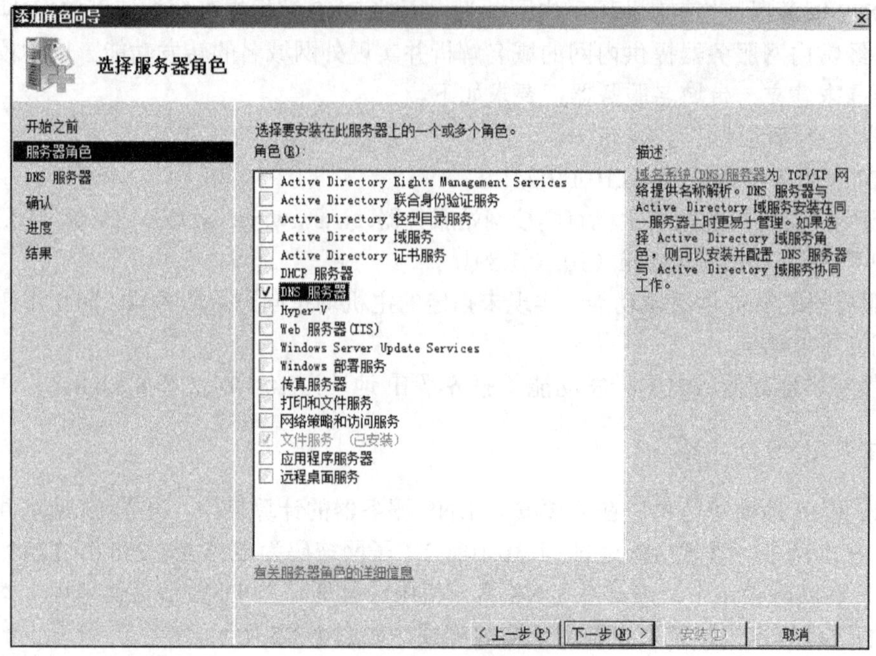

图 4-3-6　选择 DNS 服务器

4）在 DNS 服务器界面中，显示了 DNS 服务器的概述及安装注意事项，查看之后，单击“下一步”按钮即可开始安装，如图 4-3-7 和图 4-3-8 所示。

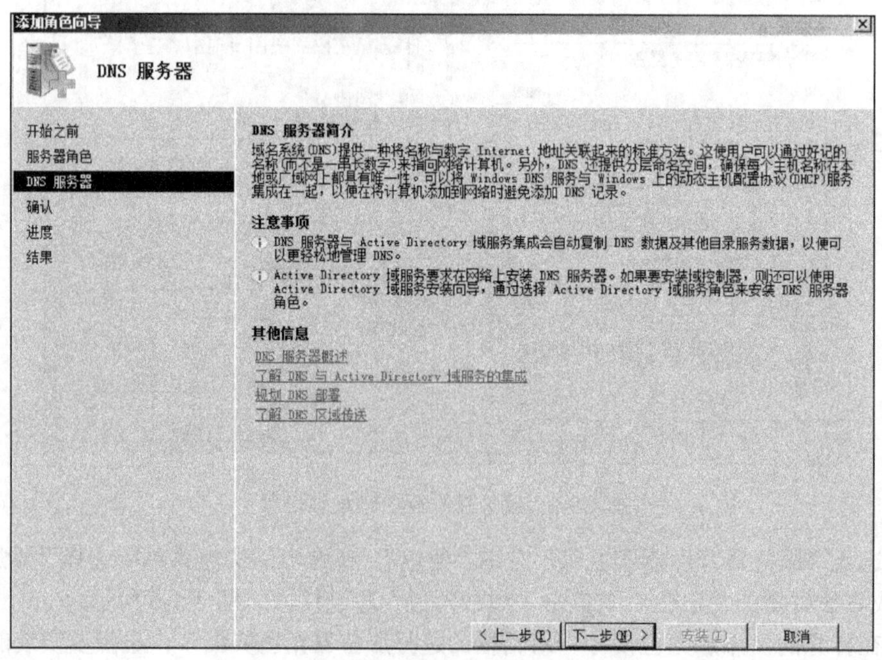

图 4-3-7　DNS 服务简介及注意事项

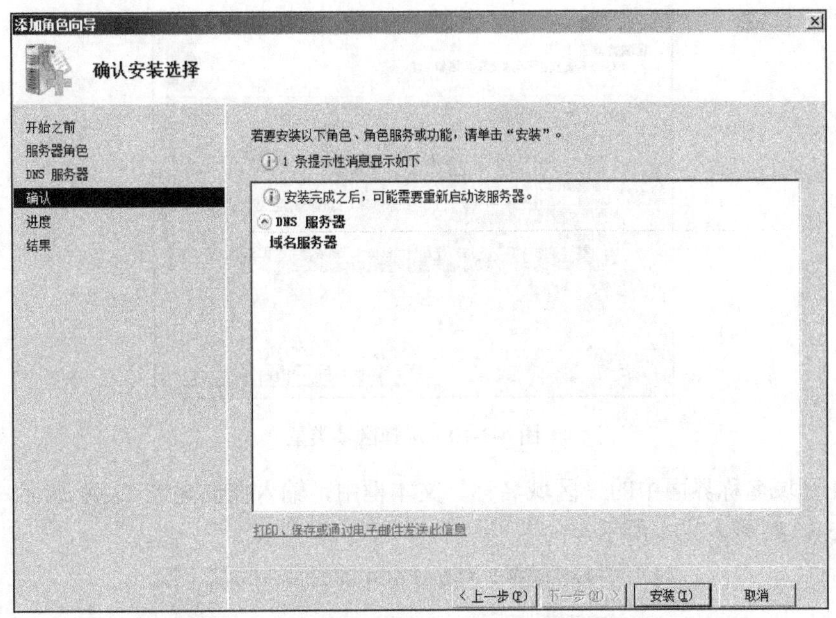

图 4-3-8　安装 DNS 服务

2. 安装正向查找区域

安装好 DNS 服务后，DNS 服务器只是一个空的数据库，需要在 DNS 服务器创建区域后，将主机记录保存到区域文件后，才能为对应的区域提供域名服务（对于不能解析的域名，如果当前 DNS 服务器能够连接 Internet，将会默认转发到 Internet 的“转发器”或“根”域名服务器进行域名解析）。操作步骤如下：

1）在“服务器管理器”中，定位到“DNS 服务器”，打开 DNS 服务器配置窗口，右击“正向查找区域”，在弹出的快捷菜单中选择“新建区域”命令，如图 4-3-9 所示。

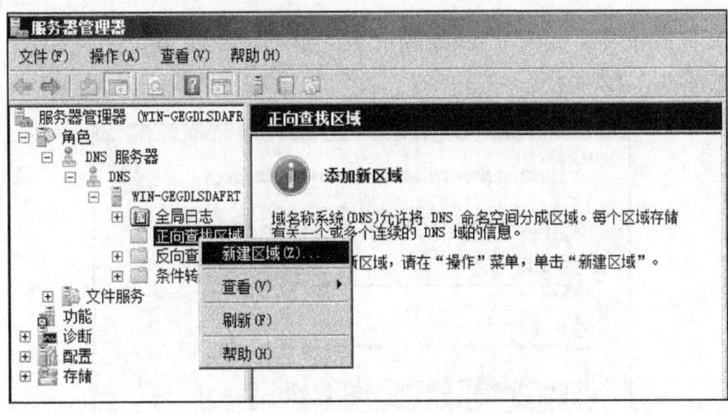

图 4-3-9　新建区域

2）在打开的“新建区域向导”对话框的区域类型界面中，选中“主要区域”单选按钮，如图 4-3-10 所示。

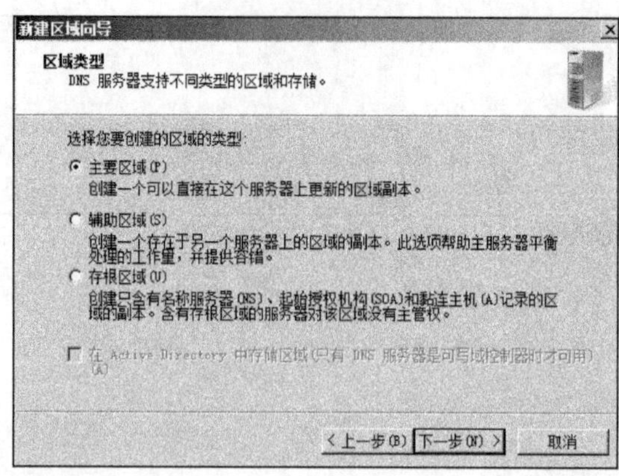

图 4-3-10　选择区域类型

3）在区域名称界面中的“区域名称”文本框中，输入要创建的 DNS 域名，在本例中为 wzvtc.cn，如图 4-3-11 所示。

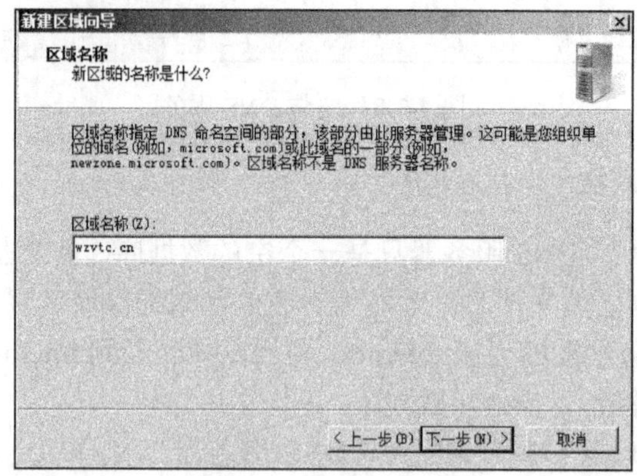

图 4-3-11　设置区域名称

4）在区域文件界面中，选中“创建新文件，文件名为”单选按钮，并保持默认文件名 wzvtc.cn.dns，如图 4-3-12 所示。

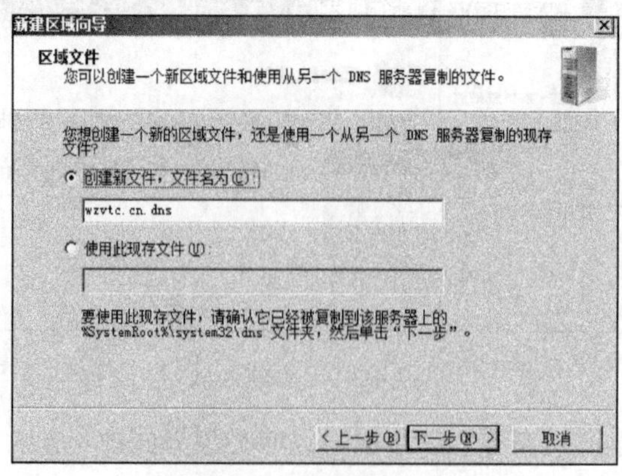

图 4-3-12　设置区域文件名

5）在动态更新界面中选中“不允许动态更新”单选按钮，如图 4-3-13 所示。

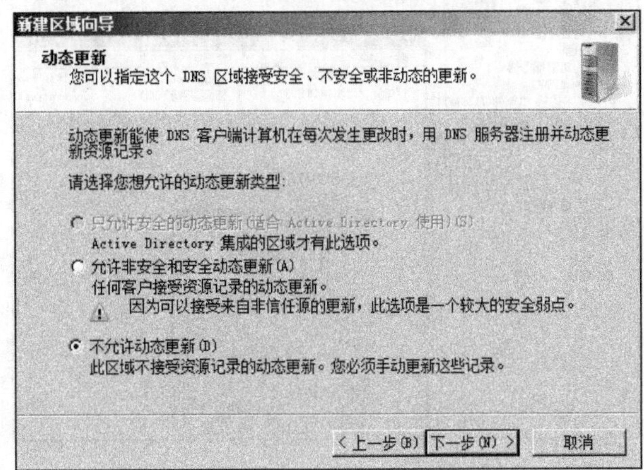

图 4-3-13 动态更新

6）在正在完成新建区域向导对话框中，单击“完成”按钮，创建区域完成，如图 4-3-14 所示。

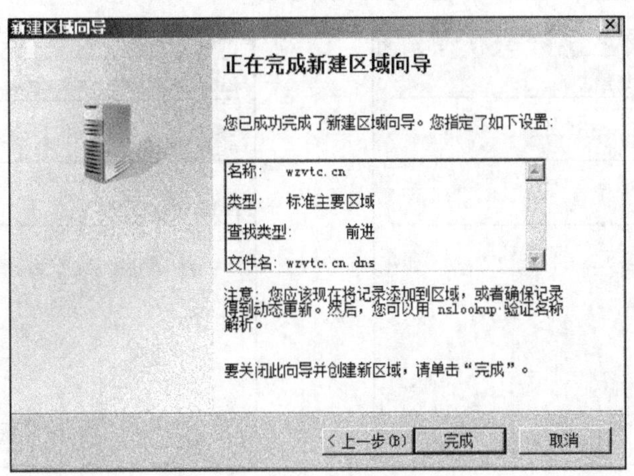

图 4-3-14 区域创建完成

3. 在 DNS 服务器中创建记录

配置完 DNS 服务器，还需要设置相关的记录才能够对自己所属域名提供域名解析服务，下面来介绍在 wzvtc.cn 域名中添加各类 DNS 记录的方法，这里主要介绍 A 记录。

Web 服务器、FTP 服务器的域名是一个 A 记录，在 DNS 服务器中，A 记录也是较常见的一种记录类型，这主要是用来把一个容易记忆的名称和一个 32 位的 IP 地址对应起来。客户端访问域名主机的时候，会通过 DNS 服务器自动解析出 IP 地址，最终实现网络访问。

1）打开 DNS 的“服务器管理器”窗口，定位到“wzvtc.cn”域名，在右侧空白处右击，从弹出的快捷菜单中选择“新建主机（A 或 AAAA）”命令，如图 4-3-15 所示。

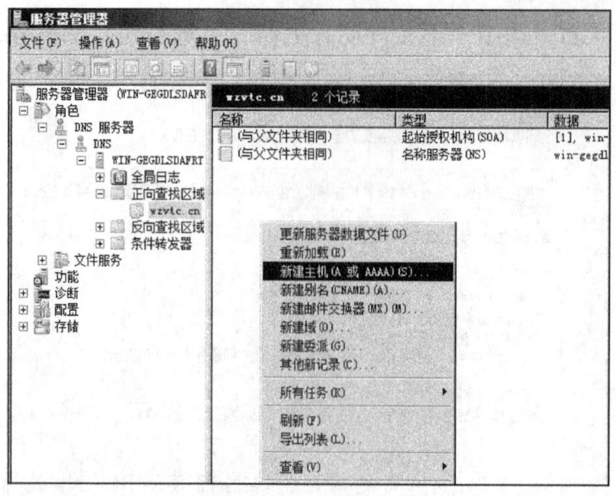

图 4-3-15　新建主机记录

2）在打开的“新建主机”对话框中，分别在“名称（如果为空则使用其父域名称）”文本框中输入 www 和空，在“IP 地址”文本框中输入对应的 IP 地址 10.10.1.4，然后单击“添加主机”按钮，如图 4-3-16 和图 4-3-17 所示。

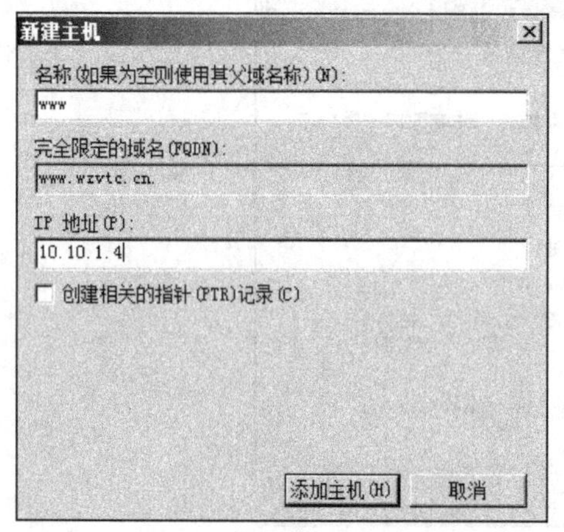

图 4-3-16　添加主机为 www 的 A 记录

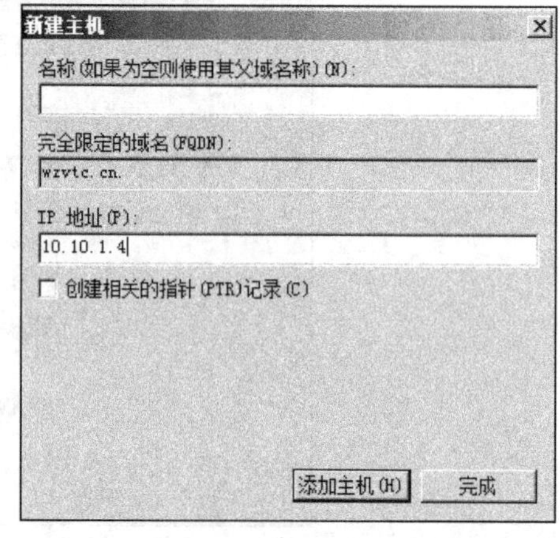

图 4-3-17　添加主机为空的 A 记录

3）在打开的“DNS”提示框中，单击“确定”按钮，完成记录的添加，如图 4-3-18 所示。

图 4-3-18　完成 A 记录的添加

4）接下来，按钮同样的步骤，即可添加 FTP 的 A 记录，如图 4-3-19 所示。

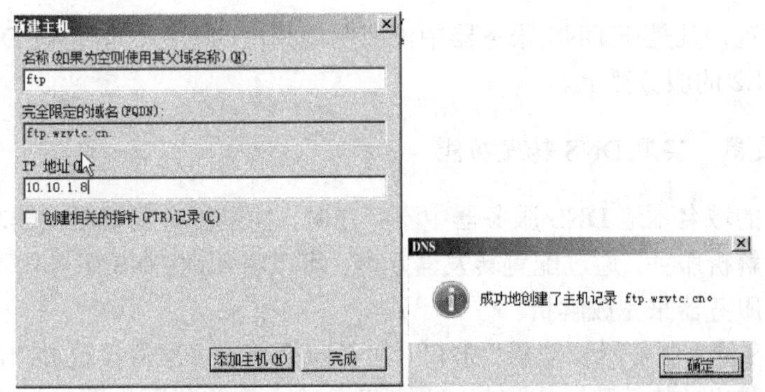

图 4-3-19　FTPA 记录的添加

通过上述 A 记录的设置后，在 DNS 客户端解析 wzvtc.cn、www.wzvtc.cn 域名时，将能够正常的解析出对应的 IP 地址 10.10.1.4，也能够解析 ftp.wzvtc.cn 域名到对应的 IP 地址 10.10.1.8，但是如果没有定义的其他记录，如 mail.wzvtc.cn，则由于 DNS 服务器数据库中没有存在对应的记录，会无法正确地解析出 IP 地址。

4. 创建泛域名解析记录

虽然配置了 DNS 服务器，可以创建若干条记录，但是在实际情况下，有可能创建的记录均指向同一条服务器（例如，学校有台专门存放精品课程的服务器 10.10.1.2，任何一门课均想使用独立的二级域名去访问，如网络精品课程为 network.wzvtc.cn，flash 精品课程为 flash.wzvtc.cn 等），类似于这样的需求，在以前的情况下，应该是每开通一门课程网站，就需要在 DNS 服务器上添加记录，操作比较麻烦。这时候，就可以使用“泛域名解析”功能，来实现上述的功能。所谓“泛域名解析”实际上就是将所有 DNS 中未明确列出的 A 记录（A 记录的名称用*代替）都指向一个默认的 IP 地址。

1）打开 DNS 的“服务器管理器”窗口，定位到 wzvtc.cn 域名，在右侧空白处右击，从弹出的快捷菜单中选择“新建主机（A 或 AAAA）”命令，如图 4-3-20 所示。

2）打开的“新建主机”对话框（图 4-3-20），在“名称（如果为空，则使用其父域名称）”文本框中输入*，在“IP 地址”文本框中输入对应的 IP 地址 10.10.1.2，然后单击“添加主机”按钮，打开如图 4-3-21 所示的“DNS”提示框，单击“确定”按钮即可。

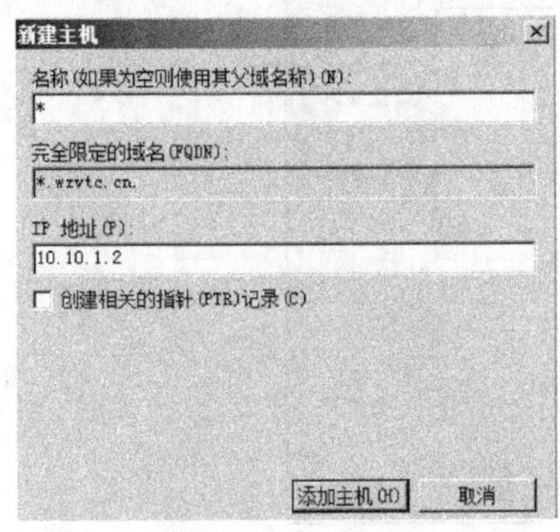

图 4-3-20　添加主机为*的 A 记录

图 4-3-21　泛域添加成功

通过上述设置，凡是在 DNS 服务器中没有明确列出的名称，均会被 DNS 正常解析到 Ip 地址为 10.10.1.2 的服务器上。

5. 配置转发器，实现 DNS 转发功能

当用户访问的域名本地 DNS 服务器中不存在时，如果没有配置转发器功能，将会无法实现其他域名的解析服务，通过配置转发器功能，可以将本地 DNS 服务器不存在的域名转发给上一级域名服务器来完成解析。

1）打开 DNS 的“服务器管理器”窗口，在左窗格中右击准备设置 DNS 转发器的 DNS 服务器名称，在弹出的快捷菜单中选择“属性”命令，弹出界面如图 4-3-22 所示。

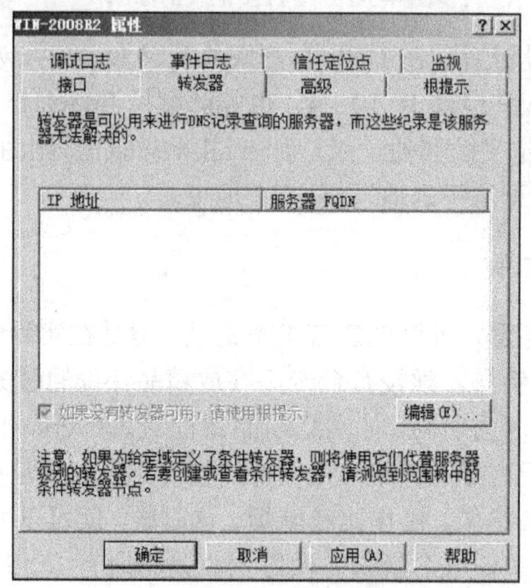

图 4-3-22 转发器配置界面

2）单击“编辑”按钮，在打开的“编辑转发器”界面中分别输入外部 DNS 服务器地址 10.10.1.2、8.8.8.8，单击“确定”按钮，即可完成设置，如图 4-3-23 所示。

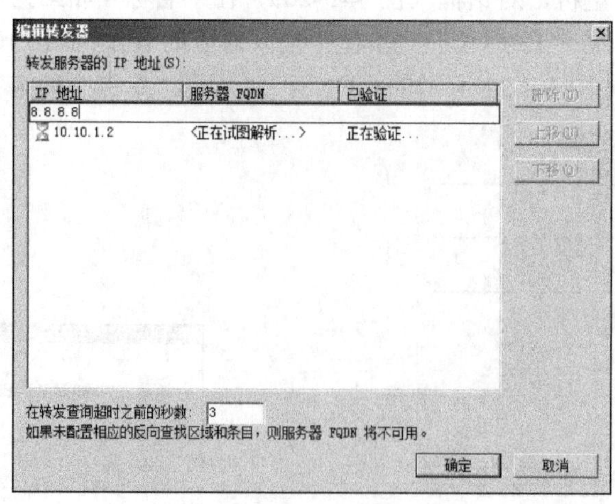

图 4-3-23 配置转发器地址

6. 检查 DNS 信息，测试

1）检查客户端 DNS 地址是否设置正确，如图 4-3-24 所示。

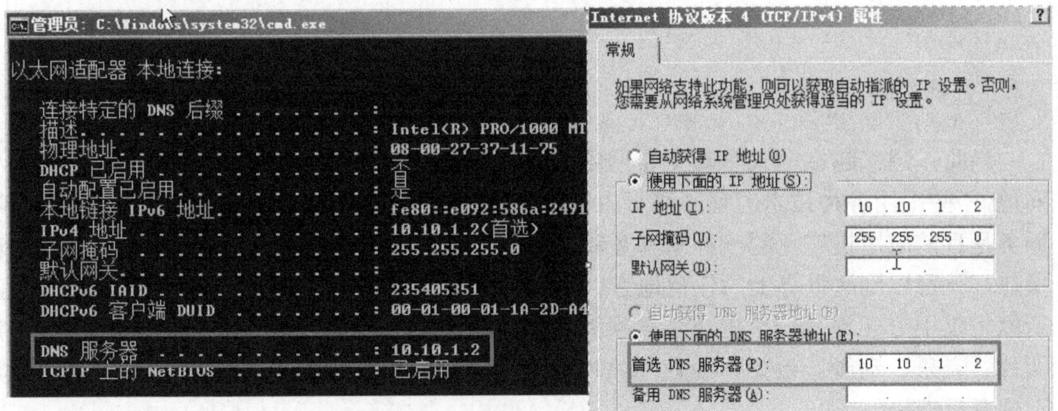

图 4-3-24 检查客户端 DNS 参数

2）使用 ping 命令测试 DNS 域名解析情况，如图 4-3-25 所示。

图 4-3-25 域名解析测试

任务四 Web 服务器配置与管理

任务说明

当前，越来越多的人喜欢上了网络，每天启动计算机打开浏览器，在浏览器中输入网址，一些采用各种技术的精彩网页内容就展现在大家的面前，这就是WWW服务；WWW服务是目前应用极广泛的一种基本互联网应用，通过 WWW 服务，只要用鼠标进行本地操作，就可以到达世界上的任何地方。由于 WWW 服务使用的是超文本链接（HTML），所以可以很方便地从一个信息页转换到另一个信息页。它不仅能查看文字，还可以欣赏图片、音乐、动画。例如，企业网站可以利用自己的网站发布公司信息、宣传公司、实现信息反馈等。

Web 服务器是指专门提供 Web 文件保存空间，并负责传送和管理 Web 文件和支持各种程序的服务器，使用 Windows Server 2008 R2 可以轻松方便地搭建 Web 服务器。

任务分析

本任务要求能够在 Windows Server 2008 R2 系统中利用 IIS 搭建 Web 服务器，并对其进行配置与管理，并能够在客户机上使用浏览器对网页内容进行访问。因此，完成本任务需要掌握以下知识：

1）IIS、WWW 的基本知识。

2）Web 服务器的管理与配置。

3）在客户端访问 Web 服务器。

1. IIS 的基本知识

互联网信息服务 IIS（Internet Information Services），是由 Microsoft 公司提供的基于运行 Microsoft Windows 的互联网基本服务，用于配置应用程序池或 Web 网站、FTP 站点、SMTP 或 NNTP 站点，是基于 MMC（Microsoft Management Console）控制台的管理程序。IIS 是 Windows Server 2008 操作系统自带的组件，无需第三方程序，即可用来搭建基于各种主流技术的网站，并能管理 Web 服务器中的所有站点。

2. WWW 的基本知识

Internet 是世界上最大的信息资源宝库，人们为了更充分、更便利地使用 Internet 上的信息资源，使用了一种方便、快捷的信息浏览和查询工具，这就是 World Wide Web，即 WWW。

WWW 是 Internet 上集文本、声音、动画、视频等多种媒体信息于一身的信息服务系统，WWW 网上最基本的传输单位是 Web 网页。WWW 的工作基于客户机/服务器计算模型整个系统由 Web 服务器、浏览器（Browser）及通信协议 3 部分组成。

WWW 采用的通信协议是 HTTP，HTTP 是基于 TCP/IP 协议之上的协议，是 Web 浏览器和 Web 服务器之间的应用层协议，它可以传输任意类型的数据对象，是 Internet 发布多媒体信息的主要协议。

Internet 上的信息资源以网页的形式存储在 Web 服务器中，用户查询信息时执行一个客户端的浏览器程序，向 Web 服务器发出请求，Web 服务器根据客户端的请求内容，将保存在 Web 服务器中的某个网页返回给客户端。浏览器接收到页面后对其进行解释，最终将图、文、声并茂的画面呈现给用户。

实现步骤

要实现在 Windows 网络中的 Web 服务，首先选择一台已经安装 Windows Server 2008 R2 系统的计算机，确认其已安装了 TCP/IP 协议，然后将自己的 IP 地址设为静态，即固定地址。作为一台实用的 Web 服务器，要么用于企业内部局域网，内部用户通过 IP 地址或内部的域名访问 Web 服务器。要么 Web 服务器托管或放置在具有公网 IP 地址的机房中，Internet 用户通过域名或 IP 地址访问 Web 服务器提供的网站。

接下来，以学校实际应用为主要需求建立一台 Web 服务器，采用不同的方式运行多个网站，假设目前学校有两个网站，一个是学校主页，一个是教务系统，要求如下：

1）通过采用多种方式来实现同一台服务器运行多个网站。

2）DNS 服务器采用先用已经安装使用的地址为 10.10.1.2/24，内网需要解析的域名主机有：学校网站服务器 www.wzvtc.cn 和教务系统 jwc.wzvtc.cn，IP 地址均指向 10.10.1.4，配置使用两个域名分别访问不同的网站。

3）管理与优化 Web 服务器。

1. 安装 IIS Web 服务器

1）设置 IP 地址等信息。在将要安装 Web 服务器的计算机中，配置 IP 地址并检查是否正常，在本例中，设置 IP 地址为 10.10.1.4，子网掩码为 255.255.255.0，DNS 地址为 10.10.1.2。

2）进入“服务器管理器”窗口，右击“角色”，在弹出的快捷菜单中选择“添加角色”命令，或者在右侧的“角色”中单击“添加角色”超链接。

3）在打开的“添加角色向导”对话框的“选择服务器角色”界面中，选择要安装的角色。在这个对话框中，还可以添加或删除 DHCP 服务器、Web 服务器、证书服务器、Active Directory 活动目录等。在本例中，选择添加 Web 服务器（IIS），如图 4-4-1 所示。

4）在“Web 服务器”（IIS）界面中，显示了 Web 服务器（IIS）简介及注意事项，查看之后，单击“下一步”按钮即可开始安装，如图 4-4-2 所示。

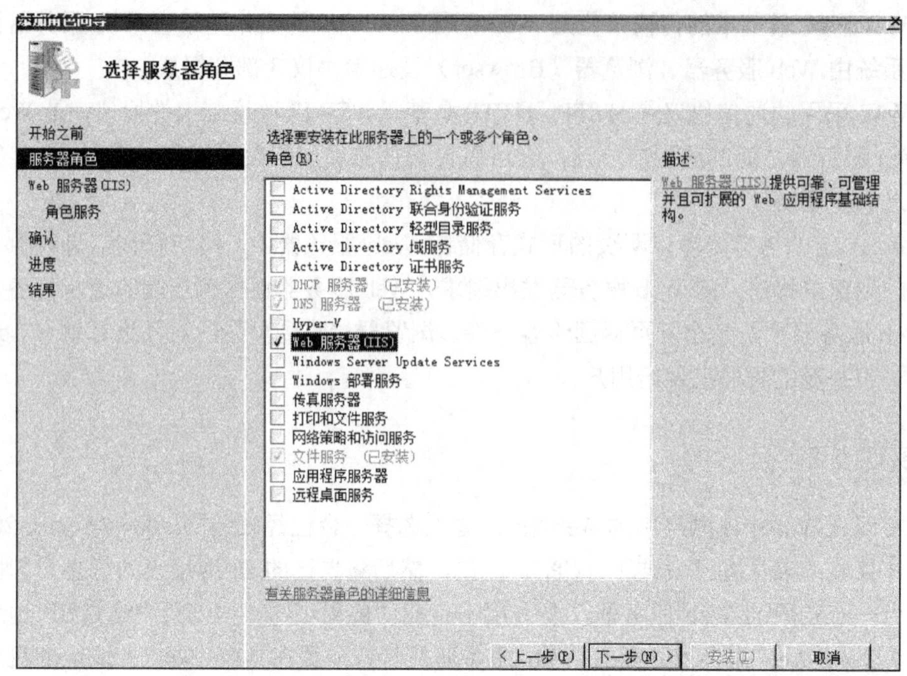

图 4-4-1 选择 Web 服务器

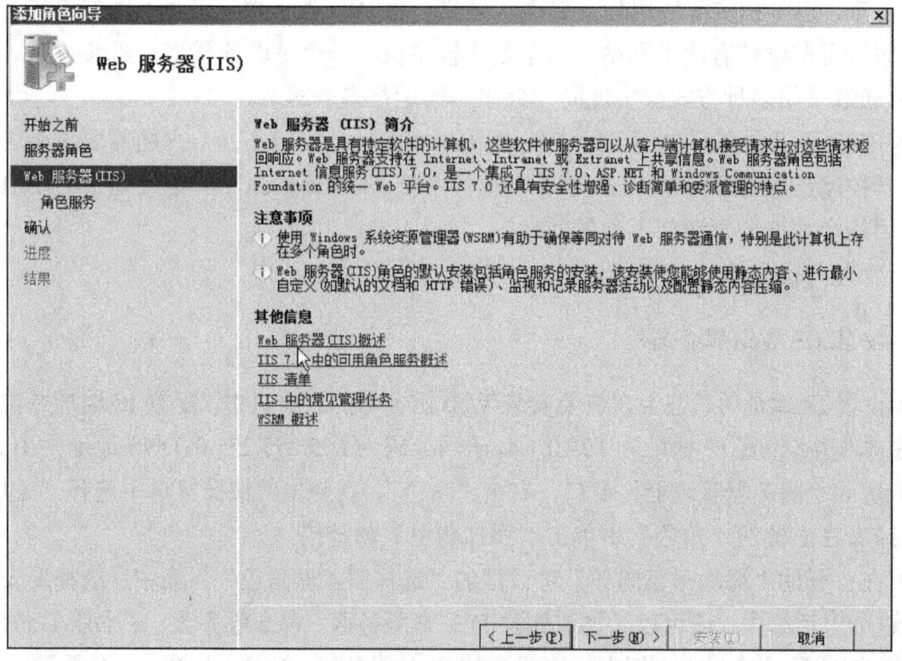

图 4-4-2 Web 服务器（IIS）简介

5）在选择角色服务界面的“角色服务”列表中，选择要安装的 Web 服务器（IIS）的对应功能，在此每一个服务器及功能，在实际的应用中，可根据需要选择。如图 4-4-3 所示。

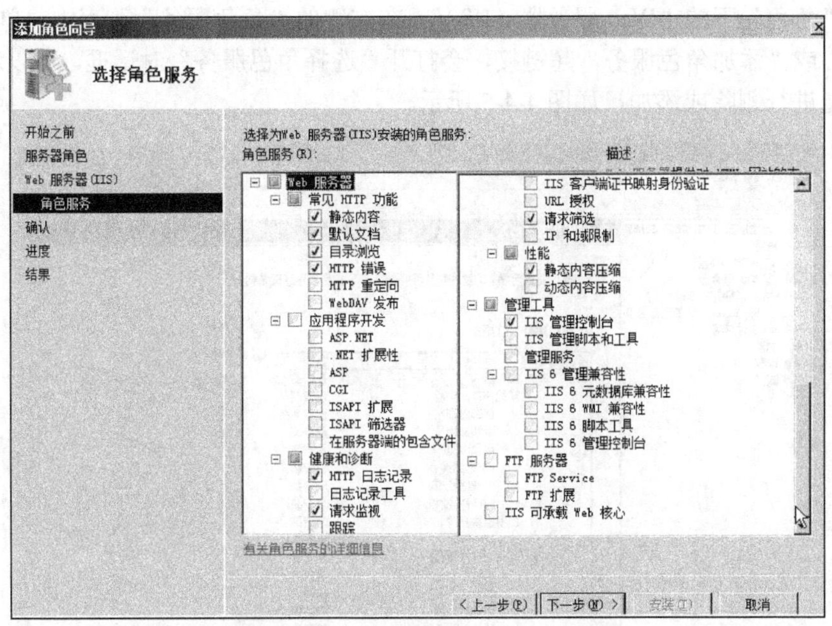

图 4-4-3 选择 Web 服务器（IIS）功能

6）在确认安装选择界面中，显示了当前要安装的 Web 服务器及功能，检查无误之后，单击“安装”按钮，开始安装，如图 4-4-4 所示。

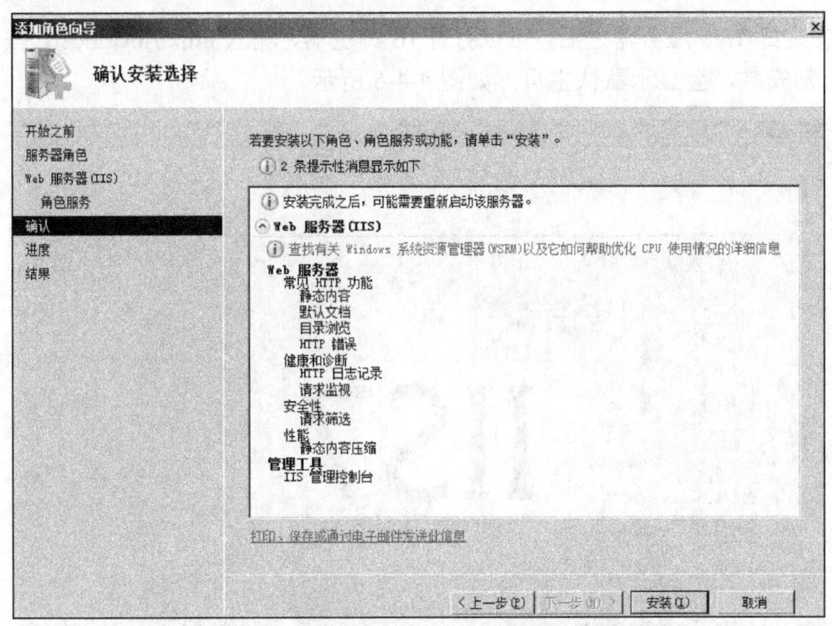

图 4-4-4 确定安装选择

7）安装完成之后，在安装结束界面中，显示安装的 Web 服务及功能。

8）在安装完 Web 服务器（IIS）之后，新安装的 Web 服务器出现在“服务器管理器”

窗口中的“角色”下的“Web 服务器（IIS）”，在右侧的“角色服务”列表中，单击“删除角色服务”或“添加角色服务”超链接，会打开“选择角色服务”对话框，可以对 Web 服务器的功能进行删除或添加，如图 4-4-5 所示。

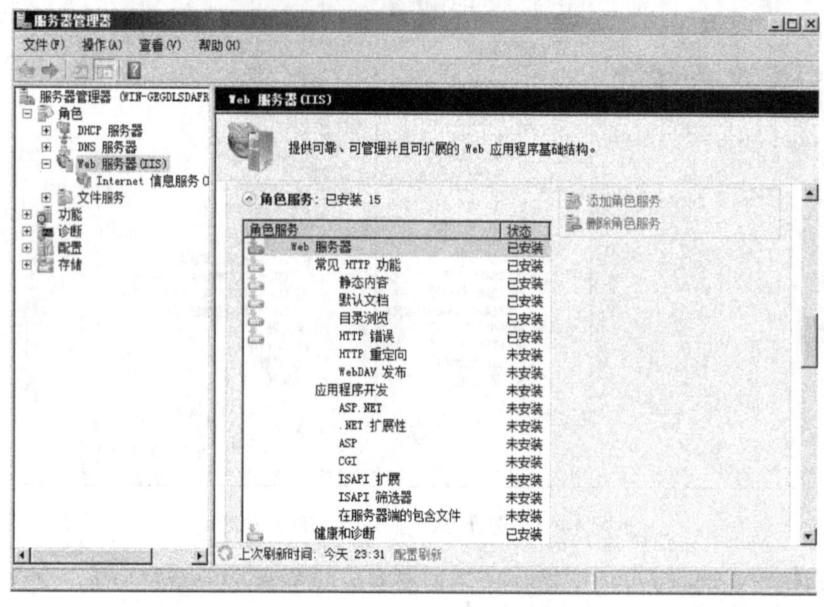

图 4-4-5　添加或删除角色服务

9）在安装好 Web 服务器之后，可以打开 IE 浏览器，输入 http://localhost，按 Enter 键，如果已经正常安装，会显示默认主页，如图 4-4-6 所示。

图 4-4-6　默认主页

2. 在一台服务器上，创建多个网站的方法

在一台服务器上，创建多个网站的方法有以下四种。

方法一：采用 IP 地址法，在 Web 服务器上设置多个 IP 地址，每个 IP 地址对应一个网站。

方法二：采用端口法，可以使用 TCP/IP 地址中的 0～65535 之间的 TCP 端口，每个端口对应一个网站。

方法三：采用主机头的方法，采用 DNS 名称的方法，每个网站采用一个不同的主机头，现实应用中，这种方式使用最多。

方法四：采用虚拟目录法，通过创建虚拟目录的方法，创建多个网站。严格来说不能算独立的网站。它需要挂在某个虚拟网站下，没有独立的 DNS 域名、IP 地址和端口号，用户访问时必须带上主网站名。当然，具体采用哪种方法或者综合使用以上几种方法，由管理员根据实际情况决定。

3. 使用 IP 地址法创建 Web 站点（以两个站点为例）

在 IIS 服务器上，如果服务器的网卡绑定了多个地址，可以在 IIS 服务器上，通过为不同的网站设置不同的 IP 地址，来实现多个网站的访问。

1）在服务器上设置两个 IP 地址，分别是 10.10.1.2 和 10.10.1.4，如图 4-4-7 所示。

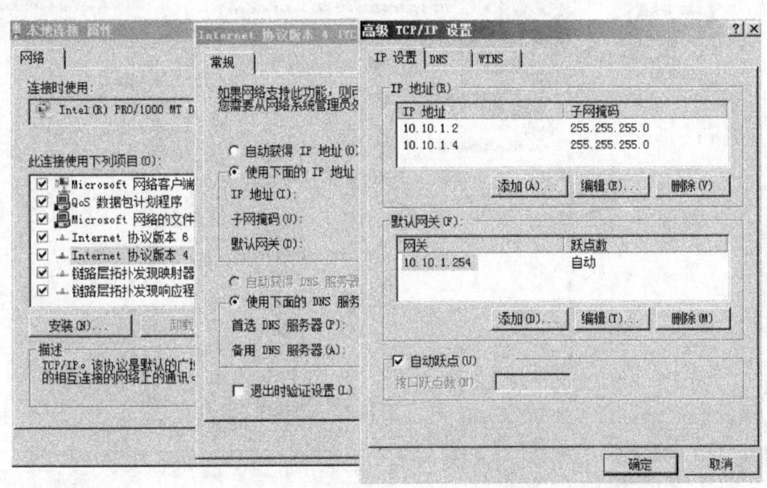

图 4-4-7　服务器上绑定多个 IP 地址

2）假设两个网站的内容均存放在服务器 C:\web1 和 C:\web2 目录下，为了便于测试，需要在每个目录下创建 default.htm 文件（名称可以自定义），作为网站的首页，如图 4-4-8 所示。

3）为了防止默认的“Default Web Site”对实验产生影响，需要运行“IIS 信息服务管理器”，选中“Default Web Site”选项，在右侧的“操作”列表中，单击“停止”超链接，将默认网站停止，如图 4-4-9 所示。

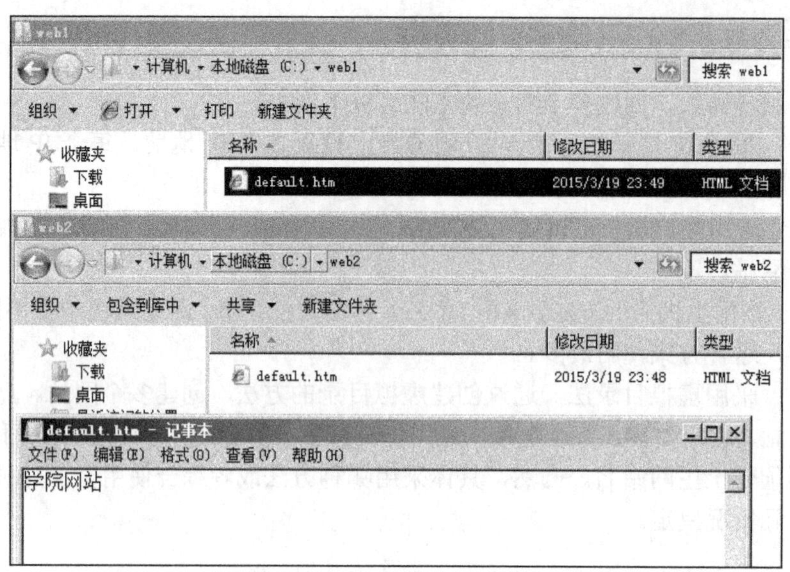

图 4-4-8　网站目录及首页文件

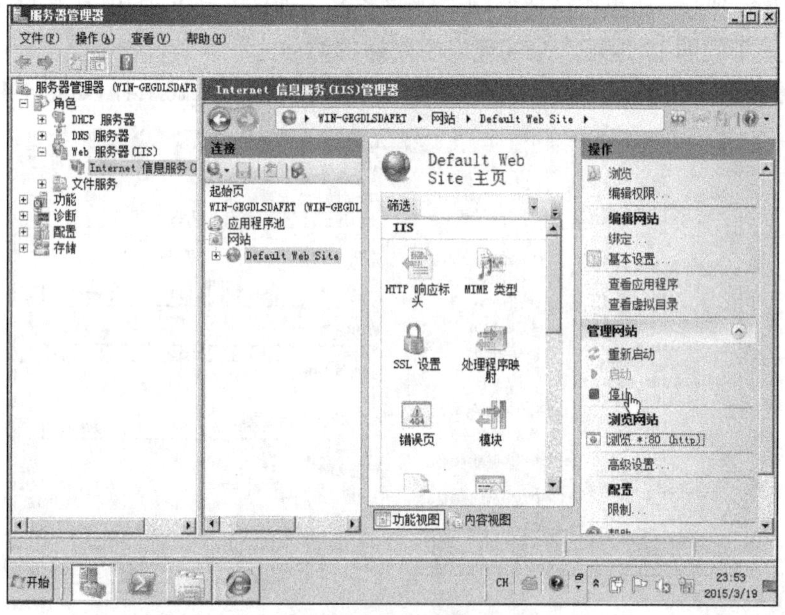

图 4-4-9　停止默认网站

4）在“连接”窗格的空白位置右击，在弹出的快捷菜单中选择“添加网站”命令，打开新建网站对话框，如图 4-4-10 所示。

5）打开的“添加网站”对话框，在“网站名称”文本框中，输入将要添加的网站的名称，在“物理路径”文本框选择要添加的网站位置，在“IP 地址”下拉列表中，选择要添加的网站绑定的地址，在“端口”文本框中，指定网站所绑定的端口（默认为 80），在“主机名”文本框中输入要创建的网站的主机名，由于本例是基于 IP 地址来添加网站，因此无需填写，设置好以后，单击“确定”按钮，创建第一个学院网站，如图 4-4-11 所示。

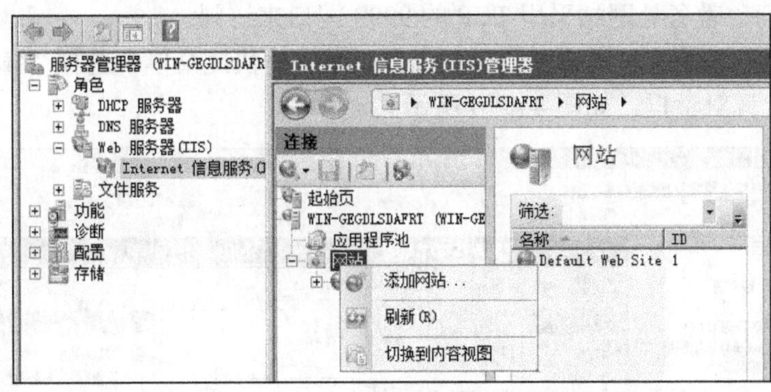

图 4-4-10　添加网站

6）使用上述步骤相同的方法，创建第二个教务处网站，如图 4-4-12 所示。

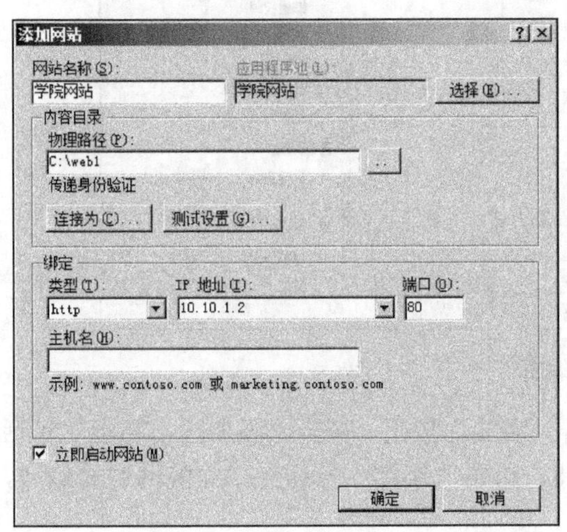

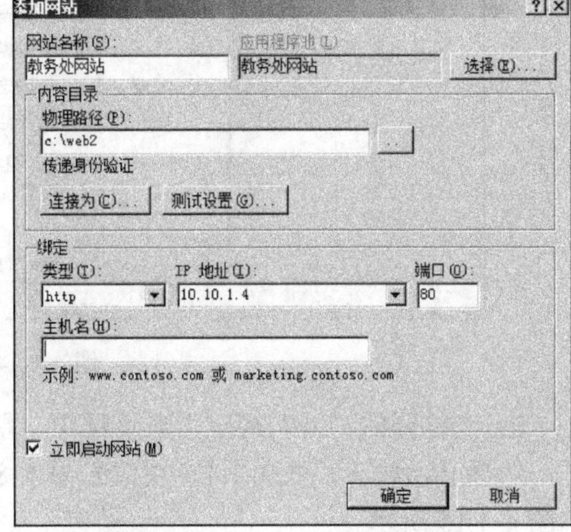

图 4-4-11　添加学院网站　　　　图 4-4-12　添加教务处网站

7）在客户端的测试，通过 http://ip 地址的方式就可以访问网站，测试结果如图 4-4-13 所示。

图 4-4-13　测试结果

4．使用端口法创建 Web 站点（以上述两个网站为例）

在安装 IIS 时，创建的第一个网站（默认网站）将使用 TCP 的 80 端口。实际上，还可以使用其他端口，在这里还是以上述两个网站为例进行修改。假设学院网站采用 TCP 的 8888 端口来访问，教务处网站采用 TCP 的 9999 端口来访问。

1）在“连接”窗格中，右击学院网站上，在弹出的快捷菜单中选择“编辑绑定”命令，打开“网站绑定”对话框，如图 4-4-14 所示。

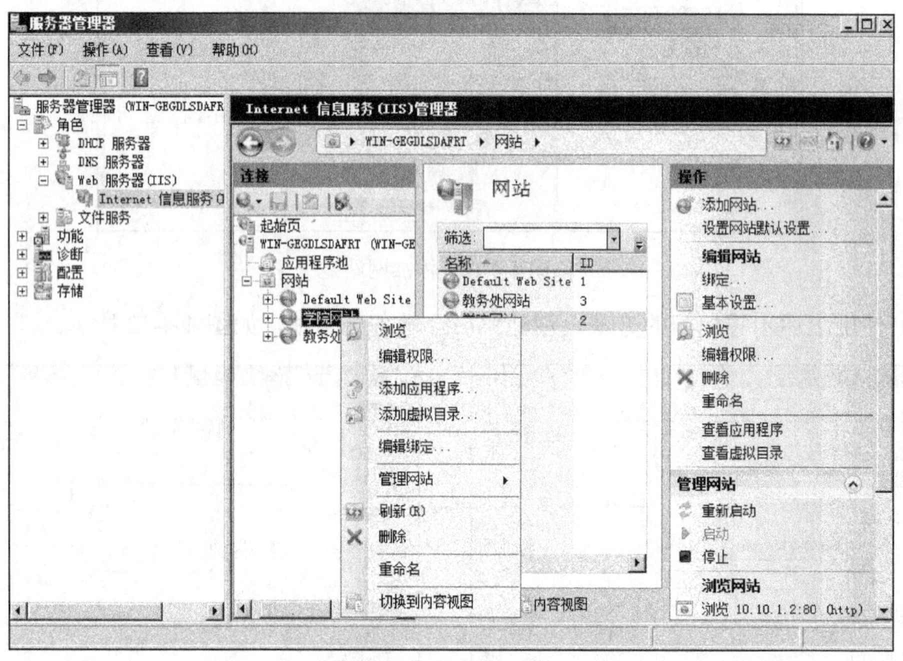

图 4-4-14　编辑绑定

2）在打开的“网站绑定”对话框中，单击“添加”按钮，打开“添加网站绑定”对话框，选择 IP 地址为 10.10.1.4，端口号输入 8888，单击“确定”按钮完成学院网站的修改，如图 4-4-15 所示。

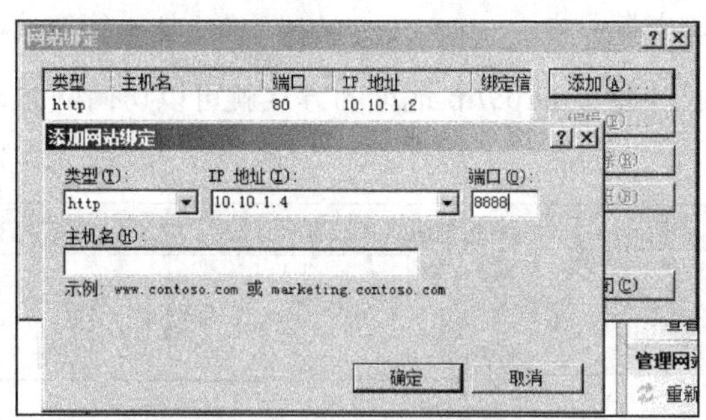

图 4-4-15　编辑绑定修改

3）重复上述步骤，选择 IP 地址为 10.10.1.4，端口号为 9999，单击“确定”按钮完成教务处网站的修改。

4）在客户端的测试，通过 http://ip 地址的方式就可以访问网站。

5. 使用主机头名创建 Web 站点（以上述两个网站为例）

在实际的应用中，创建 Web 站点使用最多的就是“主机头名”法。对于提供服务器托管的公司也只有一个合法的 IP 地址，在一个服务器上旋转多个不同域名的网站，就是使用“主机头名”的方法来实现的。

假设学院网站采用域名 www.wzvtc.cn，教务处网站采用 jwc.wzvtc.cn。

1）在“连接”窗格中，右击学院网站，在弹出的快捷菜单中选择“编辑绑定”命令，打开“网站绑定”对话框，如图 4-4-14 所示。

2）在打开的“网站绑定”对话框中，单击“添加”按钮，在打开的“添加网站绑定”对话框中选择 IP 地址为 10.10.1.4，端口号输入 80，主机名为 www.wzvtc.cn，单点“确定”按钮完成学院网站的修改，如图 4-4-16 所示。

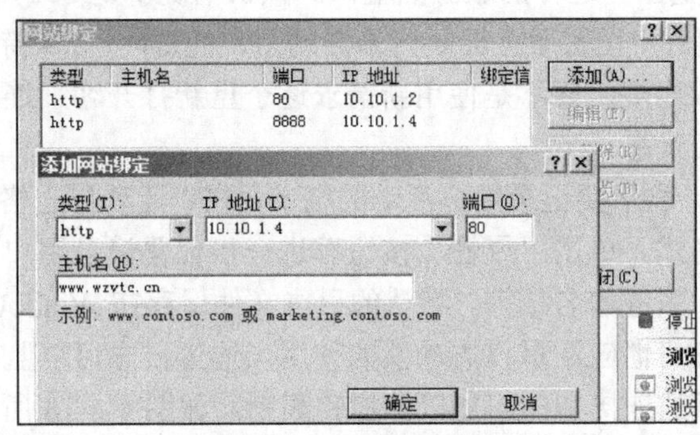

图 4-4-16 编辑绑定修改

3）重复上述步骤，选择 IP 地址为 10.10.1.4，端口号为 80，主机名为 jwc.wzvtc.cn，单击“确定”按钮完成教务处网站的修改。

4）在客户端的测试，通过 http://ip 地址的方式就可以访问网站。

6. 管理 Web 服务器

无庸置疑，站点的安全性是一个相当重要的话题。随着黑客技术的提高，在动辄听说某某网站又被攻破的今天，各用户时刻提心吊胆。同时，随着企业信息化程度的不断提高以及 B2B、B2C 等电子商务模式的不断深入人心，越来越多的敏感数据被包含在企业内部网站和商业站点中，一旦这些信息丢失，后果将不堪设想。时至今日，Web 站点的管理是一个 Web 管理员最重要的日常工作。在 Web 站点建立好之后，需要进一步进行管理及设置站点。

（1）网站编辑

在网站的属性页上主要设置标志参数、连接、启用日志记录，主要有以下内容。

1）描述：在“说明”文本框中输入对该站点的说明文字，用它表示站点名称。这个名称会出现在 IIS 的树状目录中，通过它来识别站点。

2）IP 地址：设置此站点使用的 IP 地址，如果构架此站点的计算机中设置了多个 IP 地址，可以选择对应的 IP 地址。若站点要使用多个 IP 地址或与其他站点共用一个 IP 地址，则可以通过“高级”按钮设置，如图 4-4-17 所示。

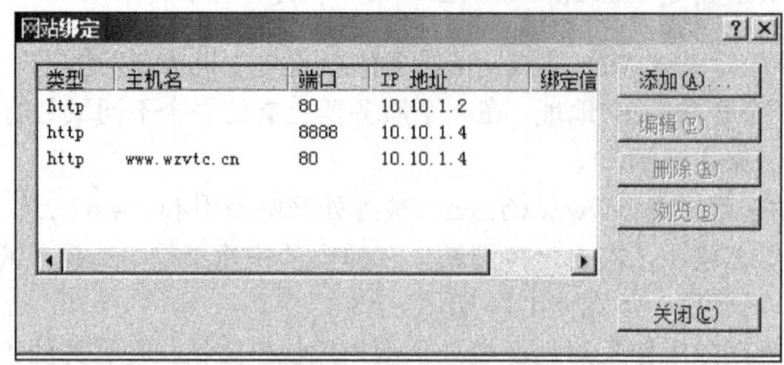

图 4-4-17　网站绑定

3）TCP 端口：确定正在运行的服务的端口。默认情况下是 80。

4）连接：“连接超时”设置服务器断开未活动用户的时间；“保持 HTTP 连接”允许客户保持与服务器的开放连接，而不是使用新请求逐个重新打开客户连接，禁用则会降低服务器性能，默认为激活状态。

5）启用日志记录：表示要记录用户活动的细节，在“活动日志格式”下拉列表框中可选择日志文件使用的格式。单击“属性”按钮可进一步设置记录用户信息所包含的内容，如用户 IP、访问时间、服务器名称等。默认的日志文件保存在 Windows\system32 \LogFiles 子目录下。良好的管理习惯应注重日志功能的使用，通过日志可以监视访问本服务器的用户、内容等，对不正常的连接和访问加以监控和限制，如图 4-4-18 所示。

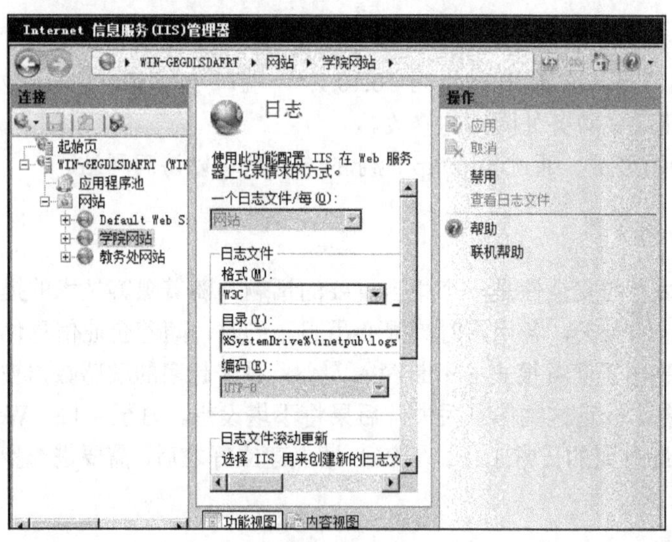

图 4-4-18　网站日志

（2）网站主目录

可以设置网站所提供的内容来自何处，内容的访问权限以及应用程序在此站点的执行许可。网站的内容包含各种让用户浏览的文件，如 HTML 文件、ASP 程序文件等，这些数据必须指定一个目录来存放，如图 4-4-19 所示，而主目录所在的位置有 3 种选择。

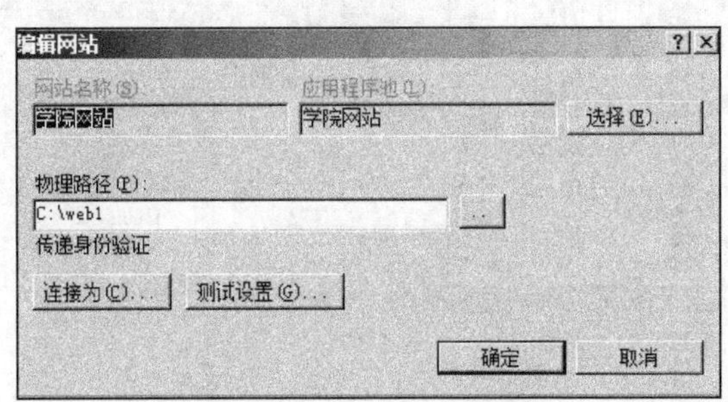

图 4-4-19 主目录属性页

1）此计算机上的目录：表示站点内容来自本地计算机。

2）另一计算机上的共享位置：站点的数据可以在局域网上其他计算机中的共享位置，注意要在网络目录文本框中输入其路径。并单击“连接为”按钮设置有权访问此资源的域用户账户和密码。

3）重定向到 URL（U）：表示将连接请求重新定向到别的网络资源，如某个文件、目录、虚拟目录或其他的站点等。选择此项后，在重定向到文本框中输入上述网络资源的 URL 地址。

在这个属性页下还有其他的设置选项。

1）执行权限：设置对该站点或虚拟目录资源进行何种级别的程序执行。“无”只允许访问静态文件，如 HTML 或图像文件；“纯脚本”只允许运行脚本，如 ASP 脚本；“脚本和可执行程序”可以访问或执行各种文件类型，如服务器端存储的 CGI 程序。

2）应用程序池：选择运行应用程序的保护方式。可以是与 Web 服务在同一进程中运行（低），与其他应用程序在独立的共用进程中运行（中），或者在与其他进程不同的独立进程中运行（高）。

（3）编辑网站限制编辑网站限制，主要是对带宽和网络连接数进行设置

1）限制带宽使用：如果计算机上设置了多个 Web 站点，或是还提供其他的 Internet 服务，如文件传输、电子邮件等，那么就有必要根据各个站点的实际需要，来限制每个站点可以使用的带宽。要限制 Web 站点所使用的带宽，只要选中“限制带宽使用”复选框，在“最大带宽”文本框中输入设置数值即可。

2）连接限制：“不受限制”表示允许同时发生的连接数不受限制；“连接限制为”表示限制同时连接到该站点的连接数，在对话框中键入允许的最大连接数，如图 4-4-20 所示。

（4）默认文档

默认文档主要是对 Web 网站的首页文件名、文档页脚的设置。

1）启动默认内容文档：默认文档可以是 HTML 文件或 ASP 文件，当用户通过浏览器连接至 Web 站点时，若未指定要浏览哪一个文件，则 Web 服务器会自动传送该站点的默认文档供用户浏览。例如，通常将 Web 站点主页 default.htm、default. asp 和 index.htm 设为默认文档，当浏览 Web 站点时会自动连接到主页上。如果不启用默认文档，则会将整个站点内容以列表形式显示出来供用户自己选择。

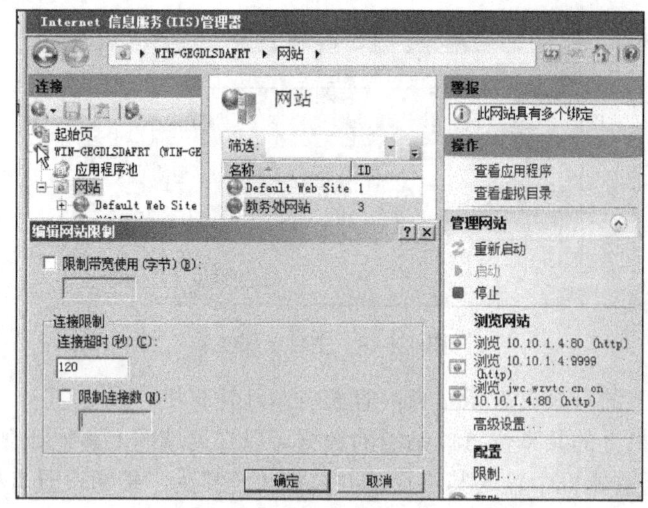

图 4-4-20　编辑网站限制

2）启用文档页脚：选择此项，系统会自动将一个 HTML 格式的页脚附加到 Web 服务器所发送的每个文档中。页脚文件不是一个完整的 HTML 文档，只包括需要用于格式化页脚内容外观和功能的 HTML 标签，如图 4-4-21 所示。

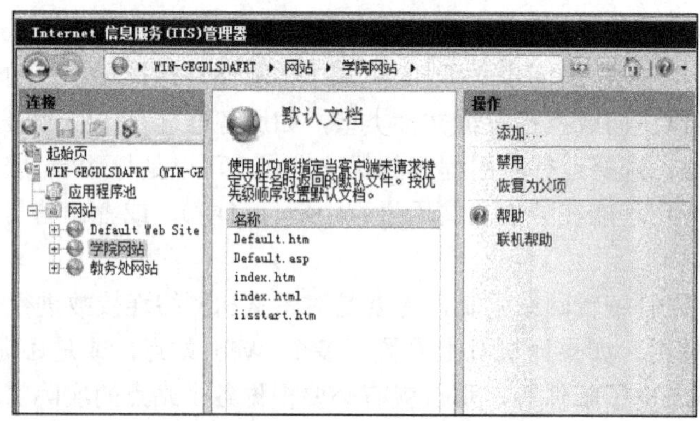

图 4-4-21　文档属性页

（5）IP 地址和域名控制

IP 地址和域名控制是设定客户访问 Web 站点的范围，其方式为授权访问和拒绝访问，默认情况下，系统不会安装此功能，需要手动安装，如图 4-4-22 所示。

1）授权访问：开放访问此站点的权限给所有用户，并可以在“下列地址例外”列表中加入不受欢迎的用户 IP 地址。

2）拒绝访问：不开放访问此站点的权限，默认所有人不能访问该站点，在“下列地址例外”列表中加入允许访问站点的用户 IP 地址，使它们具有访问权限。

合理地设置“授权访问”和“拒绝访问”可以有效提高 WWW 服务器的安全，当服务器只供内部用户使用时，设置适当的“授权访问”IP 地址列表，可以保护服务器不受外部的攻击。

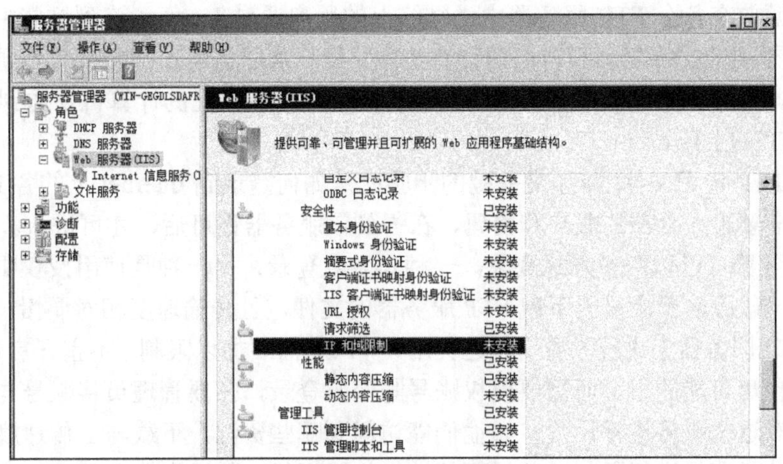

图 4-4-22 IP 地址和域名限制

任务五 FTP 服务器配置与管理

任务说明

FTP 用于 Internet 上的控制文件的双向传输。同时，它也是一个应用程序，用户可以通过它把自己的 PC 与世界各地所有运行 FTP 协议的服务器相连，访问服务器上的大量程序和信息。在 FTP 的使用中，用户经常遇到两个概念："下载"和"上传"。"下载"文件就是从远程主机复制文件至自己的计算机上；"上传"文件就是将文件从自己的计算机中复制至远程主机上。用 Internet 语言来说，用户可通过客户机程序向（从）远程主机上传（下载）文件。

任务分析

本任务要求能够在 Windows Server 2008 R2 系统中进行 FTP 服务器的配置与管理，并能够在客户端上使用浏览器和命令行，实现对网络文件的访问。因此，完成本任务需要掌握以下知识：

1）FTP 服务器的基本知识。

2）FTP 的常用术语。

1. FTP 服务器的基本知识

在网络的客户端建立时，FTP 的主要作用就是让用户连接上一个远程计算机（这些计算机上运行着 FTP 服务器程序）查看远程计算机有哪些文件，然后把文件从远程计算机上复制到本地计算机，或把本地计算机的文件送到远程计算机去。实际上，FTP 服务就是将各种可用资源放在各个 FTP 服务器中，网络上的用户通过 Internet 连到这些主机上，并且使用 FTP 将想要的文件复制到自己的计算机中。用户从服务器上把文件或资源传送到自己的客户机上，称为 FTP 的下载。如果用户要将一个文件从自己的计算机发送到 FTP 服务器上，称为 FTP 的上传。

在使用 FTP 传送文件之前，最关键的步骤就是如何登录到 Internet 上的各 FTP 服务器。登录时用户需要输入合法的账户和密码，在得到该服务器许可后，才可进入。

FTP 服务器可以以两种方式登录，一种是匿名登录，另一种是使用授权账号与密码登录。其中，一般匿名登录只能下载 FTP 服务器的文件，且传输速度相对要慢一些，当然，这需要在 FTP 服务器上进行设置，对这类用户，FTP 需要加以限制，不宜开启过高的权限，在带宽方面也尽可能的小。而需要授权账号与密码登录，需要管理员将账号与密码告诉网友，管理员对这些账号进行设置，如他们能访问到哪些资源，下载与上传速度等，同样管理员需要对此类账号进行限制，并尽可能地把权限调低，如没十分必要，一定不要给账号赋予管理员的权限。

FTP 服务器不仅可以在 Internet 中应用，也可以在企业内部网络中设置。无论 FTP 站点是在企业内部网络还是在 Internet 上，使用 FTP 在所提供的位置上上传和下载文件的原理是相同的。将文件放在 FTP 服务器上的目录中以便用户可以建立 FTP 连接，然后通过 FTP 客户端或启用 FTP 的 Web 浏览器进行文件传输。除了在服务器上存储文件之外，还必须对服务器进行配置，以及进行合理的管理。

2. FTP 的常用术语

（1）传输方式

FTP 的传输有两种方式：ASCII 码和二进制。假定用户正在复制的文件包含的简单 ASCII 码文本，如果在远程机器上运行的不是 UNIX，当文件传输时 FTP 通常会自动地调整文件的内容以便于把文件解释成另外那台计算机存储文本文件的格式。

但是常常有这样的情况，用户正在传输的文件包含的不是文本文件，它们可能是程序、数据库、字处理文件或者压缩文件。在复制任何非文本文件之前，用 BINARY 命令告诉 FTP 逐字复制。

在二进制传输中，保存文件的位序，以便原始和复制的是逐位一一对应的。即使目的地机器上包含位序列的文件是没意义的。例如，macintosh 以二进制方式传送可执行文件到 Windows 系统，在对方系统上，此文件不能执行。

（2）支持模式

FTP 支持两种模式：Standard（PORT 模式、主动方式）和 Passive（PASV、被动方式）。

所谓 Standard 模式，FTP 客户端首先和服务器的 TCP 21 端口建立连接，用来发送命令，客户端需要接收数据的时候在这个通道上发送 PORT 命令。PORT 命令包含了客户端用什么端口接收数据。在传送数据的时候，服务器端通过自己的 TCP 20 端口连接至客户端的指定端口发送数据。FTP 服务器必须和客户端建立一个新的连接用来传送数据。

在 Passive 模式中，建立控制通道和 Standard 模式类似，但建立连接后发送 PASV 命令。服务器收到 PASV 命令后，打开一个临时端口（端口号大于 1023 小于 65535）并且通知客户端在这个端口上传送数据的请求，客户端连接 FTP 服务器此端口，然后 FTP 服务器将通过这个端口传送数据。

很多防火墙在设置的时候是不允许接受外部发起的连接的，所以许多位于防火墙后或内网的 FTP 服务器不支持 PASV 模式，这是因为客户端无法穿过防火墙打开 FTP 服务器的高端端口；而许多内网的客户端不能用 PORT 模式登录 FTP 服务器，这是因为从服务器的 TCP 20 无法和内网建立一个新的连接，造成无法工作。

实现步骤

要实现在 Windows 网络中的 FTP 服务，首先选择一台已经安装 Windows Server 2008 R2 系统的计算机，确认其已安装了 TCP/IP 协议，然后将自己的 IP 地址设为静态，即固定地址。接下来，以学校实际应用为主要需求建立一台域名服务器，要求如下：

1）学校申请的域名为 wzvtc.cn，已经通过域名 ftp.wzvtc.cn 解析到 FTP 服务器，其 IP 地址为 10.10.1.6，FTP 物理路径为 C:\ftp_root，要求管理员将这台服务器配置成全校资源共享使用，匿名用户只能下载，不能上传，admin 用户可以上传下载文件。

2）FTP 服务器的基本设置。

3）客户端测试 FTP 服务。

1. 安装 FTP 服务

Windows 系统中的 FTP 服务是基于 IIS 创建的，默认在安装 Web 服务器角色的时候并不会自动安装，因此需要在服务器管理器中手动添加。

1）打开“添加角色服务”对话框，在“角色服务”列表中选择“FTP 服务器”，如图 4-5-1 所示。

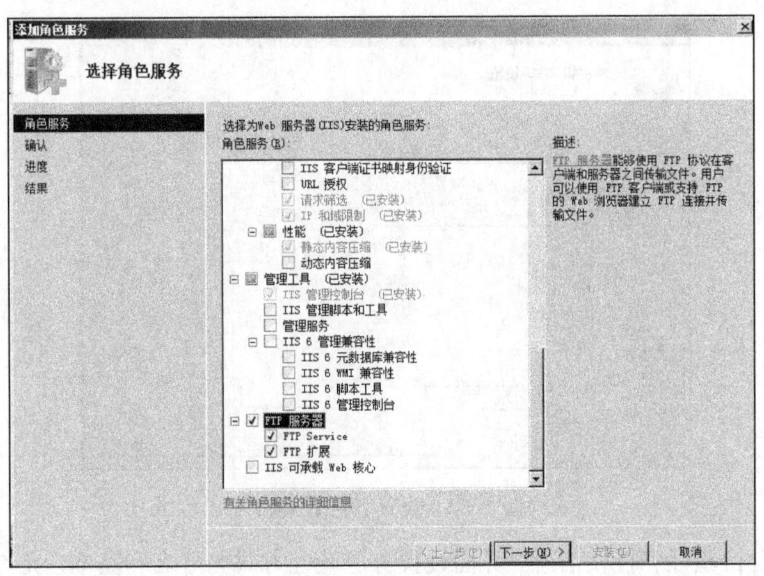

图 4-5-1　安装 FTP 服务

2）在“添加角色服务”对话框中确认安装选择，确认无误后单击“安装”按钮进行安装。

2. 添加 FTP 站点

1）打开“Internet 信息服务管理器”窗口，右击左侧窗格中的“网站”，在弹出的快捷菜单中选择“添加 FTP 站点”命令。

2）在打开的“添加 FIP 站点”对话框的站点信息界面中，输入 FTP 站点的名称和物理路径，单击“下一步”按钮，如图 4-5-2 所示。

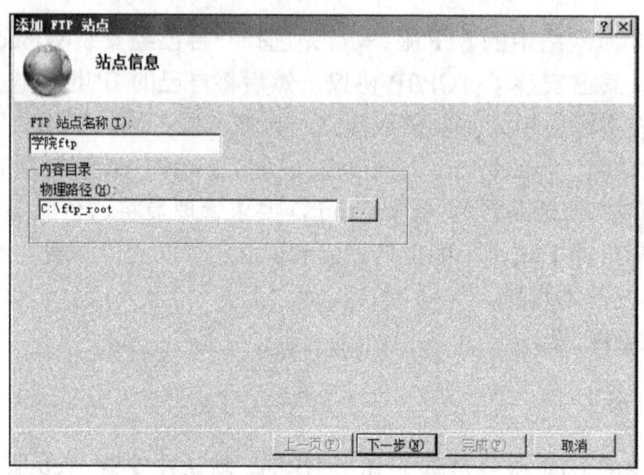

图 4-5-2　设置站点名称和物理路径

3）在“绑定和 SSl 设置”界面中设置绑定的 IP 地址，SSL 设置为无，其他设置保持默认，如图 4-5-3 所示。

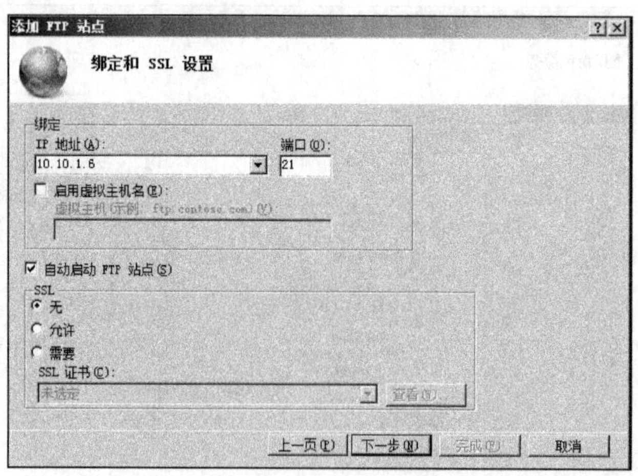

图 4-5-3　设置绑定 IP 地址

4）在“身份验证和授权信息”界面设置身份验证方式为匿名和基本，允许所有用户读取，单击“完成”按钮，如图 4-5-4 所示。

图 4-5-4 设置身份验证方式及匿名用户权限

5）在“Internet 信息服务（IIS）管理器”窗格中单击刚刚建立的 FTP 站点，在右侧窗格中双击“FTP 授权规则”图标，如图 4-5-5 所示。

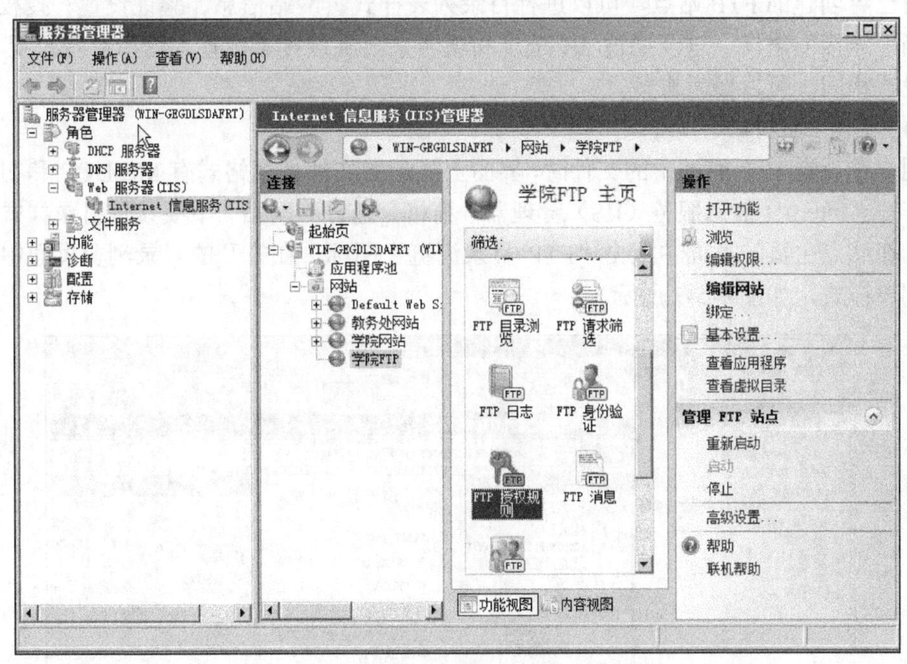

图 4-5-5 设置 FTP 授权规则

6）在打开的“FTP 授权规则”窗格中，单击“添加允许规则”按钮，打开“添加允许授权规则”对话框进行设置（允许 admin 用户上传下载），如图 4-5-6 所示。

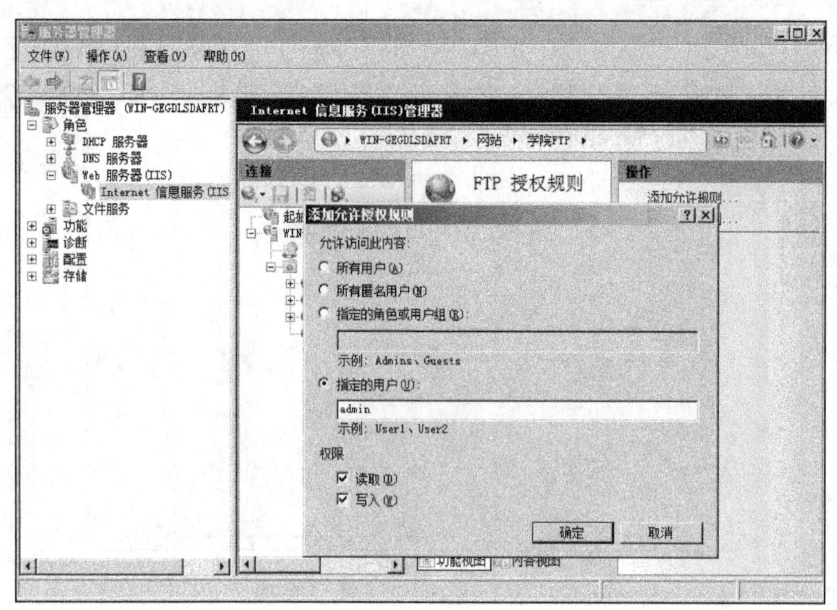

图 4-5-6 设置授权

3. FTP 站点的基本设置

对已经创建的 FTP 站点，可以进行目录列表样式、网站信息、验证设置、授权设置、查看当前连接的用户，以及通过 IP 地址和域名来限制连接等设置，这里有些设置与 Web 网站设置相同，可以参考进行。

（1）目录列表样式

用户在查看 FTP 网站中的文件时，界面上显示的文件列表格式有 MS-DOS 和 UNIX 两种，打开“Internet 信息服务（IIS）管理器”窗格，选择“网站”下要设置目录样式的 FTP 站点，在站点主页的页面中双击“FTP 目录浏览”图标，在打开的目录浏览页面中会显示目录列表样式，如图 4-5-7 所示。

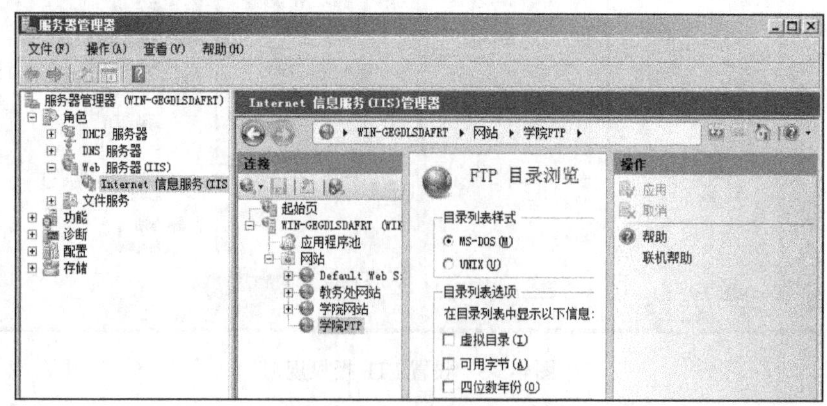

图 4-5-7 设置目录列表样式

（2）FTP 站点的信息设置

可以为 FTP 网站设置显示信息，用户在连接 FTP 网站时就会看到这些信息。选择要设置的 FTP 站点，双击“FTP 消息”图标，打开 FTP 站点的“FTP 消息”窗格，如图 4-5-8 所示。

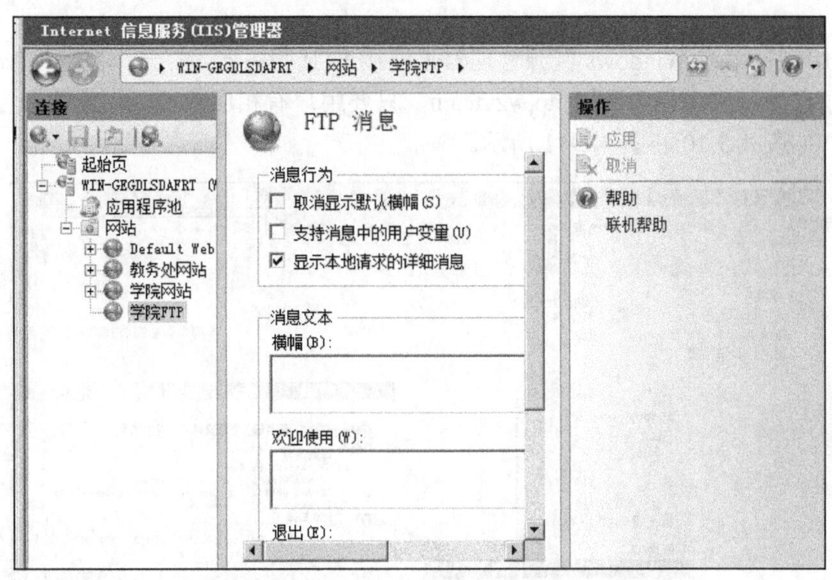

图 4-5-8 “FTP 消息”窗格

（3）身份验证与权限设置

FTP 站点的身份验证设置与 Web 站点设置很相似，有匿名身份验证与基本身份验证等方式。双击 FTP 站点主界面中的“FTP 授权规则”图标，打开“FTP 授权规则”窗格，可以设置用户访问权限，如图 4-5-9 所示。

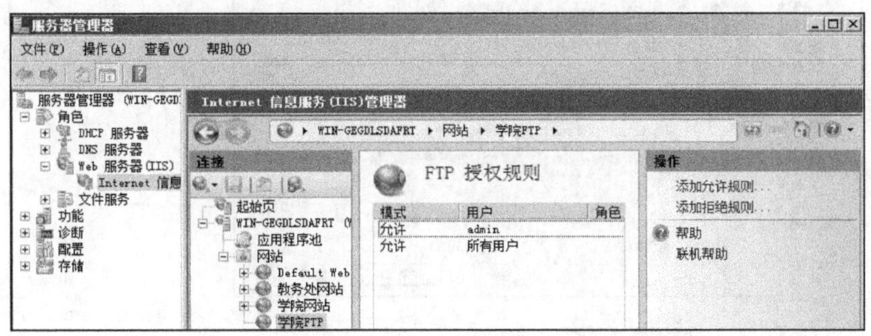

图 4-5-9 设置身份验证与权限

4. 使用 FTP 客户端

用户对 FTP 服务的访问有两种形式，具体如下。

第一种：匿名 FTP。匿名 FTP 允许远程用户访问 FTP 服务器，前提是可以同服务器建立物理连接。无论用户是否拥有该 FTP 服务器的账号，都可以使用用户名 anonymous 进行登录，一般以 E-mail 地址作口令。

第二种：用户 FTP。用户 FTP 方式为已在服务器建立了特定账号的用户使用，必须以用户名和口令来登录。

FTP 客户端可以通过浏览器或资源管理器、FTP 命令行、第三方 FTP 工具等方式来连接。

1）使用浏览器或 Windows 资源管理器来连接 FTP 服务器，打开浏览器或 Windows 资源管理器，在地址栏中输入 ftp://ftp.wzvtc.cn，只要用户有相应的权限，就能进行文件的上传与下载，如图 4-5-10 和图 4-5-11 所示。

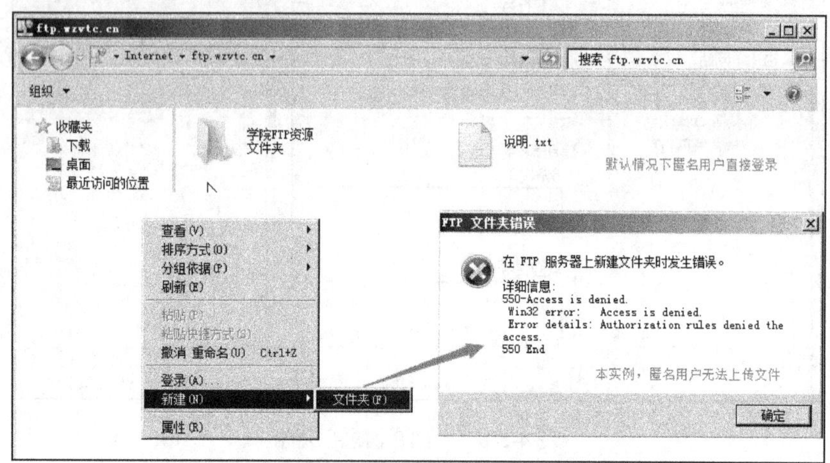

图 4-5-10　匿名用户登录

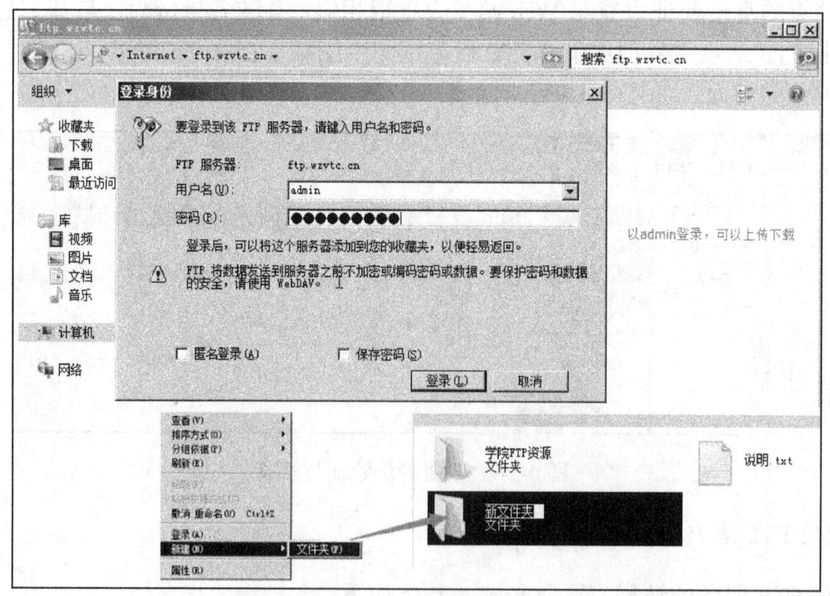

图 4-5-11　本地用户登录

2）在命令提示符下，输入 ftp ftp.wzvtc.cn，根据命令提示输入用户名和密码，如果使用匿名方式登录，在用户名处输入 anonymous，在密码处输入任一个邮件地址或直接按 Enter 键，结束与远程计算机的 FTP 会话并退出 FTP，可输入 bye，如图 4-5-12 所示。

```
管理员: 命令提示符 - ftp  ftp.wzvtc.cn

C:\Users\Administrator>ftp ftp.wzvtc.cn
连接到 ftp.wzvtc.cn。
220 Microsoft FTP Service
用户(ftp.wzvtc.cn:(none)): anonymous
331 Anonymous access allowed, send identity (e-mail name) as password.
密码:
230 User logged in.
ftp> dir
200 PORT command successful.
125 Data connection already open; Transfer starting.
03-20-15  02:18AM       <DIR>          学院FTP资源
03-20-15  02:22AM       <DIR>          新文件夹
03-20-15  02:19AM                    0 说明.txt
226 Transfer complete.
ftp: 收到 150 字节，用时 0.00秒 150000.00千字节/秒。
ftp>
```

图 4-5-12　命令行登录

3）第三方 FTP 工具。常见的第三方 FTP 工具有 CuteFTP、LeapFTP、FlashFXP 等，这三者被并称为 FTP“三剑客”；它们功能完善，操作方便简捷，即支持文件下载，也支持文件上传，而且支持上传、下载的断点续传，实际使用中它们更多用于文件上传，以 FlashFXP 为例，首先需要进行基本的配置。

① 打开 FlashFXP，选择“站点”→“站点管理器”命令，在“站点管理器”对话框中，单击“新建站点”按钮，在打开的“创建新的站点”对话框中，输入一个站点名称，如图 4-5-13 所示。

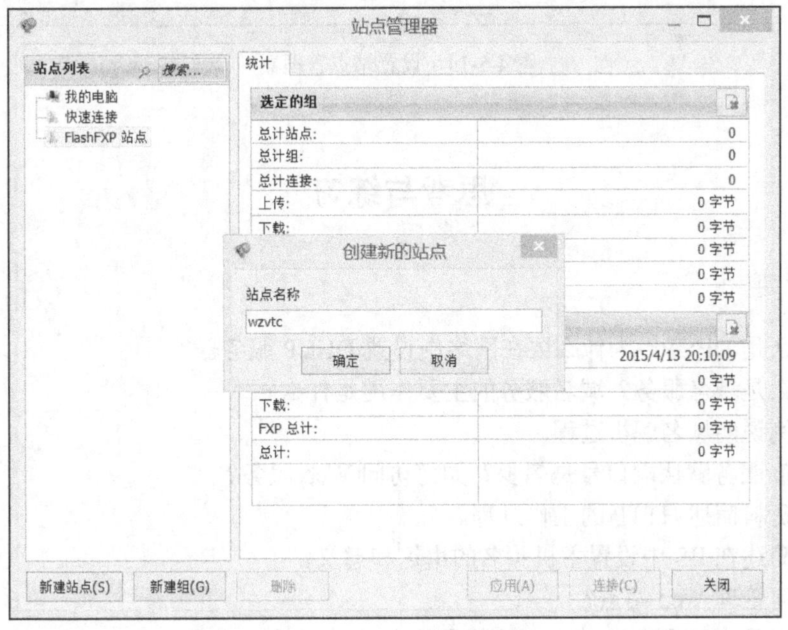

图 4-5-13　站点管理器

② 选择“常规”选项卡，输入 FTP 服务器的地址，选择登录类型为匿名，端口等其他设置保持默认，如图 4-5-14 所示；然后单击“应用”按钮，站点就设置好了。单击“连接”按钮，连接站点。连接上站点之后，在本地磁盘，找到要上传的站点目录，选中后右击，在弹出的快捷菜单中选择“传输”命令。上传、下载文件就可以轻易实现了。

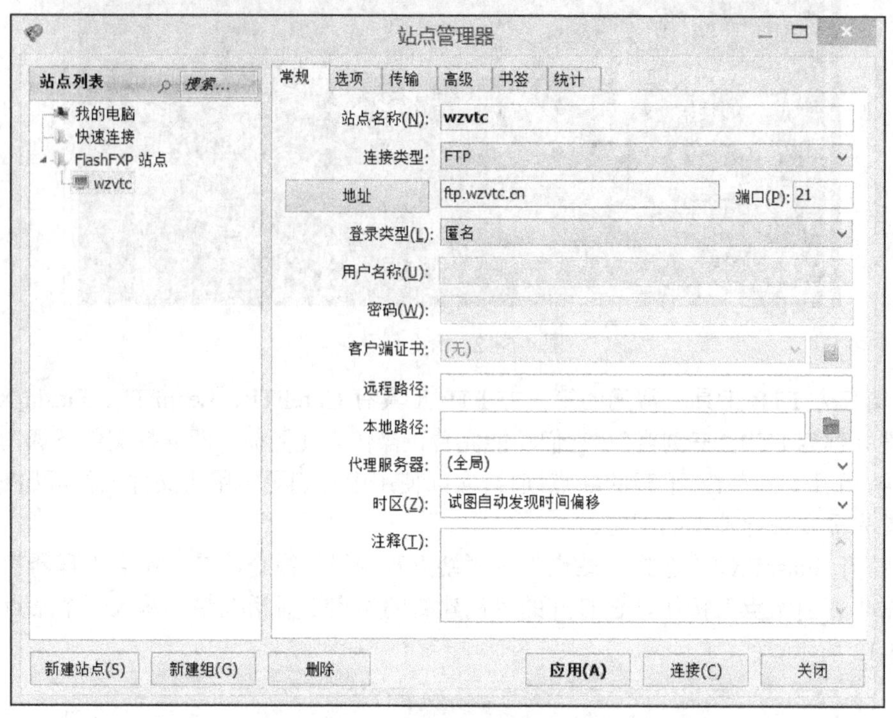

图 4-5-14　设置站点管理器

思考与练习

1. 思考题

（1）什么是 DHCP？为什么要在网络中设置 DHCP 服务器？
（2）什么是域名服务？域名服务的主要作用是什么？
（3）举例说明域名解析过程。
（4）Web 服务默认端口号是多少？如何访问 Web 服务？
（5）查资料简述 HTTP 的工作过程。
（6）请简述在 IIS 中设置主机头名的用途和意义。
（7）如何管理 Web 站点？
（8）什么是 FTP 服务？其主要功能是什么？
（9）FTP 客户端可以通过哪几种方式连接 FTP 服务器？

2. 练习题

（1）在 DHCP 的客户端的命令提示符下键入：ipconfig/all。请分析出现的结果。

（2）某学校网络配置 DHCP，假设只有 255 个可供分配的 IP 地址资源，现要求如下：

➢ IP 地址范围为 192.168.0.1～192.168.0.254，要分配给校园内部 300 台计算机。并能访问 Internet。

➢ 校级领导所使用的主机 IP 地址固定不变，其他教职员工的 IP 地址可随时改变。

（3）假设某学校需建立一台域名服务器，条件要求如下：

➢ 该学校拥有一个 A 类网络地址 10.0.0.0。

➢ 学校域名注册为 wzy.com。

➢ 要解析的域名有 www.wzy.com（10.10.10.10）、ftp.wzy.com（10.10.10.20）。

（4）练习安装 IIS，启动、暂停 WWW 服务。如何测试 Web 服务是否正常工作？

（5）假设某学校需要通过内部网络实现 WWW 服务，以便通过 WWW 向学校内部和外部发布信息。要求如下：

➢ 内部信息只有学校内部可以访问，并指定通过不同的域名地址访问。

➢ 可访问的域名地址为 http://www.abc.com、http://ftp.abc.com 等。

（6）假设某学校需要通过内部校园网实现 FTP 服务，以便通过 FTP 让教职员工共享文件，服务器地址为 ftp.abc.com。要求如下：

➢ 为学生提供文件下载服务，但不能上传。

➢ 对有特殊要求的教师提供文件上传功能。

➢ 限制恶意用户的连接。

项目五 Windows 系统安全

在操作系统中，安全始终是大家最为关注，也是最为担心的问题。Windows 作为使用极为广泛的操作系统，当然也成为众多恶意行为的攻击目标。Windows 7 系统被称为 Windows 系统中最安全的一个版本，在使用中发现 Windows 7 自身安全设置的相关功能比以往的系统有着很大的提升，各种安全设置也更加丰富；Windows 7 的服务器版本——Windows Server 2008 R2 在安全性方面也有了很大的提高和改善，但是仍然难以保证它们不受病毒、黑客或木马的袭击；为了更好地保证这些 Windows 系统的安全，用户使用了各式各样的专业安全工具，对系统进行安全“护驾”。其实，Windows 系统自身已经具有较强的安全防范性能，对系统进行了一些必要的安全配置，为系统全面布设安全防线，可以让系统更加安全。

本项目以 Windows 7 操作系统为例，从构建安全的操作系统为出发点，主要介绍操作系统安全的几个设置点，项目的活动任务如下：

1）系统安全设置。

2）系统安全防护。

任务一 系统安全设置

任务说明

随着互联网的普及，病毒和木马以及其他恶意程序的传播不断加快。一旦中招，很容易造成系统崩溃或个人隐私泄露，而如果中的是那些以金钱利益为目标的病毒或木马，带来的危害就更为严重，很可能造成财产的损失。考虑选择 Windows 7 时，安全和灵活性通常是最先考虑的因素。Windows 7 确实很安全，但并不是 100%的安全。用户需要运用相关知识、其他工具和配置以全面确保安全性，然后经常进行更新和检测。

任务分析

本任务要求使用 Windows 7 操作系统进行主要的安全设置。因此，完成本任务需要掌握以下知识：

1）系统更新升级。

2）操作系统的账户控制。

3）Windows 7 的安全设置。

4）本地安全策略。

5）BitLocker 磁盘加密。

6）系统备份还原。

在操作系统中，安全始终是大家最为关注，也是最为担心的问题。Windows 作为使用广泛的操作系统，当然也成为众多恶意行为的攻击目标。虽然 Microsoft 公司已经采取了不少的措施，但是在过去的 Windows 操作系统版本中，仍然因为种种安全问题而饱受诟病，好在大多数问题 Microsoft 可通过补丁升级的方式及时进行处理。Windows 7 被称为是 Windows 操作系统有史以来最安全的平台，各种设置非常丰富，不仅仅融入了更多的安全特性，而且原有的安全功能也得到了改进和加强。

1. 及时更新升级

即使采用了最新的操作系统，也不意味着计算机已经放进了一个保险箱中，所以还要时刻关注 Microsoft 公司官方站点发布的补丁程序。通常 Microsoft 公司在发现了某些有可能影响系统安全的漏洞之后，都会在其官方网站中发布系统补丁，这时用户应该在第一时间下载安装最新的补丁，及时堵住系统漏洞。

2. 加强账户控制

操作系统首要的安全因素，就是登录系统的账户和密码以及对计算机的控制权限。给系统加上登录密码，可以起到一定的保护作用，否则任何人都可以随时使用计算机，以 Windows 7 为例，还可以根据需要在系统中添加低权限用户，供他人使用，从而为系统加上第一道安全防线。

3. 加强安全设置

在 Windows 7 中，关于系统安全的设置非常丰富；自带的 IE 8 提供了多种安全防护功能，系统防火墙也进行了升级，当然也可以设置组策略，让系统变得更安全，不过组策略功能只在 Windows 7 专业版、旗舰版和企业版中提供。

4. 本地安全策略

对登录到计算机上的账号定义一些安全设置，在没有活动目录集中管理的情况下，本地管理员必须为计算机进行设置以确保其安全。例如，限制用户如何设置密码、通过账户策略设置账户安全性、通过锁定账户策略避免他人登录计算机、指派用户权限等。这些安全设置分组管理，就组成了的本地安全策略。本地安全策略影响本地计算机的安全设置，当用户登录到某台 Windows 计算机上时，就会受到此台计算机的本地安全策略的影响。

5. BitLocker 磁盘加密

BitLocker 驱动器加密最早是在 Windows Vista 中新增的一种数据保护功能，主要用于解决一个人们越来越关心的问题：由于计算机设备的物理丢失导致的数据失窃或恶意泄漏。在新一代操作系统 Windows 7 中也能使用此加密驱动。随同 Windows Server 2008 一同发布的有 BitLocker 实用程序，该程序能够通过加密逻辑驱动器来保护重要数据，还提供了系统启动完整性检查功能。

"BitLocker To Go"这一特性仅被配备在了 Windows 7 企业版和旗舰版上。其目标是让用户摆脱因 PC 硬件丢失、被盗或不当的淘汰处理而导致由数据失窃或泄漏构成的威胁。BitLocker 保护的计算机的日常使用对用户来说是完全透明的。在具体实现方面，BitLocker 主要通过两个主要子功能，完整的驱动器加密和对早期引导组件的完整性检查，及二者的结合来增强数据保护。其中，驱动器加密能够有效地防止未经授权的用户破坏文件以及系统对已丢失或被盗计算机的防护，通过加密整个 Windows 卷来实现。利用 BitLocker，所有用户和系统文件都可加密，包括交换和休眠文件。

6. 系统备份还原

在 Windows 7 中，只需 3 次单击操作便可配置备份设置，捕获所有个人文件和可选择的系统文件。即可以轻松地安排定期备份，以免忘记手动备份它们；也可以备份整个系统，或仅备份具体的文件；甚至还可以从许多高级备份选项中进行选择，如将文件备份到某个网络位置或将执行 ad-hoc 的系统备份到 DVD。

实现步骤

1. 自动更新

病毒、黑客之所以能入侵计算机，大多数是由于操作系统自身的漏洞造成的。利用 Windows 7 的自动更新功能可以自动检测系统漏洞，并提供相应的补丁来修复漏洞，从而确保系统始终处于一个相对安全稳定的状态。

如果用户在安装 Windows 7 时选择了"使用推荐设置"选项，则 Windows 7 会每天通过 Windows Update 自动检索 Microsoft 服务器提供的可用补丁程序，并自动下载和安装；如果选择了"以后询问我"选项，则需要用户手动开启 Windows 的自动更新功能。

1）进入控制面板，单击"系统和安全"超链接，在打开的"系统和安全"窗口中单击"Windows Update"超链接，进入自动更新，单击"检查更新"超链接会自动连接到 Microsoft 的官方网站，对系统进行检测，稍后会列出所有的计算机更新，单击"安装更新"按钮，自动下载安装系统更新，如图 5-1-1 所示。

2）单击"更改设置"超链接，选择"重要更新"选项组中的"检查更新，但是让我选择是否下载和安装更新"选项，在下方还可以设置安装新的更新的时间，最后单击"确定"按钮即可。这样以后有了更新时，系统会提示用户下载安装。

3）除了使用系统自带的更新功能修补系统，还可以使用一些第三方工具（如 360 安全卫士等），为系统修补漏洞。对于通过非正常途径获取的 Windows 7，最好不要安装所有的 Windows 7 更新，否则系统有可能被识别为盗版，需要激活才能使用。此时可使用第三方工具，有选择性地下载安装更新。

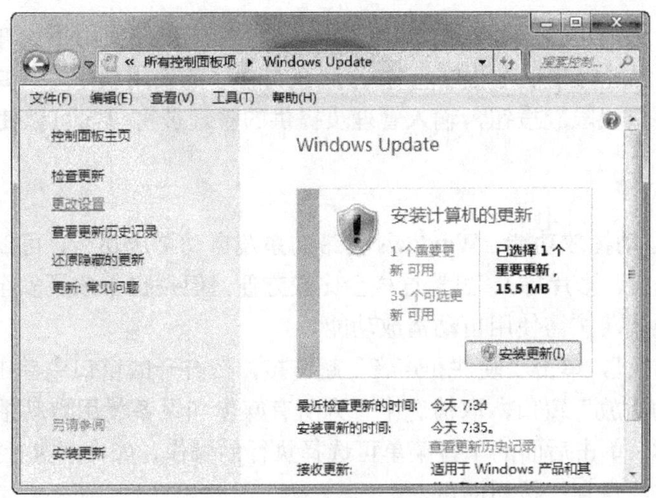

图 5-1-1 检查更新

2. 账户管理

1）选择“开始”→“控制面板”命令，在打开的控制面板窗口中，单击“用户账户和家庭安全”下的“添加或删除用户账户”超链接，打开“管理账户”窗口，再单击“创建一个新账户”超链接，输入账户名，选中“标准用户”单选按钮，最后单击“创建账户”按钮建立新的账户。

2）单击新建的账户进入“更改账户”窗口，单击“创建密码”超链接输入密码，然后单击“创建密码”按钮即可。通过这种方法为系统中的所有账户，特别是管理员级别的账户加上密码。这样开机后选择账户，必须输入密码才能登录系统。

3）使用“家长控制”。“家长控制”从字面上理解是提供给家长使用，让家长可以对孩子使用计算机进行全方位的监控，防止计算机网络给孩子带来的负面影响。其实，“家长控制”应该只是 Microsoft 公司为了体现监控功能起的名称，其本质上是管理和被管理的关系，是一种权限控制。用好“家长控制”，可以实现强大的账户管理和监控，具体操作如下：

① 打开控制面板，单击“用户账户和家庭安全”超链接，在打开的窗口中单击“家长控制”超链接，打开“家长控制”窗口，单击标准用户，此时会提示为系统中所有的管理员级别的账户设置密码，设置后进入“用户控制”窗口，选中“启用，应用当前设置”选项。

② 单击“时间限制”超链接切换窗口，在这里以星期和时间划分时间段，时间段为小时，表示星期几的某个时间，在方格中单击成蓝色时，当前时间则不可开机，方格是白色时则是开机时间，最后单击“确定”按钮完成设置。通过时间限制，我们可以很方便地控制标准用户使用计算机的时间。

③ 单击“允许和阻止特定程序”超链接，然后选中标准用户只能使用允许的程序单选按钮，此时会检测系统中可用的软件，被选中的软件就可以使用。例如，日常文字处理会使用 Office，则选中 Office 下的程序，对于某些没有检索到的程序，单击“浏览”按钮可

以进行手动添加，最后单击“确定”按钮即可。这样当用户在使用不允许的程序时，系统会提示“家长控制已经阻止这个程序”，如果想获得程序的使用权限，只要单击提示框上面的“请向管理员要求权限”按钮，输入管理员提供的管理员密码才可以使用。

3. 安全优化

1）按需设置自动播放功能。Windows 自带的系统自动播放功能，可以自动执行某些操作（如自动播放光盘、影片等）。虽然这样会比较方便，但是也带来了安全隐患，用户可以有针对性地进行设置，按需使用自动播放功能。

进入“控制面板”，单击“硬件和声音”超链接，在打开的窗口中单击“自动播放”超链接，打开“自动播放”窗口，取消选中“为所有媒体和设备使用自动播放”复选框，下面列举所有的媒体，单击后面的下拉菜单可选择执行的操作，如“不执行操作”“每次都询问”等，最后单击“保存”按钮即可。

2）关闭网络发现。处在局域网中的计算机，为了资源使用方便，常常会设置共享。在 Windows 7 中开启了网络发现后，不仅便于发现网络中的其他共享资源，同时也将自己暴露在共用网络中，因此在长时间无需资源共享时，最好暂时关闭网络发现功能。

进入控制面板，单击“网络和 Internet”超链接切换窗口，再单击“网络和共享中心”超链接进入设置中心，单击“更改高级共享设置”超链接，在打开的窗口中选择“网络发现”下的“关闭网络发现”选项，最后单击“保存修改”按钮即可。

3）开启 IE 8 的安全防护。浏览器是上网的主要途径，大部分病毒通过浏览器而来，在 Windows 7 中默认内置了 Internet Explorer 浏览器（简称 IE 8），安全性得到了大幅度提升，不过要想保护 IE 8 浏览器的安全，常用的设置还是不可或缺的。

① 打开 IE 8，选择“工具”→“Internet 选项”命令，打开“Internet 属性”对话框，选择“安全”选项卡，如图 5-1-2 所示。

② 安全设置中可以分别对 Internet、本地 Intranet、可信站点、受限站点 4 个区域进行设置，通过对滑块调整进行安全级别的更改，确定保存即可生效，如图 5-1-3 所示。

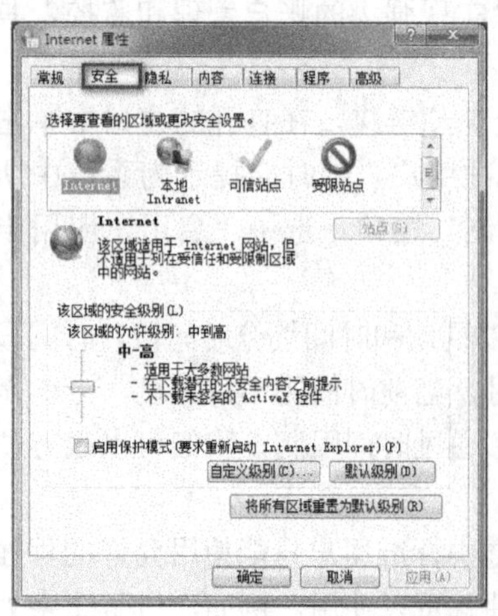

图 5-1-2 “Internet 属性”对话框

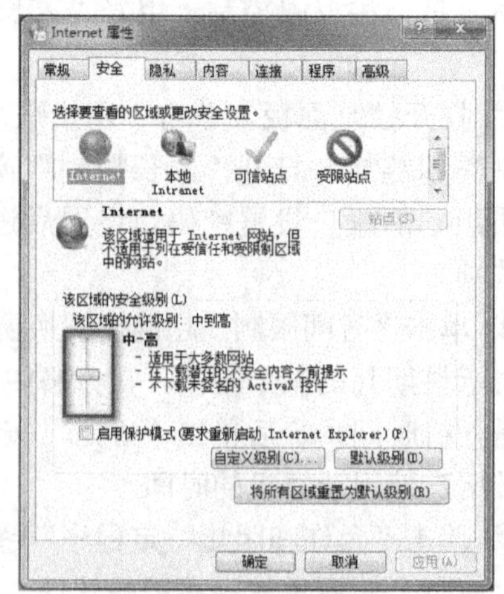

图 5-1-3 安全设置

③ 此外，可以按照用户的需求通过单击“自定义级别”按钮进行设置，如图 5-1-4 所示。

④ 对于不满意的自定义设置，可以进行“重置”，单击“确定”按钮即可。

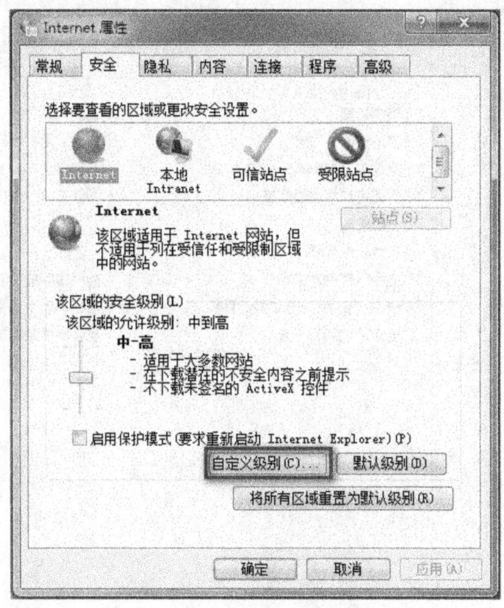

图 5-1-4　自定义级别

4. 本地安全策略

（1）启动本地安全策略

安全策略是影响计算机安全性的安全设置的组合。可以利用本地安全策略来编辑本地计算机上的账户策略和本地策略。Windows 7 系统自带安全管理工具“本地安全策略”，可以使系统更安全。

1）打开控制面板，单击“系统和安全”超链接，打开如图 5-1-5 所示的窗口。

图 5-1-5　系统和安全

2）在打开的“系统和安全”窗口中，单击“管理工具”超链接打开“管理工具”窗口，找到本地安全策略，打开“本地安全策略”窗口，单击“运行”按钮，如图 5-1-6 所示。

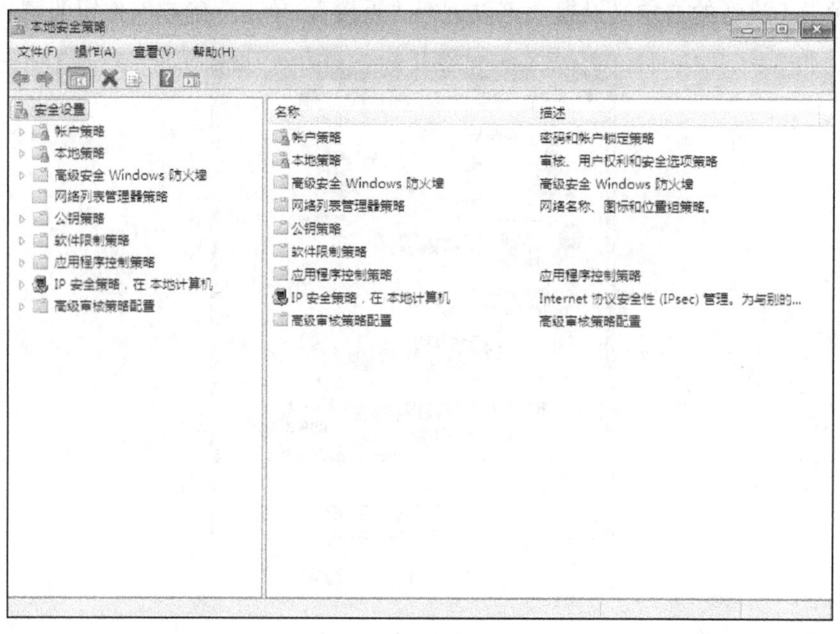

图 5-1-6　本地安全策略

3）另一种启动方式更简便。单击“开始”菜单，在搜索框中输入“运行”按 Enter 键，打开运行对话框或者按 Win+R 组合键，在打开的“运行”对话框中输入 secpol.msc，单击“确定”按钮，如图 5-1-7 所示，启动本地安全策略。

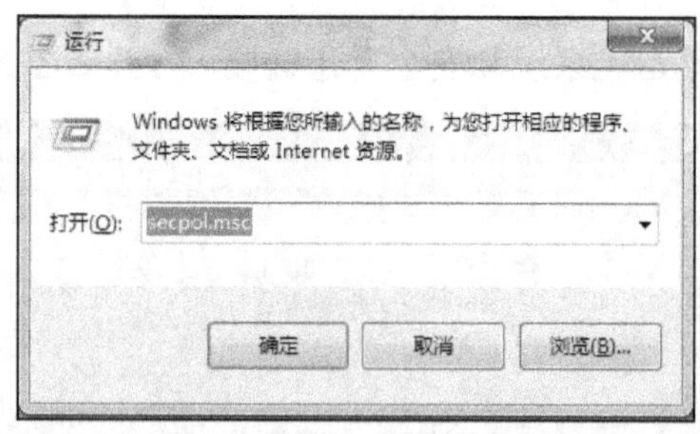

图 5-1-7　“运行”对话框

（2）密码策略

在“本地安全策略”窗口中，选择“账户策略”下的“密码策略”选项，如图 5-1-8 所示。可以使操作系统密码更安全，设置比较强大的密码策略，并让 Windows 7 系统定时要求更改密码。

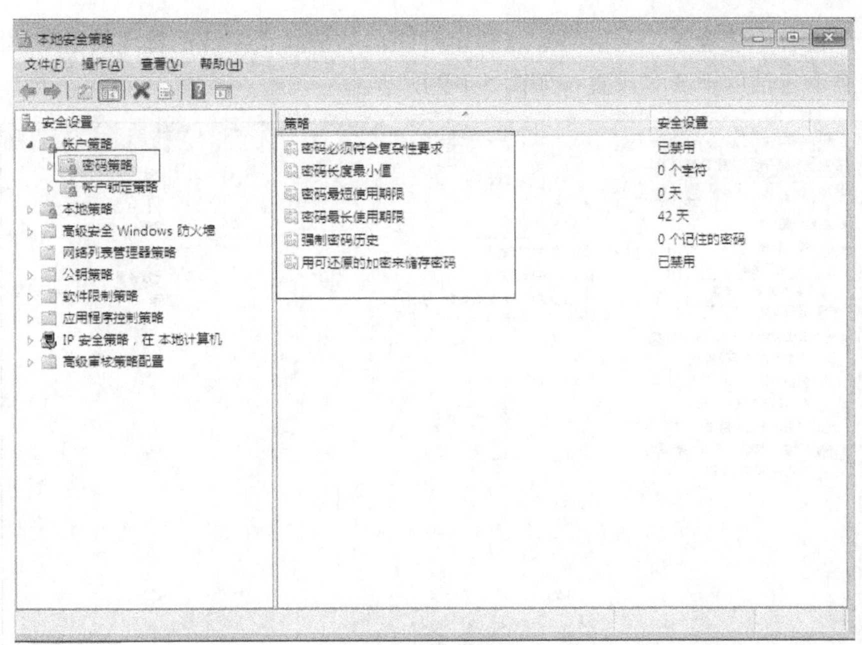

图 5-1-8　密码策略

1）密码必须符合复杂性要求：启用此策略后，用户账户使用的密码必须符合复杂性要求。密码复杂性是指密码中必须包含以下 4 类字符中的任意 3 类字符。

① 英文大写字母（A～Z）。

② 英文小写字母（a～z）。

③ 10 个基本数字（0～9）。

④ 特殊符号（如！、@、$、#）。

2）密码长度最小值：该项安全设置确定用户账户的密码包含的最少字符个数。设置范围 0～14，将字符数设置为 0，表示不要求密码。

3）密码最短使用期限：此安全设置确定在用户更改某个密码之前至少使用该密码的天数。可以设置一个介于 1～998 天之间的值，或者将天数设置为 0，表示可以随时更改密码，密码最短使用期限必须小于密码最长使用期限，除非密码最长使用期限为 0。如果密码最长使用期限设置为 0，那么密码最短使用期限可以设置为 0～998 之间的任意值。

4）密码最长使用期限：指密码使用的最长时间，单位为天。设置范围 0～999，默认设置时 42 天，如果设置为 0，表示密码永不过期。

5）强制密码历史：指多少个最近使用过的密码不允许再使用。设置范围在 0～24，默认值为 0，代表可以随意使用过去使用的密码。

6）用可还原的加密来出储存密码：指密码的存储方式，是否用可以还原的加密方式存储，默认情况下，存储的密码只有操作系统能够访问，如果某些应用程序需要直接访问某个账户的密码，则必须将此策略启用，此策略的应用会使安全性降低，所以一般不启用。

（3）账户锁定策略

账户锁定策略是指当用户输入错误密码的次数达到一个设定值时，就将此账户锁定，锁定的账户暂时不能登录，只有等超过指定时间自动解除锁定或由管理员手动解除锁定。账户锁定策略包括以下 3 个设置，如图 5-1-9 所示。

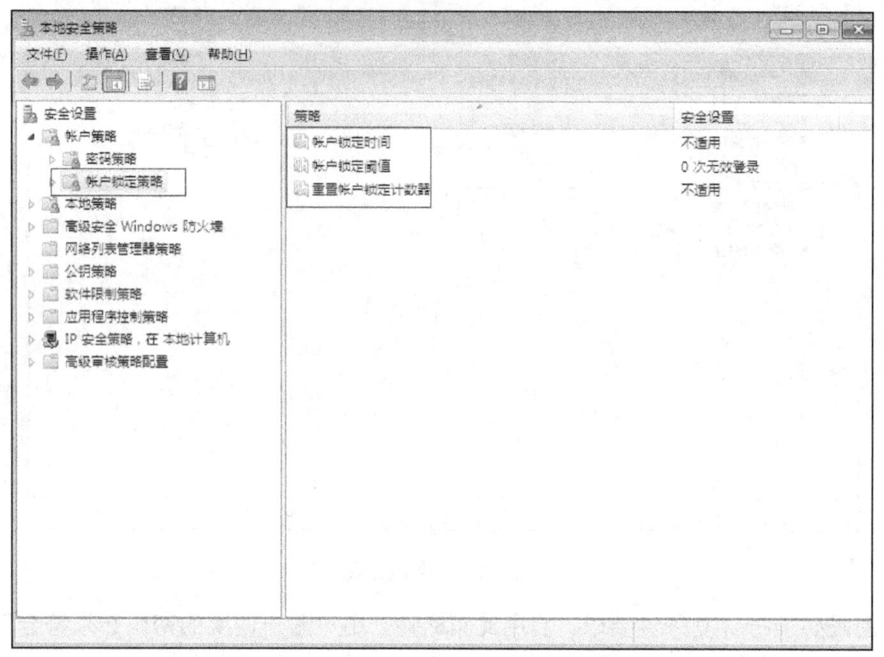

图 5-1-9　账户锁定策略

1）账户锁定时间：指当用户账户被锁定后，多长时间后自动解锁，单位为分钟，设置单位为 0～99999，0 代表必须有管理员手动解锁。

2）账户锁定阈值：指用户输入几次错误的密码后，将用户账户锁定。设置范围为 0～999，默认值为 0，代表不锁定账户，对于用户使用 Ctrl+Alt+Delete 组合键或带有密码保护的屏幕保护程序锁定的工作站或成员服务器，失败的密码尝试将计入失败的登录尝试次数中。

3）重置账户锁定计数器：指用户输入密码错误开始计数时，计数器保持的时间，当该时间过后，计数器将重置为 0，如果定义了账户锁定阈值，则该重置时间必须小于或等于账户锁定时间。

（4）安全选项

安全选项如禁止枚举账号，通过扫描 Windows 7 系统的指定端口，就能遍历共享会话猜测管理员系统口令。因此，我们需要通过在“本地安全策略”窗口中设置禁止枚举账号。

在“本地安全策略”左侧列表的“安全设置”目录树中，逐层展开“本地策略”→“安全选项”。在策略列表中找到“网络访问：不允许 SAM 账户和共享的匿名枚举”，右击，在弹出的快捷菜单中选择“属性”命令，在打开的属性对话框中激活“已启用”选项，最后单击“应用”按钮使设置生效。

5. 使用 BitLocker To Go

1）在 Windows 7 操作系统的控制面板中，找到“BitLocker 驱动器加密”选项，单击进入可以看到当前计算机的所有磁盘，如图 5-1-10 所示。

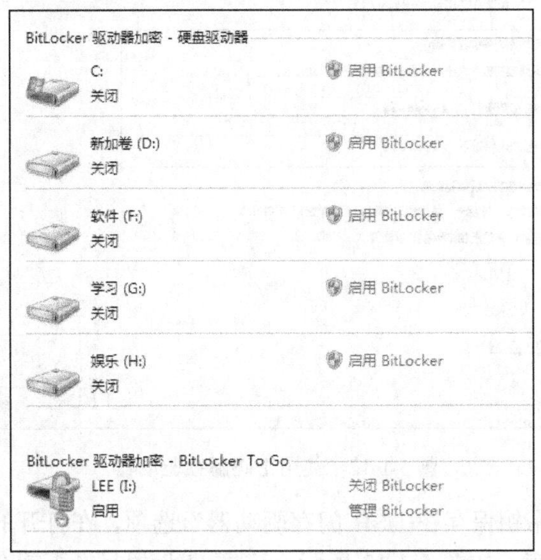

图 5-1-10　BitLocker 驱动器加密

想要加密哪一个驱动器就选择其右侧的“启用 BitLocker”按钮，或者双击打开 Windows 7 的“计算机”窗口，在磁盘分区列表中右击想要加密的驱动器，然后在弹出的快捷菜单中选择“启用 BitLocker”命令，如图 5-1-11 所示。按照提示一步步操作即可完成加密过程。

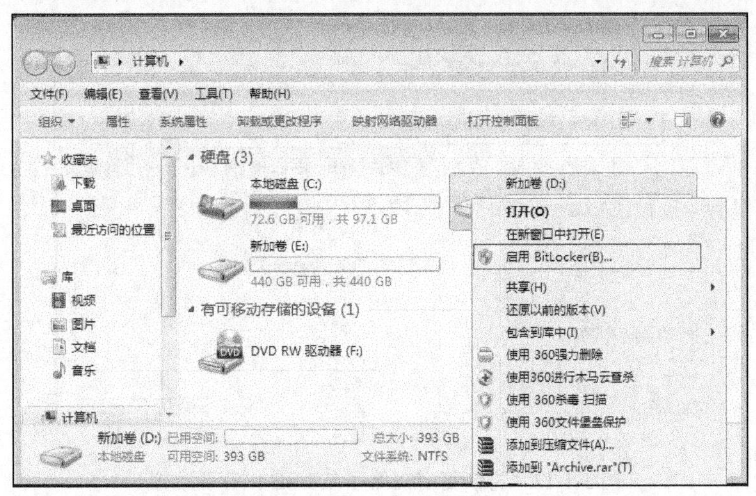

图 5-1-11　启用 BitLocker

2）对于逻辑分区，单击“启用 BitLocker”按钮之后，在打开的对话框中选中“使用密码解锁驱动器”复选框，设置加密驱动器密码，如图 5-1-12 所示。输入完成后单击“下一步”按钮，选择保存密钥的地方。

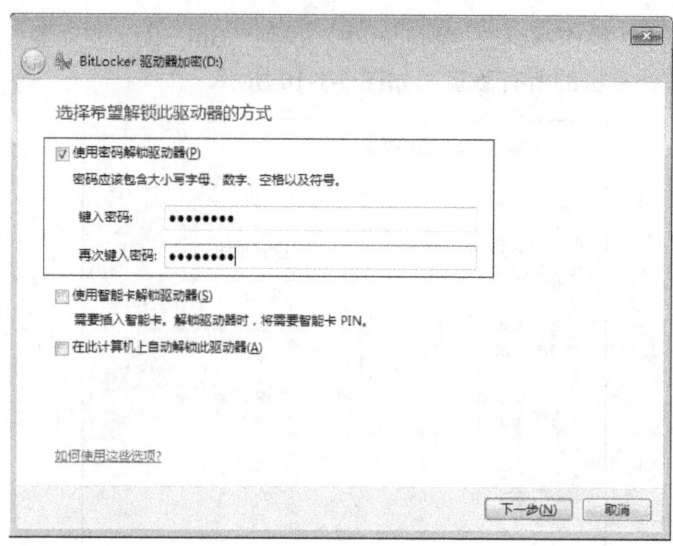

图 5-1-12　使用密码解锁驱动器

3）单击“将恢复密钥保存在 USB 闪存驱动器”选项，在打开的对话框中选择相对应的 USB 闪存驱动器保存，如图 5-1-13 所示。这样 U 盘根目录下就会保存两个密钥文件，切记不可删除。

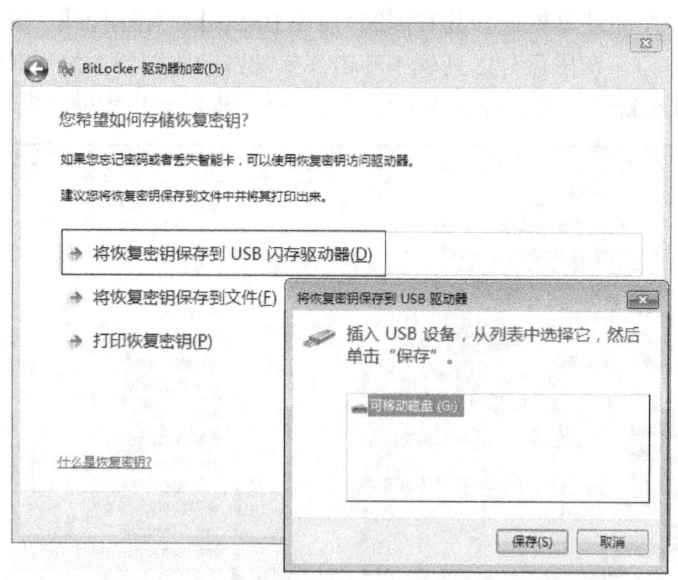

图 5-1-13　将恢复密钥保存在 USB 闪存驱动器

4）密钥保存完毕后，单击“下一步”按钮，在打开的对话框中单击“启动加密”按钮，BitLocker 开始为磁盘进行加密，加密时间根据磁盘容量大小而定，一般需要 45 分钟左右。

加密完成之后将计算机重启，重启后可以在计算机窗口中看到原先的磁盘图标上多了一把金色锁，此时表示驱动器已经加密完成。

5）双击磁盘会打开解密对话框，输入之前设置的驱动器密码后，单击“解锁”按钮，磁盘上的金色锁会变成银灰色。双击即可进入磁盘进行操作。

6）解锁后在不关机或者不重启动计算机情况下，不会再自动上锁。也就是不需要再输入密码就可以访问，如果需要再次锁定磁盘，需要用管理员权限运行“CMD”，然后在命令提示符下输入 manage –bde –lock d:，其中 d 为要恢复锁定的分区名即可，如图 5-1-14 所示。

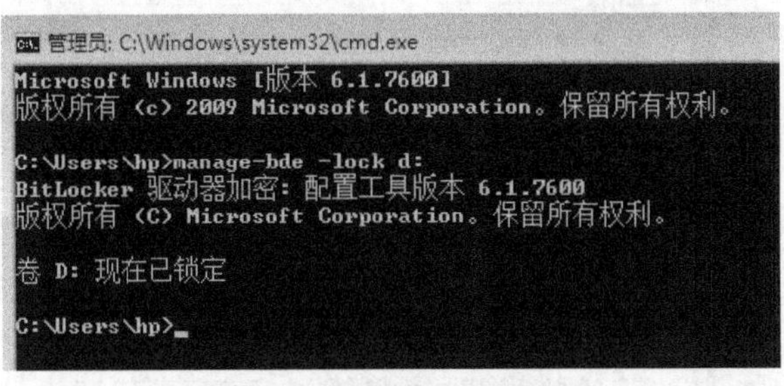

图 5-1-14 CMD 窗口

6. 系统备份与还原

（1）系统备份

系统在使用过程中，不可避免地会出现设置故障或文件丢失，为防范这种情况，需要对重要的设置或文件进行备份，在遇到设置故障或文件丢失时，就可以通过这些备份文件进行恢复。

1）打开控制面板，找到“备份和还原”超链接，打开“备份和还原”窗口。

2）单击“设置备份”超链接，打开设置备份的启动窗口。

3）选择备份文件存放的位置，单击“下一步”按钮。

4）选中“让我选择”单选按钮，自主选择需要备份的文件，单击“下一步”按钮。

5）选择要备份的内容，一般需要备份系统，即选中“包括驱动器（C:），（D:）的系统映像（S）”复选框，其他需要备份的文件，用户可以从列表里选择，选择完成后单击“下一步”按钮即可进行备份，需要时间较长，用户需要等待完成备份即可。

6）备份完成后可以查看备份文件的信息，如果出现设置故障或文件丢失，就可以单击“还原我的文件”按钮，一步步操作进行还原。

（2）系统还原

使用 Windows 7 的系统还原功能可以将系统快速还原到先前的某个状态（创建还原点时的状态）。这种还原不会影响用户创建的个人文件，多用于出现安装程序错误、系统设置错误等情况时，将系统还原到之前可以正常使用的状态。

通常，Windows 7 系统会每周自动创建还原点，并且当系统检测到计算机发生更改时（如安装程序或驱动程序）时，也将自动创建还原点。用户也可以在计算机正常运行时手动创建还原点，以便在计算机出现问题时将其还原到创建还原点时的状态。

1）右击桌面上的“计算机”图标，在弹出的快捷菜单中选择“属性”命令，打开“系统属性”对话框，选择“系统保护”选项卡，即可看到系统还原的相关设置，如图 5-1-15 所示。

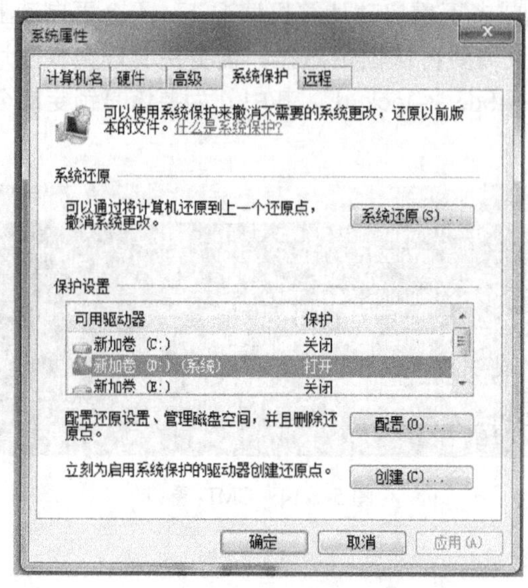

图 5-1-15 “系统属性”对话框

2）需要进行系统还原时，在“控制面板”窗口中单击“操作中心”超链接，打开“操作中心”窗口，如图 5-1-16 所示。单击“恢复”超链接，打开“恢复”窗口。

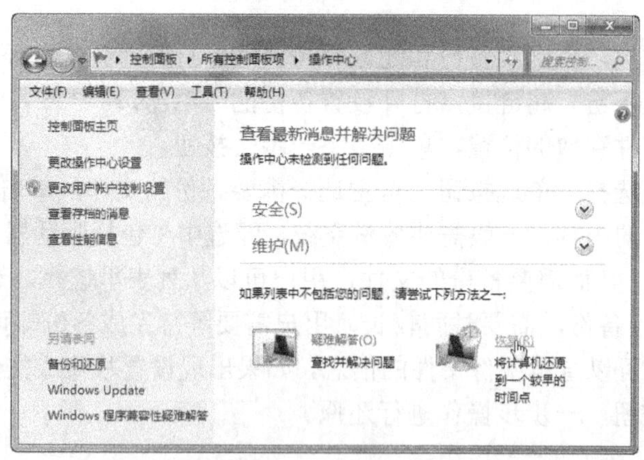

图 5-1-16 操作中心

3）在“恢复”窗口中单击“打开系统还原”按钮，如图 5-1-17 所示，打开“系统还原”对话框，如图 5-1-18 所示；若推荐的还原点不是自己所需要的位置，可选中“另一还原点”单选按钮。单击“下一步”按钮。

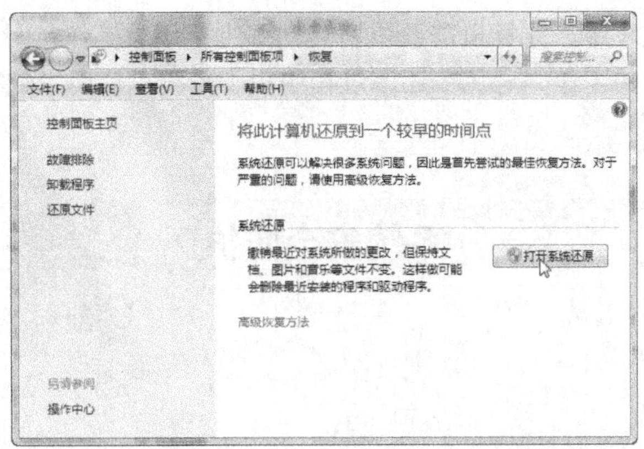

图 5-1-17 “恢复”窗口

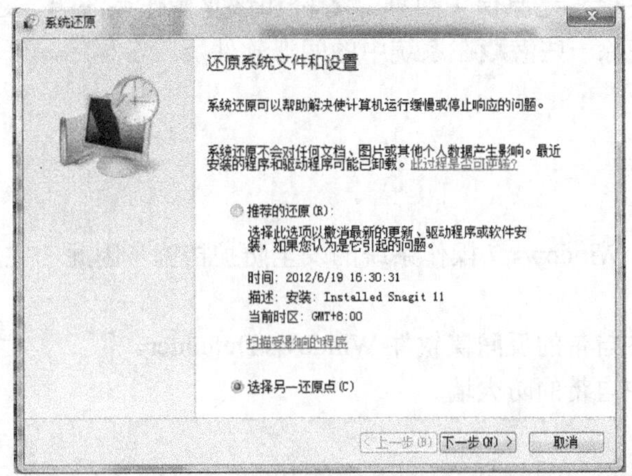

图 5-1-18 “系统还原”对话框

4）在打开对话框的列表中选择创建的还原点，如图 5-1-19 所示。单击“下一步”按钮，系统需要重新启动，并开始进行还原操作。当计算机重启后，如果还原成功，会打开一个告知用户系统还原成功的提示框，单击“关闭”按钮，完成还原操作。

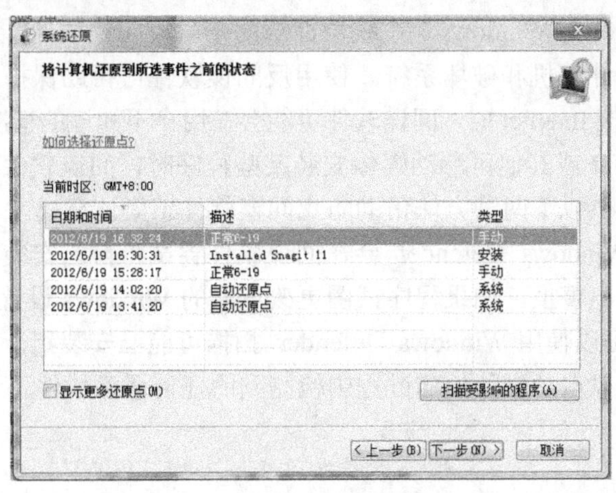

图 5-1-19 选择创建的还原点

在还原系统的过程中，计算机需要重新启动并进行还原操作，因此在还原系统前，用户需要保存正在进行的工作，避免在还原过程中由于系统重启而导致文件丢失。

任务二 系统安全防护

任务说明

Windows 7 提供了许多实用的功能来保护用户计算机。例如，使用自动更新来修复系统漏洞，利用系统备份与还原保护数据、备份和恢复操作系统等。还可以使用 Windows Defender 来检测及清除一些潜藏在系统中的间谍软件及广告程序，可以使用防火墙来防范病毒和黑客攻击。

任务分析

本任务要求使用 Windows 7 操作系统的安全防护措施。因此，完成本任务需要掌握以下知识：

1）Windows 7 中自带的反间谍软件 Windows Defender。

2）Windows 7 中自带的防火墙。

3）病毒防护。

通过配置 Windows 7 中自带的反间谍软件 Windows Defender 和防火墙可以有效保护用户的计算机，如果配合使用病毒防护软件等，相信可以远离绝大多数病毒、木马和各种危害行为的侵扰。

1. Windows Defender 反间谍软件

Windows Defender 是 Windows 7 系统中捆绑的一款反间谍软件，它可以阻止间谍软件和其他恶意软件感染计算机和破坏系统。使用反间谍软件可帮助保护用户的计算机免受间谍软件的侵扰。当连接 Internet 时，间谍软件可能会在用户不知道的情况下安装到计算机上，并且当使用 CD、DVD 或其他可移动媒体安装某些程序时，间谍软件可能会感染计算机。Windows Defender 提供以下两种方法帮助防止间谍软件感染计算机。

1）实时保护。Windows Defender 会在间谍软件尝试将自己安装到计算机上并在计算机上运行时向用户发出警报。如果程序试图更改重要的 Windows 设置，它也会发出警报。

2）扫描选项。可以使用 Windows Defender 扫描可能已安装到计算机上的间谍软件，定期计划扫描，还可以自动删除扫描过程中检测到的任何恶意软件。

2. Windows 防火墙

防火墙就像是用户计算机与外部网络之间的一堵墙，使用它能够有效地阻止来自

Internet 或局域网中的网络攻击和恶意程序，保护操作系统的安全。Windows 7 中的防火墙有着不少革命化的改进，它不仅具备了过滤外发信息的能力，使其更具可用性，而且针对移动计算机增加了多重作用防火墙策略的支持，更加灵活而且更易于使用。

在 Windows 7 中，Windows 防火墙默认将网络划分为家庭或工作网络和公共网络。在不同的网络情况下，可以轻松方便地切换配置文件，选择不同级别的网络保护措施。例如，当计算机处于家庭网络中，其他的计算机和设备都是熟悉的，那么这时的配置文件就允许传入连接，可以方便地互相共享图片、音乐、视频和文档库，也可以共享硬件设备，如打印机等；而如果是笔记本在机场、咖啡吧等公共场所使用，那么在无线连接这样的公共网络则必须更加重视连接安全，可能需要中断一些传入连接，现在通过 Windows 防火墙可以方便地将网络位置切换为公用网络，以获得更有保障的安全防护。

Windows 7 全方位的安全功能保护，使用户可以放心地使用计算机。如果配合上病毒防护软件等，相信可以远离绝大多数病毒、木马和各种危害行为的侵扰。

3. 病毒防护综述

自从 1946 年第一台冯·诺依曼型计算机 ENIAC 问世以来，计算机已被应用到人类社会的各个领域。然而，1988 年发生在美国的“蠕虫病毒”事件，给计算机技术的发展罩上了一层阴影。蠕虫病毒是由美国 CORNELL 大学研究生莫里斯编写。虽然并无恶意，但在当时，“蠕虫”在 Internet 上大肆传染，使数千台联网的计算机停止运行，并造成巨额损失，成为一时的舆论焦点。

计算机病毒不是天然存在的，是某些人利用计算机软、硬件所固有的脆弱性，编制具有特殊功能的程序。从广义上定义，凡能够引起计算机故障，破坏计算机数据的程序统称为计算机病毒。依据此定义，如逻辑炸弹、蠕虫等均可称为计算机病毒。而 Internet 的发展给病毒增加了新的传播途径，计算机病毒对人们的危害也就越来越大，因此我们要树立必要的计算机防毒观念。在网络环境中，计算机病毒具有如下特点。

1）传染方式多。病毒入侵网络的主要途径是通过工作站传播到服务器硬盘，再由服务器的共享目录传播到其他工作站。

2）传染速度快。在单机上，病毒只能通过磁盘、光盘等从一台计算机传播到另一台计算机，而在网络中病毒则可通过网络通信机制迅速扩散。

3）清除难度大。尤其在网络中，只要一台工作站未消灭病毒就可能使整个网络全部被病毒重新感染。

4）破坏性强。网络上的病毒将直接影响网络的工作状况，轻则降低速度，影响工作效率，重则造成网络瘫痪，破坏服务系统的资源，使多年工作成果毁于一旦。

5）激发形式多样。可用于激发网络病毒的条件较多，可以是内部时钟、系统的日期和用户名，也可以是网络的一次通信等。一个病毒程序可以按照设计者的要求，在某个工作站上激活并发起攻击。

6）潜在性。网络一旦感染了病毒，即使病毒已被清除，其潜在的危险也是巨大的。有研究表明，在病毒被消除后，85%的网络在 30 天内会被再次感染。

常见的网络病毒如下。

1）电子邮件病毒。常有病毒的通常不是邮件本身，而是其附件。

2）Java 程序病毒。Java 是目前网页上最流行的程序设计语言，由于它可以跨平台执行，因此不论是 Windows 9X/NT 还是 UNIX 工作站，甚至是 CRAY 超级计算机，都可被 Java 病毒感染。

3）ActiveX 病毒。当使用者浏览含有病毒的网页时，就可能通过 ActiveX 控件将病毒下载至本地计算机上。

4）网页病毒。上面介绍过 Java 及 ActiveX 病毒，它们大部分是保存在网页中，所以网页当然也能传染病毒。

引起网络病毒感染的主要原因在于网络用户自身。例如，用户随意下载网上文件，这些被浏览的或是通过 FTP 下载的文件中可能存在病毒；另外，电子邮件的流行和使用也是感染网络病毒的主要因素之一。目前，在反病毒技术上，最重要的就是“防杀结合，防范为主”，防范计算机病毒的基本方法如下：

1）不轻易上一些不正规的网站，在浏览网页的时候，很多人有猎奇心理，而一些病毒、木马制造者正是利用人们的猎奇心理，引诱大家浏览他的网页，甚至下载文件，殊不知这样很容易使机器染上病毒。

2）千万提防电子邮件病毒的传播，能发送包含 ActiveX 控件的 HTML 格式邮件可以在浏览邮件内容时被激活，所以在收到陌生可疑邮件时尽量不要打开，特别是对于带有附件的电子邮件更要小心，很多病毒是通过这种方式传播的，甚至有的是从好友发送的邮件中传到机器上感染你的计算机。

3）对于渠道不明的光盘、软盘、U 盘等便携存储器，使用之前应该查毒。对于从网络上下载的文件同样如此。因此，计算机上应该装有杀毒软件，并且及时更新。

4）经常关注公布的病毒报告，这样可以在未感染病毒的时候做到预先防范。

5）对于重要文件、数据做到定期备份。

6）思想上高度重视，时刻具有防范意识。

每一次网络病毒的暴发都会给社会带来巨大的损失。目前，网络病毒暴发的频率越来越高，技术越来越新，并与黑客技术相结合。尤其是近几年来，越来越多的蠕虫病毒（如冲击波、振荡波等）不断出现。对网络病毒进行深入研究，并提出一种行之有效的解决方案，为企业和政府提供一个安全的网络环境成为亟待解决的问题。

作为网络的用户，最基本的就是能使用一种或多种杀毒软件来保护自己的数据安全和通信安全。当然，在安装好杀毒软件后，还必须做到以下几点，才能充分发挥这些杀毒软件的功能，并使之成为阻挡计算机病毒入侵的有用工具。

1）定期更新杀毒软件的病毒代码。新的病毒或变种在不断出现，我们必须要对杀毒软件进行升级才能够防范新病毒，至少每周一次，否则杀毒软件就会失去其应有的效用。现在的杀毒软件一般支持联机增量升级，用户只需连接到升级服务器，下载病毒库升级文件即可。另外用户也可以直接到其对应的网站下载升级包，经过简单安装即可快速实现升级。

2）定期对硬盘进行全面的查毒。定期查毒是有一定必要的，目前的杀毒软件一般具有定时查杀病毒的功能，只要设置每周扫描一次即可。

3）杀毒软件的防火墙一定不要关上。由于病毒防火墙实时监控会占用一些系统资源，如果不开启实时监控功能，会给病毒的入侵带来可乘之机，如下载软件、解压缩文件时可能就会有一些病毒或木马程序乘虚而入。因此最好开启实时监控防火墙，它对病毒的过滤有着良好的实时性，也就是说病毒一旦入侵系统或从系统向其他资源感染时，它就会自动将其检测到并加以清除，这就最大可能地避免了病毒对资源的破坏。

实现步骤

1. Windows Defender 反间谍软件应用

Windows Defender 反间谍软件默认处于实时监控状态，并且每天会自动定时对系统进行扫描，当检测到间谍软件时，会在任务栏的通知区域弹出提示消息气泡，用户只需单击该气泡并根据提示进行操作即可。

也可以进入“操作中心”窗口，单击“Windows Defender”右侧的“立即扫描”按钮，Windows 7 就会对计算机上最有可能感染间谍软件的硬盘进行快速扫描。如果怀疑间谍软件只是感染了计算机的某特定区域，则可通过只选择要检查的驱动器和目录进行自定义扫描，这样可以节省不少扫描时间。

1）在“控制面板”窗口中单击“Windows Defender”图标，打开“Windows Defender”窗口，如图 5-2-1 所示。

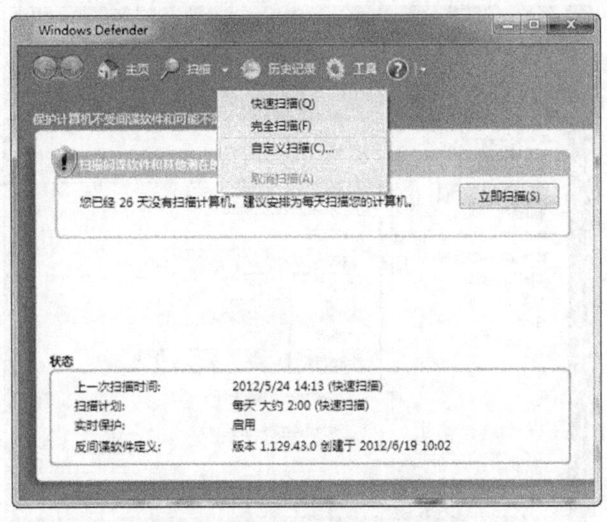

图 5-2-1 Windows Defender

① 快速扫描：仅对系统所在的磁盘进行扫描。

② 完全扫描：对所有的磁盘和当前与计算机相连接的移动存储设备进行扫描，该方式扫描速度较慢。

③ 自定义扫描：自定义需要扫描的磁盘和文件夹。

2）选择“扫描”→“快速扫描”命令可对系统进行快速检查，选择“完全扫描”命令会对系统进行全面的检测，所用时间也会大幅度增加。扫描结束后，如果有流氓软件则会出现警告框，选中后单击“全部删除”按钮即可。

3）选择“工具”→“工具和设置”命令，在打开的工具和设置界面，如图 5-2-2 所示。单击选项“选项”超链接，打开选项界面，如图 5-2-3 所示。

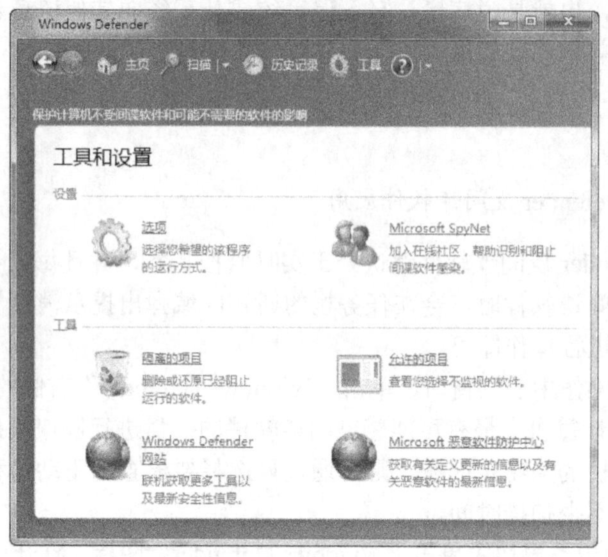

图 5-2-2　工具和设置界面

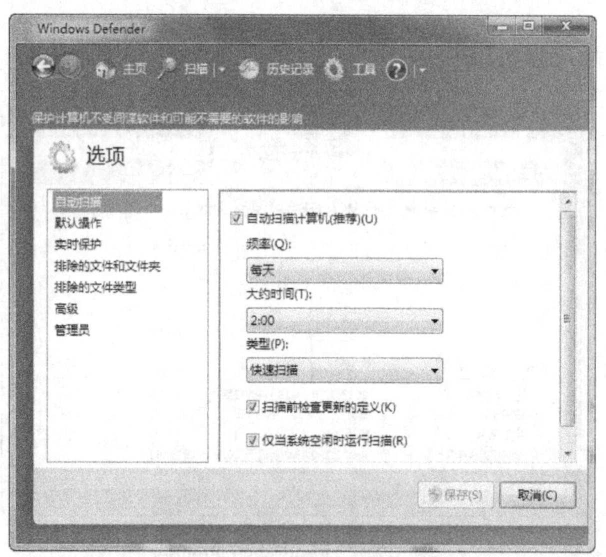

图 5-2-3　选项界面

在“自动扫描”中可设置自动扫描计算机的频率、时间和类型，在“默认操作”中可对各种警报级别进行自动处理（删除或隔离）在下方还可以选择实时保护的对象。在“实时保护”中可设置自动扫描下载的文件和附件，扫描计算机上运行的程序。

2. 系统自带防火墙

（1）关闭和开启防火墙

Windows 7 在默认情况下已经打开了其内置的防火墙，如果遇到一些意外情况需要关闭或重新开启防火墙。利用计算机窗口打开“控制面板”窗口，单击“Windows 防火墙”超链接，打开“Windows 防火墙”窗口，如图 5-2-4 所示。

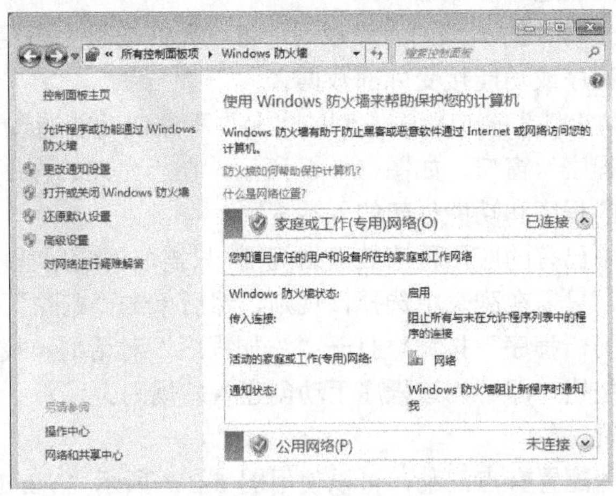

图 5-2-4 “Windows 防火墙”窗口

在该窗口可分别设置在不同网络位置时防火墙的开启和关闭状态。如图 5-2-5 所示，私有网络和公用网络的配置是完全分开的，在启用 Windows 防火墙里还有两个选项：

1）“阻止所有传入连接，包括位于允许程序列表中的程序”，这个复选框默认即可，否则可能会影响允许程序列表里的一些程序使用。

2）“Windows 防火墙阻止新程序时通知我”这一复选框对于个人日常使用肯定需要选中的，方便自己随时做出判断响应。

图 5-2-5 自定义设置

设置完毕后，单击“确定”按钮，当计算机处于公用网络位置时，可选中“公用网络位置设置”选项组中的“阻止所有传入连接，包括位于允许程序列表中的程序”复选框，以保护计算机的安全。

如果需要关闭，只需要选中对应网络类型里的“关闭 Windows 防火墙（不推荐）”单选按钮，然后单击“确定”按钮即可。

（2）允许程序或功能通过防火墙

通过自定义 Windows 7 防火墙的入站规则，可以允许或阻止指定的程序或功能通过防火墙，从而限制这些程序或功能接受外部数据。

在“Windows 7 防火墙”窗口单击左侧的“允许程序或功能通过 Windows 防火墙”超链接，打开“允许的程序”窗口，如图 5-2-6 所示。在“允许的程序和功能”列表中列出了系统自动为计算中的程序和功能创建的入站规则。

如果要阻止列表中已有的应用程序的入站规则，只需取消应用程序名称复选框的选中；如果想删除某一规则，只需在列表中选择该规则，然后单击“删除”按钮。

单击“允许运行另一程序”按钮，打开“添加程序”对话框，找到要添加入站规则的程序，单击“添加”按钮，即可为该程序手动创建入站规则。

（3）还原默认设置

如果自己的防火墙配置有点混乱，可以使用图 5-2-7 所示“Windows 防火墙”窗口左侧的“还原默认设置”进行还原，还原时，Windows 7 会删除所有的网络防火墙配置项目，恢复到初始状态，例如，如果关闭了防火墙则会自动开启，如果设置了允许程序列表，则会全部删除掉添加的规则。

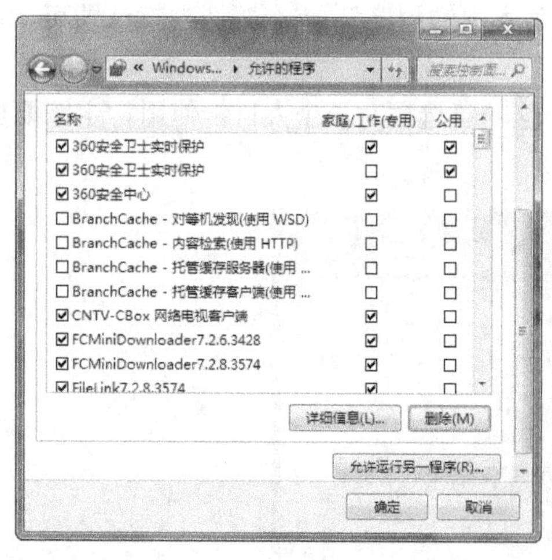

图 5-2-6 “允许的程序”窗口

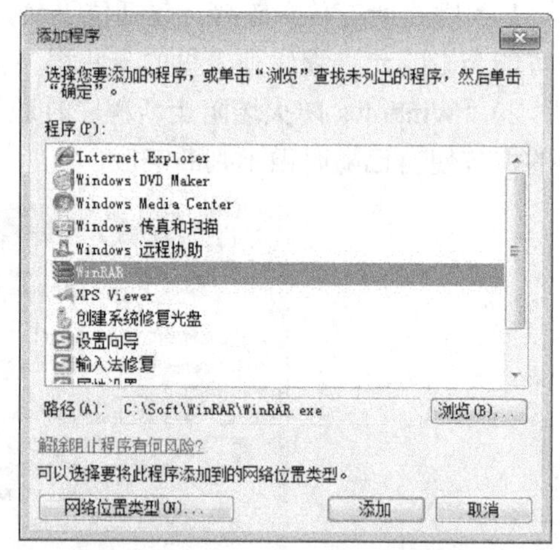

图 5-2-7 “添加程序”对话框

（4）允许程序规则配置

单击图 5-2-7“Windows 防火墙”窗口中“允许程序或功能通过 Windows 防火墙”超链接，在打开的“允许的程序”窗口中设置允许程序列表或基本服务。

1）常规配置没有端口配置，所以也不再需要手动指定端口 TCP、UDP 协议了，因为对于很多用户根本不知道这两个东西是什么，这些配置都已转到高级配置里，对于普通用户一般只是用到增加应用程序许可规则。

2）应用程序的许可规则可以区分网络类型，并支持独立配置，互不影响，这对于双网卡的用户就很有作用。

3）如果是添加自己的应用程序许可规则，可以通过下面的“允许另一程序”按钮进行添加，方法跟早期防火墙设置类似，设置如图 5-2-7 所示。

4）选择将要添加的程序名称（如果列表里没有就单击“浏览”按钮找到该应用程序，再单击“打开”按钮），下面的网络位置类型还是私有网络和公用网络两个选项，然后回到上一界面再设置修改。

5）添加后如果需要删除（如原程序已经卸载了等），则只需要在上图中选中对应的程序项，再单击下面的“删除”按钮即可，当然系统的服务项目是无法删除的，只能禁用。

另外，如果还想对增加的允许规则进行详细定制，如端口、协议、安全连接及作用域等，则需要用到高级设置。

（5）高级安全 Windows 防火墙 MMC

打开“Windows 防火墙”窗口，单击控制界面左侧的“高级设置”超链接，即可看到如图 5-2-8 所示的窗口，几乎所有的防火墙设置是可以在高级设置里完成的，而且 Windows 7 防火墙的诸多优秀特性也可以在这里展现出来。

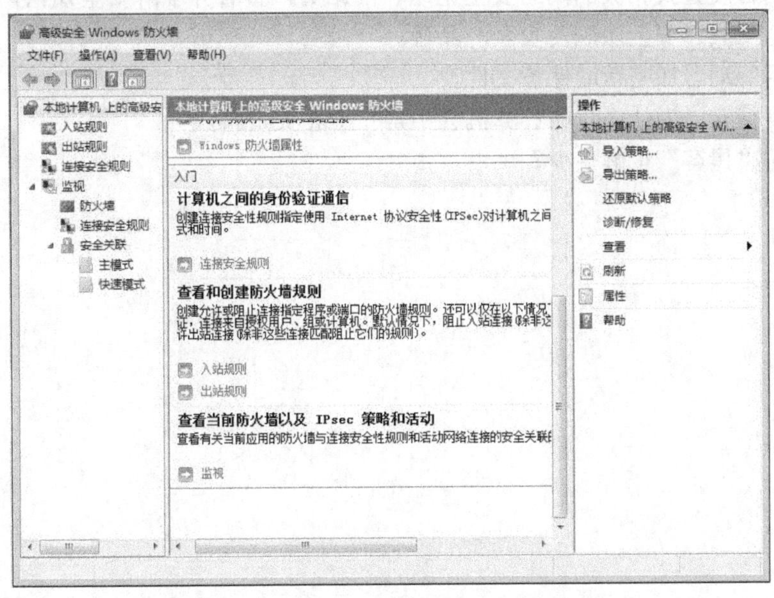

图 5-2-8 “高级安全 Windows 防火墙”窗口

1）导入和导出策略，用来通过策略文件（*.wfw）进行配置保存或共享部署，导出功能既可以作为当前设置的备份，也可以共享给其他计算机进行批量部署之用。

2）还原默认策略，与恢复防火墙默认设置类似，还原默认策略将会重置自动安装 Windows 之后对 Windows 防火墙所做的所有更改，还原后有可能会导致某些程序停止运行。

3）诊断/修复，是用来诊断和修复 Internet 连接的。

思考和练习

1. 思考题

（1）在 Windows 7 操作系统中，定义了哪几类网络位置？在哪两类网络位置设置中的“网络发现”默认为启用状态？

（2）如何设置 IE 8 浏览器临时文件的大小、位置和保存天数？

（3）如何增强 IE 8 浏览器的安全性？

（4）什么是本地安全策略？

（5）什么是防火墙？说明防火墙的作用与目的。

2. 练习题

（1）在搜索引擎中查找关于防火墙的相关网站，选择自己感兴趣的网站进行访问，查找当前最新的技术与相关信息，自己练习。

（2）查找相关资料，说明软件防火墙与硬件防火墙的区别及各自的优缺点。

（3）利用百度查找相关的网络安全论坛、网站等，查看并了解安全知识，如最新的安全动态、安全工具、安全法规及安全产品等。

（4）使用驱动器加密帮助保护文件。

（5）上网搜索“为什么我的计算机会中毒”的相关资料。

（6）你对“黑客”了解多少？

项目六　综合实训

所谓 Intranet，又称为企业内部网，是 Internet 技术在企业内部的应用。它实际上是采用 Internet 技术建立的企业内部网络，均使用 TCP/IP 协议族，它可以提供与 Internet 相同的 WWW、E-mail、FTP、BBS 等服务或功能；实际上，Intranet 就是 Internet 技术（如 WWW、E-mail 及 FTP 等）在企业内部网络中的应用和延伸。但它主要运行在企业内部，考虑到其安全性，可以使用防火墙将 Intranet 与 Internet 隔离开来。这样，既可提供对公共 Internet 的访问，又可防止机构内部机密的泄露。也就是说，Intranet 内的用户可以方便地访问 Internet，而 Internet 上的用户也可以经过授权访问 Intranet。

企业网 Intranet 的构建是一个大的系统工程，需要较大的人力和物力的投入。企业应根据自身实际情况和发展需要，有的放矢地建立适合自身发展的 Intranet，只有这样才能充分有效地利用 Intranet，真正达到促进企业进一步发展的目的。

该项目以一个中小型企业的 Intranet 的网络配置为案例，综合训练学生 Windows Server 2008 R2/Windows 7 环境下系统管理技术和网络服务配置技术，以更好地理解和掌握网络的应用、维护和管理技术。

任务　企业 Intranet 网络配置

任务说明

一个企业 Intranet 在完成物理网络平台搭建后，就需要将计算机连入网络，让它们能够进行资源共享、相互通信，同时还需要在此基础上建立网络服务平台；本项目以完成基于 Windows Server 2008 R2/Windows 7 环境下的 Intranet 网络配置为主要目标，通过安装、配置操作系统、安装和配置相关的应用服务器等多个步骤，以提供不同的应用服务需求，从而实现企业基本的 Intranet 服务。

任务分析

在企业中组织和建立 Intranet 并没有固定的方法和模式，各个企业应根据自己的实际情况制定出合理的方案，本任务以一个电子商务服务公司为背景，在明确项目需求和实施流程的基础上，完成网络应用服务配置，完成企业 Intranet 的搭建。因此，完成本任务需要掌握以下知识：

1）组网项目需求分析
2）组网项目实施流程

1. 项目需求分析

信达公司是一个新生的电子商务服务公司，下设财务部、销售部、技术支持部和客户服务部，员工人数近20人，目前拥有20台计算机，为了满足市场的需要，公司需要部署企业网络。

根据公司现状，可采用以工作组环境构建局域网，内网带宽为100MB，并申请了一条20MB光纤接入Internet。具体需求如下：

1）计算机数量20台，其中作为服务器的计算机运行Windows Server 2008 R2操作系统，客户端主要操作系统则为Windows 7，为了今后的发展和管理需要，计算机IP地址可采用自动分配的方式。

2）需要配置文件夹、打印机等共享，实现资源共享，提高设备的利用率。

3）为了提高公司的知名度，需要搭建一个宣传企业的Web站点，Web服务器放置在公司机房，允许公司内部用户和其他人通过 Internet 匿名访问。注册的域名是 www.xinda.com。为了使外网的Internet用户能访问站点，设置NAT服务器，实现端口映射，将Web、FTP服务发布到Internet，实现从公网访问私网服务器的目的，同时使公司局域网通过申请的20MB光纤接入Internet。

4）公司需要开通一个 FTP 站点，以便公司员工在局域网内和互联网上均能对文件服务器中的文档资料实现上传下载，网络管理员通过它对Web服务器进行本地和远程的维护更新。

2. 项目实施分析

组建中小型办公局域网，可以使企业的所有计算机和其他硬件设备，如打印机、扫描仪等设备实现共享，同时还可以通过各种应用服务器，统一为用户提供服务，从而节省软、硬件资源，节省资金投入，提高设备的利用率。

针对项目背景与需求分析情况，首先是选择合适的网络技术；目前比较流行的是千兆以太网和百兆以太网，在一些大型企业里已经用到千兆，因此，可以先采用相对稳定的百兆网络，但需要预留升级空间，这样就可以为新生的小型企业节省资金，并且能使网络达到需求，而且可以满足未来扩展需求。

其次是网络操作系统的选择，根据实际需要，服务器的计算机选择Windows Server 2008 R2操作系统，客户端则采用Windows 7操作系统。

第三步是网络接入方式的选择，为了保证员工的各种应用需求都能够得到及时响应，需要企业网络不仅具备顺畅的网络出口，而且必须保证内部数据得以快速转发。这里选择是20Mb/s的光纤接入Internet。

第四步是确定网络拓扑结构，设计拓扑结构图，并确定布线方案，选择网络设备。在项目中，可采用以太网交换机，然后制作双绞线，并进行网络布线，搭建企业物理网络。

最后就是配置协议、多种服务器等，并进行测试与基本的管理维护。

3. 项目实训设计

根据项目实施分析，首先绘制网络拓扑结构图，可采用 Microsoft Visio 软件进行绘制，根据项目分析和实训需要，实训网络拓扑结构图简化后如图 6-1-1 所示。

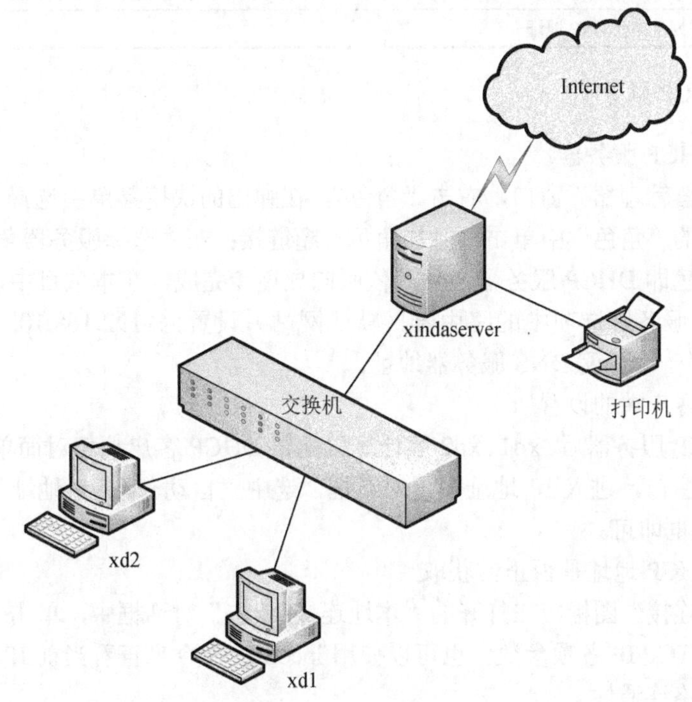

图 6-1-1 拓扑结构图

协议及服务配置主要包括以下几个内容：

1）在作为服务器的计算机 xindaserver 安装 Windows Server 2008 R2 操作系统，在作为客户端的 xd1、xd2 上安装 Windows 7 操作系统，并配置 IP 地址及相关参数。

2）在计算机 xindaserver 上配置 DHCP 服务器，使客户机可以自动获取 IP 地址等相关信息，设置后用 ipconfig 测试地址获取情况，用 ping 命令验证各服务器与客户机之间的连通性。

3）在计算机 xindaserver 上配置文件和打印机共享，并进行测试。

4）在计算机 xindaserver 上配置 NAT 服务器，实现局域网共享上网。

5）在计算机 xindaserver 上安装 IIS 和 DNS 服务器，配置 DNS 和 Web、FTP 服务并发布，在内、外网利用域名访问测试，同时利用 FTP 工具软件进行上传下载测试。

实现步骤

1. 物理网络环境配置

搭建实训的物理网络环境，安装相应操作系统并配置 TCP/IP 协议，IP 地址配置如表 6-1-1 所示。

表 6-1-1 IP 地址配置表

计 算 机	TCP/IP 属性
xindaserver	外网卡：可设置为自动获得 IP 地址（根据接入方式的不同采用不同的设置）。 内网卡：IP 地址为 192.168.10.1，子网掩码为 255.255.255.0，网关为空，DNS 为 192.168.10.1
xd1、xd2 等	设置为自动获得 IP 地址

2. 配置 DHCP 服务器

（1）安装 DHCP 服务器

打开“服务器管理器”窗口，右击“角色”，在弹出的快捷菜单中选择“添加角色”命令，或者在右侧的“角色”中单击“添加角色”超链接；在“选择服务器角色”对话框中，选择要安装的角色即 DHCP 服务器，然后依照向导逐步完成，在本项目中，作用域设置如图 6-1-2 所示，服务器选项中的路由器（默认网站）设置为 192.168.10.1，DNS 设置为 192.168.10.1 和另一个外网 DNS 服务器地址。

（2）DHCP 客户端的设置

配置完 DHCP 服务器后，xd1、xd2 等计算机配置 DHCP 客户端相对简单。只需要在“网络和共享中心”窗口，进入 IP 地址设置对话框，选中“自动获取 IP 地址”和“自动获取 DNS 地址”复选框即可。

（3）检查 DHCP 地址是否正常获取

双击“本地连接”图标，在打开的“本地连接 状态”对话框中，单击“详细信息”按钮，即可查看到 TCP/IP 各项参数。也可以使用 ipconfig 命令来查看当前 IP 地址是否正常。

（4）测试网络连通性

使用 ping 命令测试网络中计算机之间的连通性。

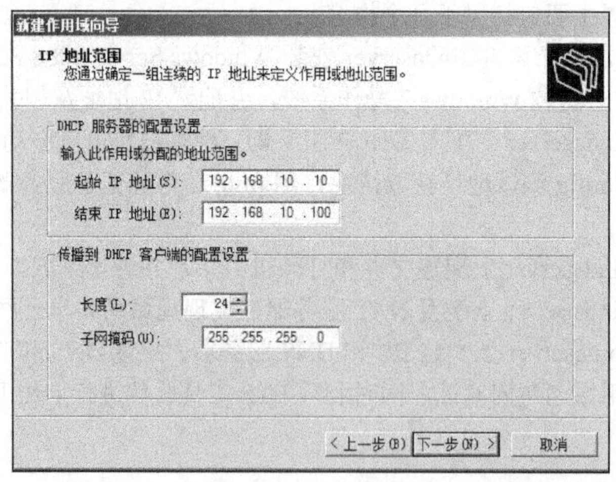

图 6-1-2 作用域

3. 配置文件服务和打印机共享

1）同步工作，物理网络连通后，由于项目中计算机采用了两种不同的 Windows 操作系统，因此，需要保证联网的各计算机有一致工作组名称、不同的计算机名。

2）打开共享设置，在所有的计算机上，打开“网络和共享中心”窗口，单击“更改高级共享设置”超链接，打开“高级共享设置”窗口，设置网络发现、文件和打印机共享、公用文件夹共享为启用，关闭密码保护共享，如图 6-1-3 所示。

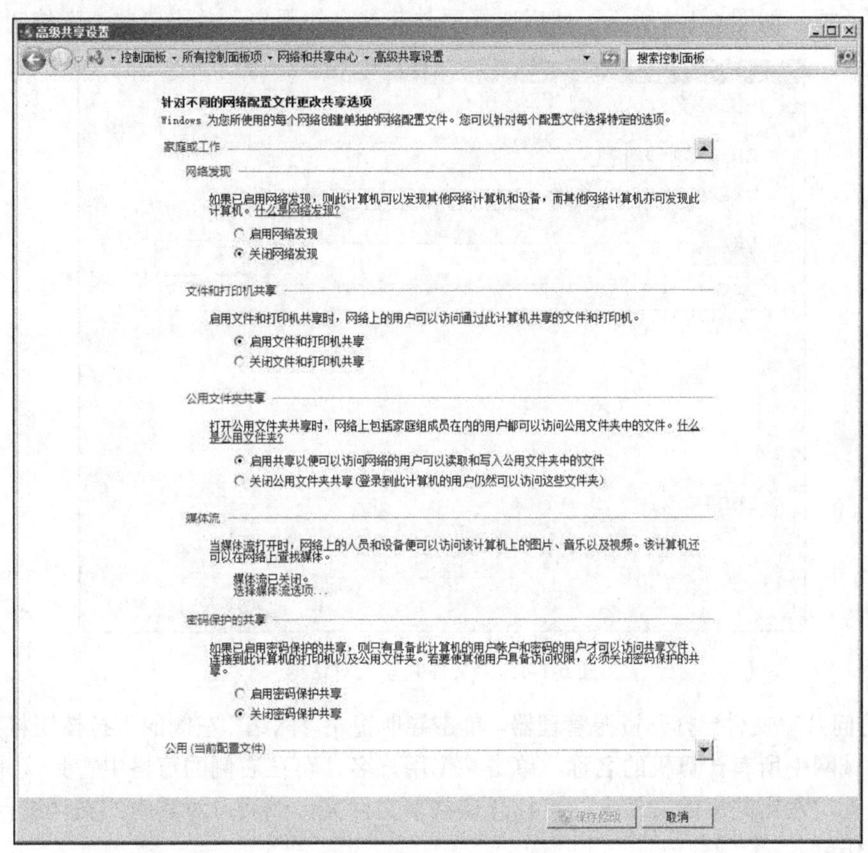

图 6-1-3 “高级共享设置”

3）取消禁用 Guest 用户，为了实现不同 Windows 系统之间可以正常连接，需要开启 Guest 账户。

4）本地安全策略设置。打开控制面板，单击“系统和安全”超链接，在打开的“系统和安全”窗口中单击“管理工具”超链接，在打开“管理工具”窗口中双击“本地安全策略”图标，或者按 Win+R 组合键，运行“gpedit.msc”命令，进入“本地安全策略”界面，单击“用户权限分配”，在右边的策略中找到“从网络访问此计算机”，打开后把可以访问此计算机的用户或组添加进来。找到“拒绝从网络访问这台计算机”，把 Guest 删除并保存即可。

5）关闭防火墙。防火墙有可能造成局域网文件的无法访问。进入“网络和共享中心”，单击“Windows 的防火墙”超链接，在打开的“Windows 防火墙”窗口中，单击“打开或关闭 Windows 防火墙”超链接，在打开的窗口中选中“关闭 Windows 防火墙”单选按钮，单击“确定”按钮保存。

6）启用 Windows 7 文件夹共享规则，防火墙关闭后，依次打开“Windows 防火墙”窗口检查防火墙设置，确保“文件和打印机共享”是允许的状态。

7）开启文件夹共享功能，右击需要共享的文件夹，在弹出的快捷菜单中选择“属性”命令，在打开文件夹属性对话框中选择“共享”选项卡，单击“共享”按钮，打开“文件共享”对话框，如图 6-1-4 所示。然后选择要与其共享的用户，单击“共享”按钮确定。

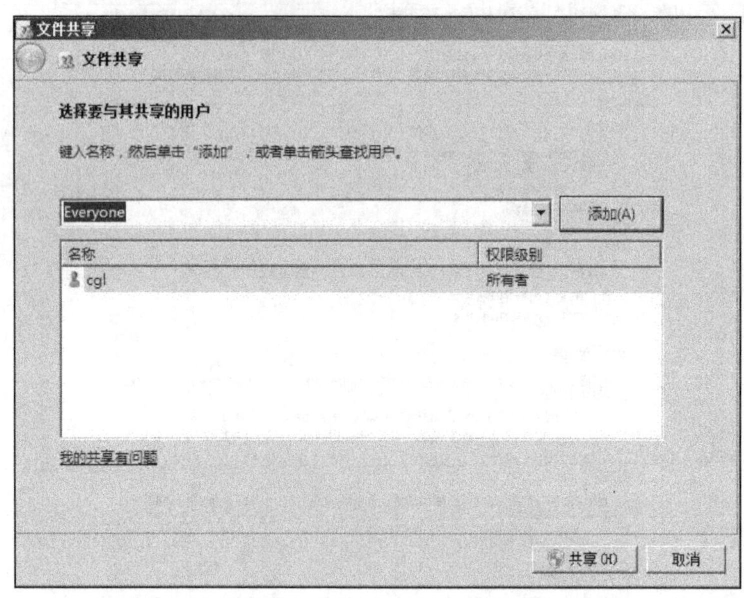

图 6-1-4　“文件共享”对话框

8）访问共享文件，打开资源管理器，单击导航窗格“网络”左侧的下拉按钮将其展开，可看到局域网中所有计算机的名称，单击某个用户名，可在右侧的窗格中看到该计算机共享的文件夹，双击共享的文件夹，可打开该共享文件夹，然后可对其中的文件进行打开、复制等操作。

9）共享目标打印机，在进行打印机共享前，需要启用“文件和打印机共享”功能，同时保证局域网中计算机能相互访问。在 xindaserver 上正确连接打印机，安装驱动程序，并共享这台打印机。然后在其他计算机上添加为共享的网络打印机。

4. 配置路由和远程访问

配置路由和远程访问，实现局域网共享上网，主要步骤如下。

1）首先保证计算机 xindaserver 上安装了两张网卡，一张网卡接外网，另一张网卡接内网的交换机，IP 地址设置如步骤 1，IP 地址信息如图 6-1-5 和图 6-1-6 所示。

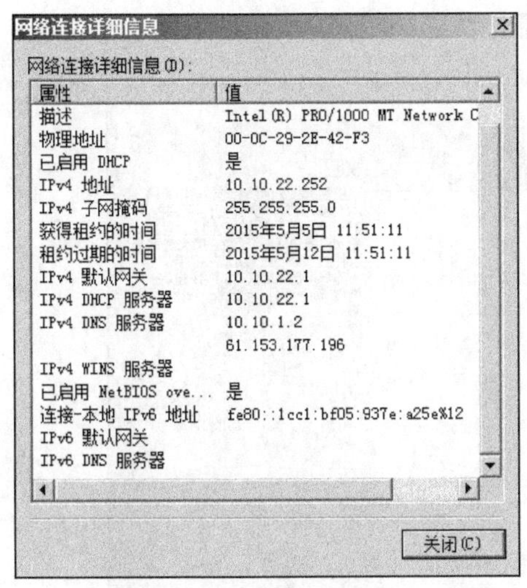

图 6-1-5 IP 地址信息（一）

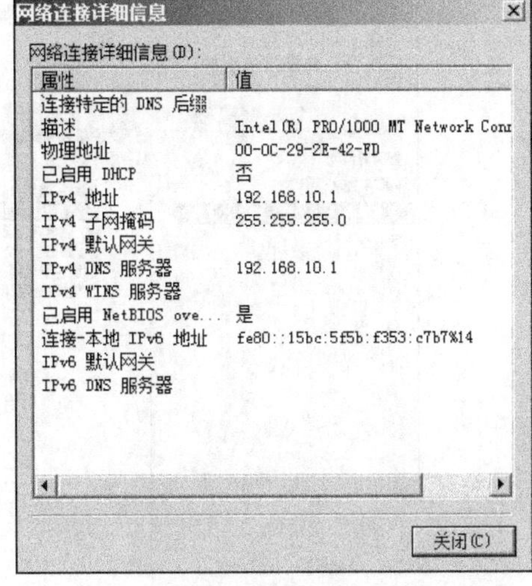

图 6-1-6 IP 地址信息（二）

2）服务器角色添加。打开“服务器管理器”窗口，右击“角色”，在弹出的快捷菜单中选择“添加角色”命令，在打开的“添加角色向导”的选择服务器角色界面中，选中“网络策略和访问服务”复选框，如图 6-1-7 所示。在角色服务中，选中“路由和远程访问服务”“远程访问服务”“路由”复选框，如图 6-1-8 所示。

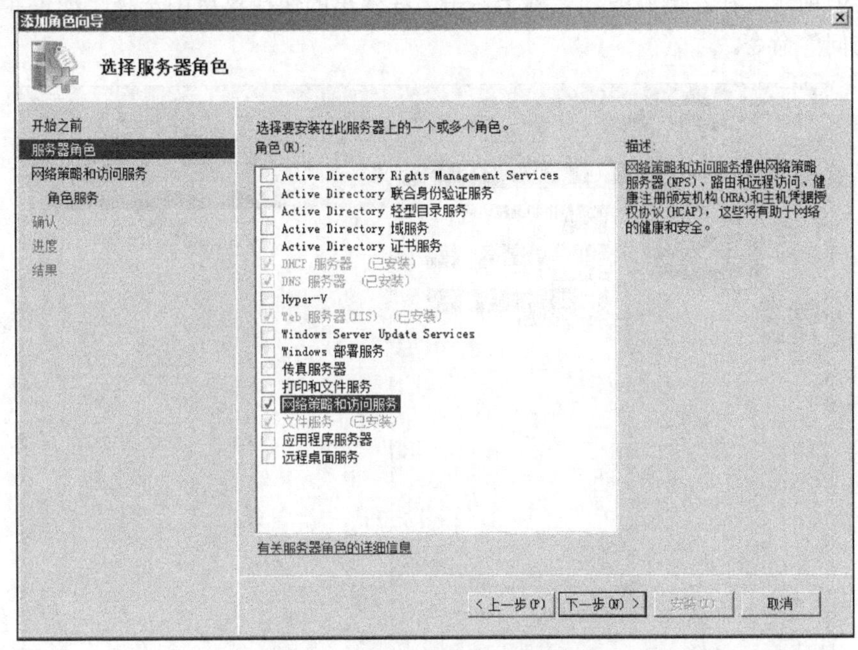

图 6-1-7 网络策略和访问服务

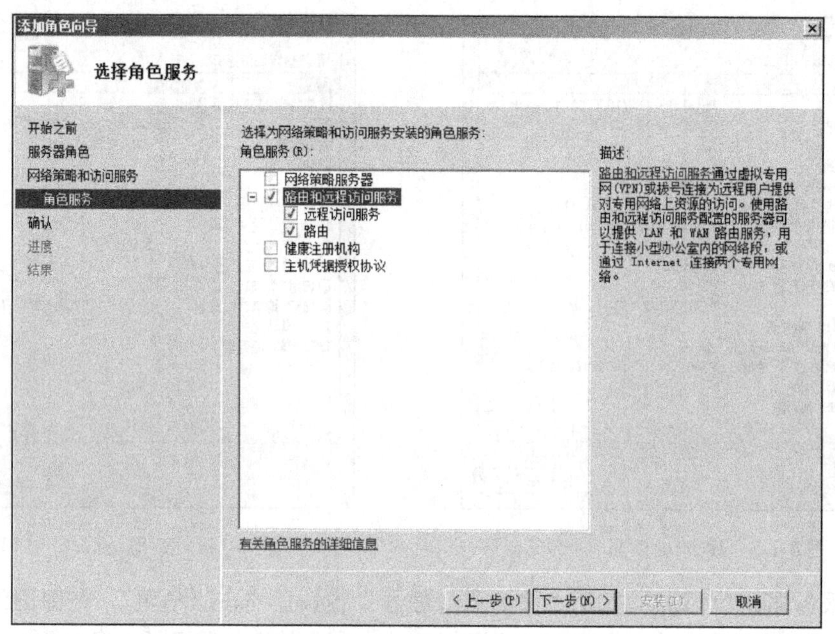

图 6-1-8　角色服务选择

3）配置路由和远程访问。打开“服务器管理器”窗口，单击“路由和远程访问”，如图 6-1-9 所示。在左侧服务器名称上右击，在弹出的快捷菜单中选择“配置并启用路由和远程访问”命令。

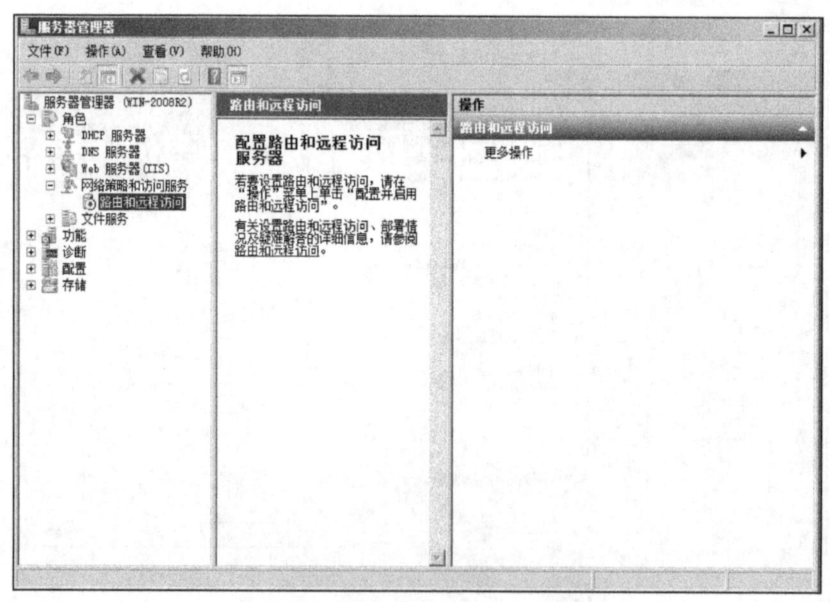

图 6-1-9　配置并启用路由和远程访问

4）NAT 配置。通俗地讲，NAT 就是在局域网内部网络中使用内部地址，而当内部网络需要与外部网络进行通信时，就在网关处，将内部地址替换成公用地址，从而在外部公网（Internet）上正常使用，NAT 可以使多台计算机共享 Internet 连接，这一功能很好地解决了公共 IP 地址紧缺的问题。通过这种方法，一个局域网可以只申请一个合法 IP 地址，就把整个局域网中的计算机接入 Internet 中。这时，NAT 屏蔽了内部网络，所有内部网计算机对于公共网络来说是不可见的，而内部网计算机用户通常不会意识到 NAT 的存在。

为了使局域网共享上网，需要配置 NAT，在进入“路由和远程访问服务器安装向导”后，单击“下一步”按钮在配置界面中，选中“网络地址转换（NAT）”单选按钮，如图 6-1-10 所示。

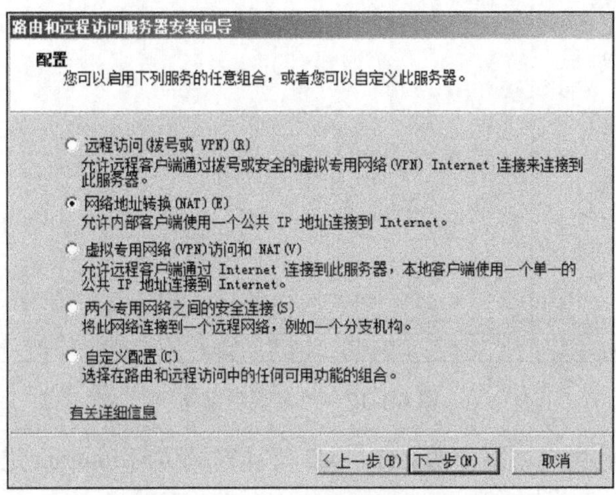

图 6-1-10　网络地址转换（NAT）

5）NAT Internet 连接。在 NAT Internet 连接界面中，选中“使用此公共接口连接到 Internet”单选按钮，选择“本地连接”，如图 6-1-11 所示。完成路由和远程访问服务器安装向导后，单击“常规”，打开“常规”窗格，如图 6-1-12 所示。默认配置下，路由和远程访问服务可以实现局域网内的计算机通过 NAT 服务器访问公共网络。

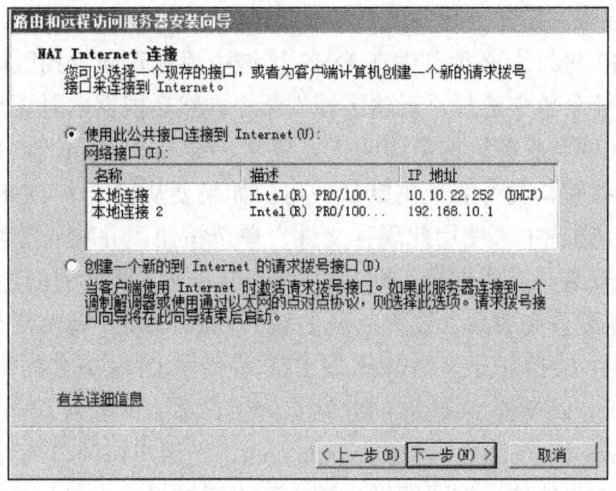

图 6-1-11　NAT Internet 连接

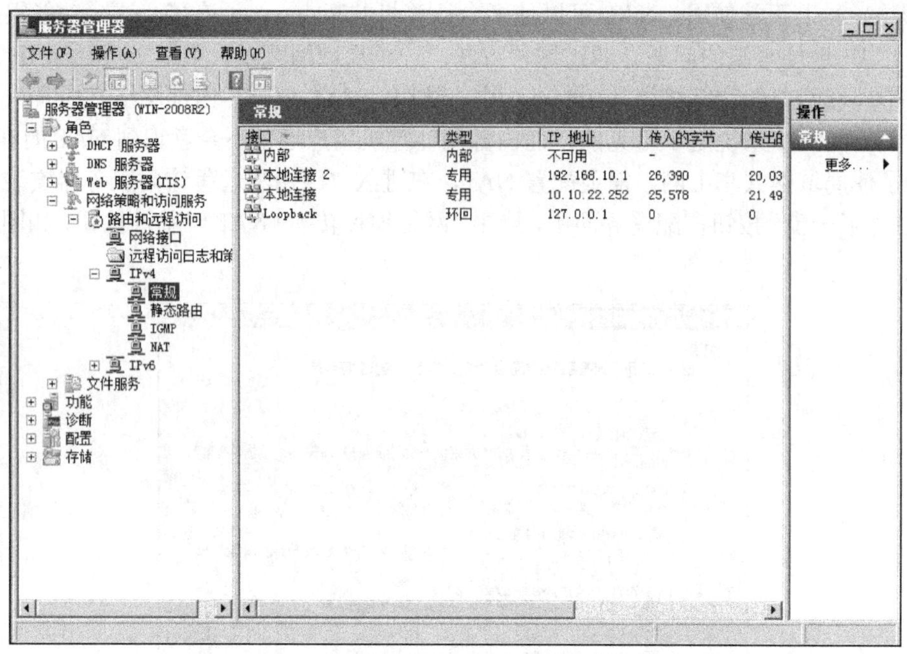

图 6-1-12 “常规”窗格

6）访问测试，利用局域网中的 xd1、xd2 等计算机访问 Internet 进行测试。

5. 配置 DNS 服务器

配置 DNS 服务器，实现用域名 www.xinda.com 访问自己的 Web 站点，主要步骤如下：

1）首先在服务器上添加 DNS 服务角色。打开“服务器管理器”窗口，右击“角色”，在弹出的快捷菜单中选择“添加角色”命令，在打开“添加角色向导”对话框中选中“DNS 服务器”复选框，然后根据向导逐步安装。

2）运行 DNS 服务。打开“管理工具”窗口，双击“DNS”图标，为了使 DNS 服务器能够将域名解析成 IP 地址，必须首先在 DNS 区域中添加正向查找区域。右击“正向查找区域”，在弹出的快捷菜单中选择“新建区域”命令。然后根据向导逐步配置，其中在区域名称界面中，输入在域名服务机构申请的正式域名，如 xinda.com，如图 6-1-13 所示。选中“创建新文件”单选按钮，文件名使用默认即可。如果要从另一个 DNS 服务器将记录文件复制到本地计算机，则选中“使用此现存文件”单选按钮，并输入现存文件的路径。单击“下一步”按钮继续安装，完成向导，即完成“xinda.com”区域的创建。

3）DNS 服务器配置完成后，要为所属的域（xinda.com）提供域名解析服务，还必须在 DNS 域中添加各种 DNS 记录，如 Web 及 FTP 等使用 DNS 域名的网站都需要添加 DNS 记录来实现域名解析。以 Web 站点和 FTP 站点为例，添加主机 A 记录，如图 6-1-14 所示。创建完成主机记录 www.xinda.com 和 ftp.xinda.com。当用户访问该地址时，DNS 服务器就可自动解析成相应的 IP 地址。按照同样步骤，可以添加多个主机记录。

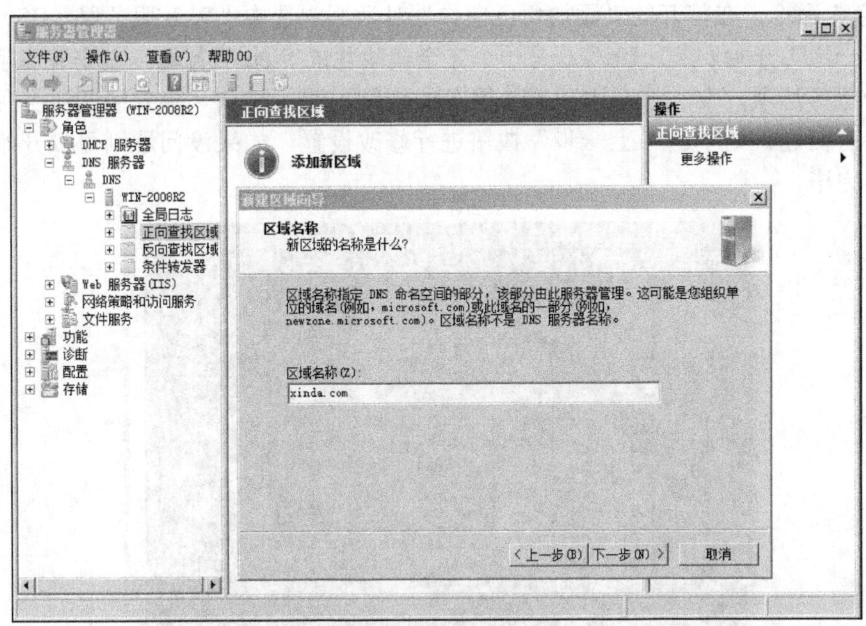

图 6-1-13 区域名称

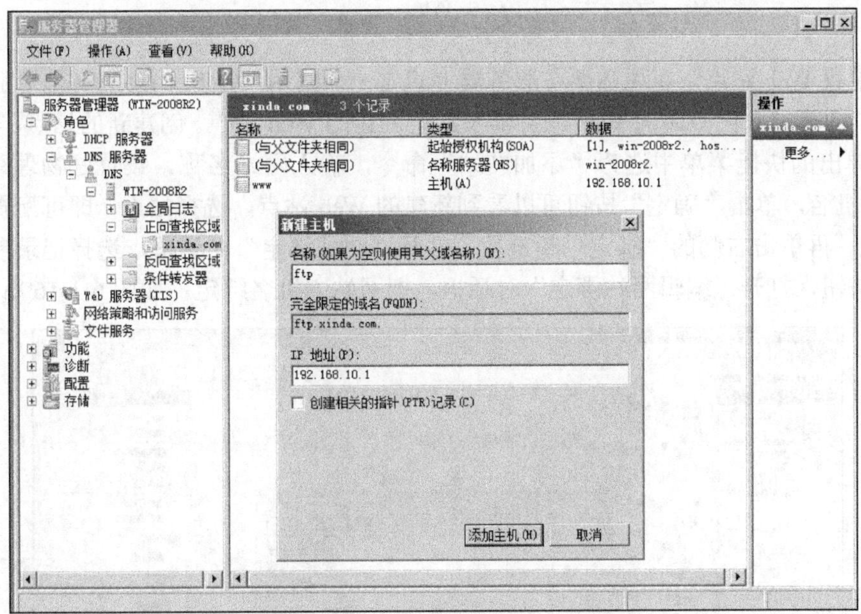

图 6-1-14 主机记录

4）运行测试，在服务器命令提示符下输入 ping www.xinda.com 和 ping ftp.xinda.com，按 Enter 键，如图 6-1-15 所示，则表示域名解析成功。

6. 安装 IIS，配置 Web、FTP 服务

1）安装 IIS。打开“服务器管理器”窗口，右击“角色”，在弹出的快捷菜单中选择

“添加角色”命令，在打开的“添加角色向导”对话框中选中“Web 服务器（IIS）”，然后单击“下一步”开始安装。IIS 7.0 是一个完全模块化的 Web 服务器，在安装步骤中，单击每一个服务选项，在右边会出现对该服务的详细说明；确认选择安装的服务种类和设置，如果有问题，则单击“上一步”按钮进行修改设置，如果没问题则可以开始安装，直到安装完毕。

```
C:\Windows\system32\cmd.exe
C:\Users\cgl>ping www.xinda.com

正在 Ping www.xinda.com [192.168.10.1] 具有 32 字节的数据:
来自 192.168.10.1 的回复: 字节=32 时间=1ms TTL=128
来自 192.168.10.1 的回复: 字节=32 时间<1ms TTL=128
来自 192.168.10.1 的回复: 字节=32 时间=1ms TTL=128
来自 192.168.10.1 的回复: 字节=32 时间=2ms TTL=128

192.168.10.1 的 Ping 统计信息:
    数据包: 已发送 = 4, 已接收 = 4, 丢失 = 0 (0% 丢失),
往返行程的估计时间(以毫秒为单位):
    最短 = 0ms, 最长 = 2ms, 平均 = 1ms

C:\Users\cgl>ping ftp.xinda.com

正在 Ping ftp.xinda.com [192.168.10.1] 具有 32 字节的数据:
来自 192.168.10.1 的回复: 字节=32 时间<1ms TTL=128
来自 192.168.10.1 的回复: 字节=32 时间<1ms TTL=128
来自 192.168.10.1 的回复: 字节=32 时间<1ms TTL=128
来自 192.168.10.1 的回复: 字节=32 时间<1ms TTL=128

192.168.10.1 的 Ping 统计信息:
    数据包: 已发送 = 4, 已接收 = 4, 丢失 = 0 (0% 丢失),
往返行程的估计时间(以毫秒为单位):
    最短 = 0ms, 最长 = 0ms, 平均 = 0ms

C:\Users\cgl>
```

图 6-1-15 运行测试

2）配置 Web 站点。首先需要在服务器上建立一个网站，打开“Internet 信息服务管理器”窗口，即可看到已安装的 Web 服务器及默认创建的 Web 站点。创建新的站点，右击“网站”，在弹出的快捷菜单中选择“添加网站”命令，输入网站名称，设置好物理路径、IP 地址、主机名，单击“确定”按钮可以看到新建的 Web 站点，选择站点，即可配置站点的所需选项。再单击右侧的“绑定”超链接，打开“网站绑定”对话框，选择记录项，单击“编辑”按钮，打开“编辑网站绑定”对话框，把网站主机名绑定，如图 6-1-16 所示。

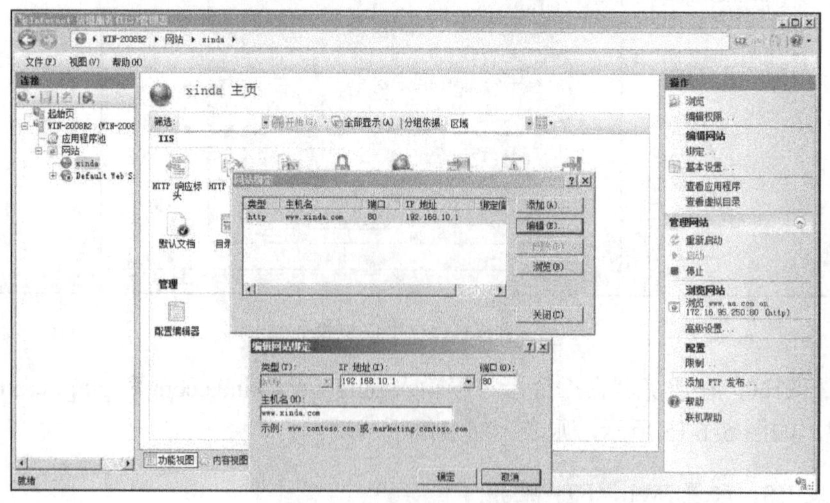

图 6-1-16 编辑网站绑定（一）

3）配置 FTP 站点。打开“管理工具”窗口，双击“计算机管理”图标，打开“计算机管理”窗口，选择“本地用户和组”下的“用户”选项；在空白处右击，在弹出的快捷菜单中选择“新用户”命令，输入用户名，全名和描述可以不填写；输入两遍密码；可以设置“用户不能修改密码”和“密码永不过期”；单击“创建”按钮；创建新用户如图 6-1-17 所示。

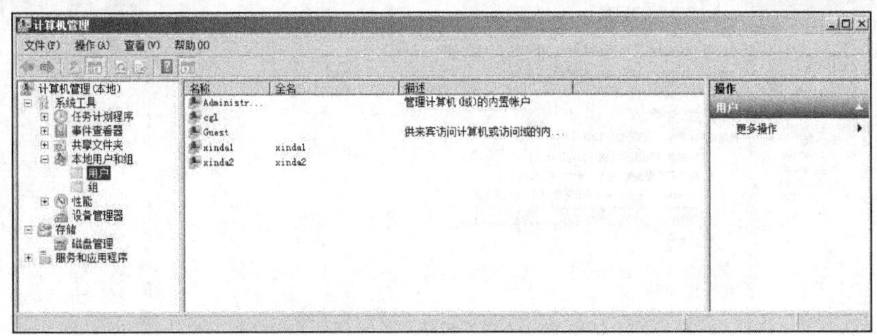

图 6-1-17 创建新用户

然后，为每个用户创建主目录，首先必须在 FTP 服务器默认的根文件夹 C:\inetpub\ftproot 下创建一个目录，该目录命名为 LocalUser。接下来，在该目录下为将访问 FTP 站点的每个用户账户创建一个用户目录，目录名与用户名相同；为匿名用户创建 public 目录。

下一步，打开“服务器管理器”窗口，选择“角色”→“Web 服务器 IIS”→“Internet 信息服务（IIS）管理器”命令，打开“Internet 信息服务（IIS）管理器”界面；选择左侧“连接”窗格中的“网站”，单击右侧“操作”窗格中的“添加 FTP 站点”超链接；启动“添加 FTP 站点”向导，输入 FTP 站点名称和 FTP 指向的路径 C:\inetpub\ftproot，依向导完成配置。

在“Internet 信息服务（IIS）管理器”界面中选中建好的 FTP 站点，单击右侧的“绑定”超链接，打开“网站绑定”对话框，选择记录项，单击“编辑”按钮，打开“编辑网站绑定”对话框，如图 6-1-18 所示，把站点主机名绑定。

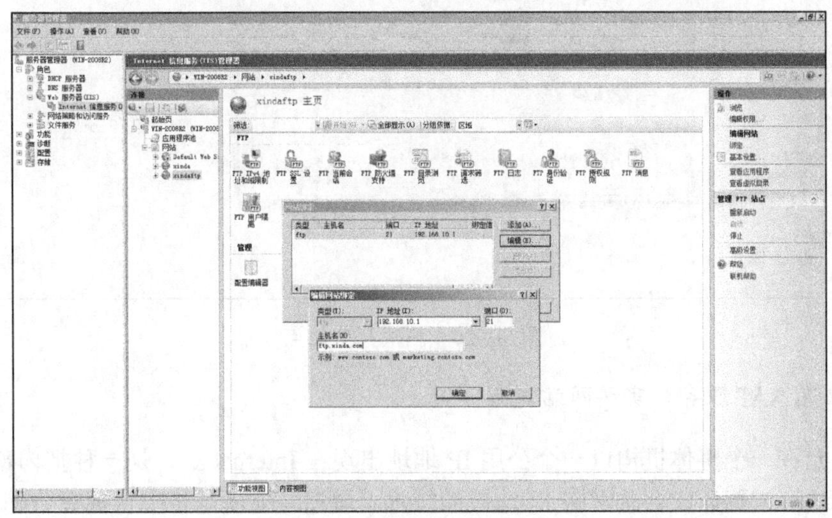

图 6-1-18 编辑网站绑定（二）

双击右侧窗口中的“FTP 用户隔离”，打开如图 6-1-19 所示界面，选中“隔离用户”中的“用户名目录（禁用全局虚拟目录）”单选按钮，应用配置。

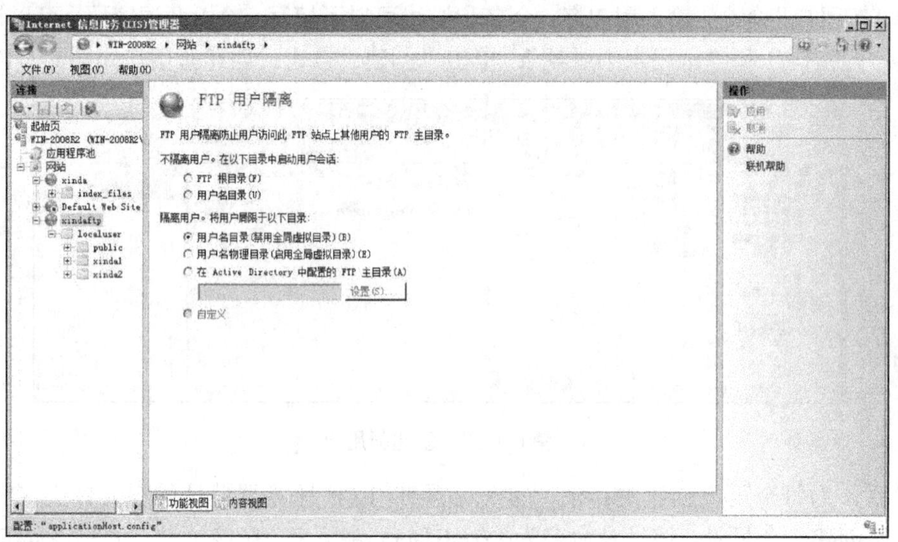

图 6-1-19　FTP 用户隔离

4）在计算机 xd1 或 xd2 上，打开 IE 浏览器，输入 http://www.xinda.com 进行访问 WEB 站点进行测试。输入 ftp://ftp.xinda.com，测试 FTP 站点，如图 6-1-20 所示。

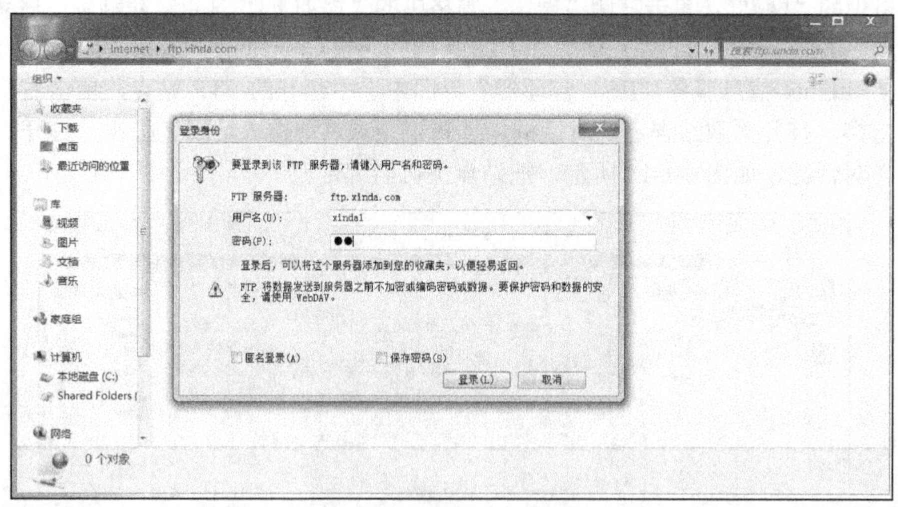

图 6-1-20　测试 FTP 站点

7. 配置 NAT 服务，实现网站发布

NAT 允许一个整体机构以一个公用 IP 地址出现在 Internet 上，是一种把内部私有网络地址（IP 地址）翻译成合法网络 IP 地址的技术。端口映射就是将一台拥有公网 IP 地址的计算机的某一个端口映射到一台内网计算机的某一个端口上，这样 Internet 用户就可以通过

该公网 IP 加端口号的方式访问内网计算机上的站点了，不过这需要 NAT 服务器拥有合法的公网 IP。这里利用 NAT，实现将内网的 Web 站点发布到公网的目的。主要步骤如下：

1）打开“管理工具”窗口，双击“路由和远程访问”图标，打开“路由和远程访问”窗口，选择“NAT”选项，选择右侧的接入公网的网卡，右击“本地连接”，在弹出的快捷菜单中选择“属性”命令，打开“本地连接 属性”对话框，在“NAT”选项卡中进行设置如图 6-1-21 所示。

2）选择“服务和端口”选项卡，选中“Web 服务器（HTTP）”复选框，如图 6-1-22 所示。

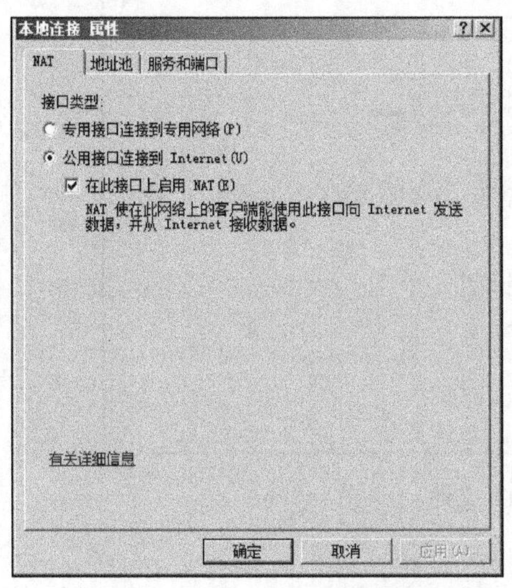

图 6-1-21 NAT 选项设置

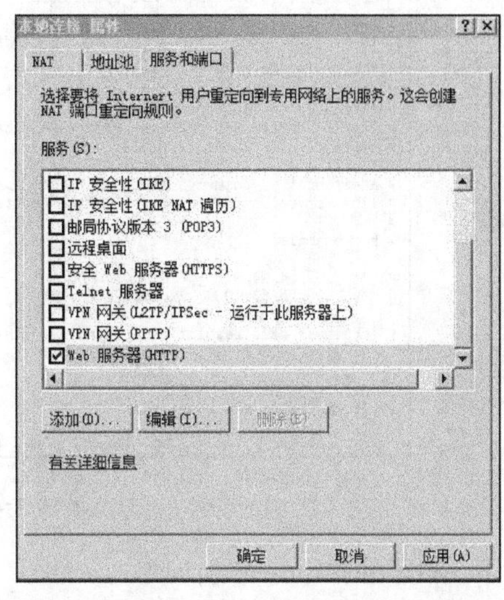

图 6-1-22 服务和端口

3）单击“编辑”按钮，打开如图 6-1-23 所示“编辑服务”对话框，输入专用地址为内网 Web 站点的 IP 地址。

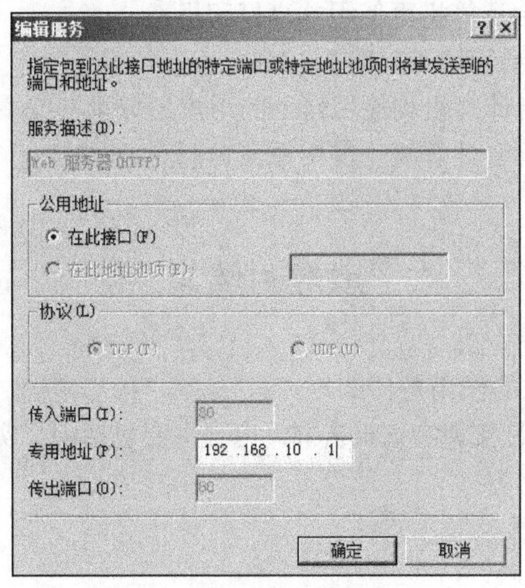

图 6-1-23 输入专用地址

4）在外网的任一台计算机上访问测试，可利用 HOSTS 文件实现，这是将一些常用的网址域名与其对应的 IP 地址建立一个关联的“数据库”文件，这里的 IP 地址则是指接入外网的公网地址。如果计算机的操作系统是 Windows XP/Windows 7/Windows 8，并且安装在 C:\WINDOWS，那么 HOSTS 文件所在的位置，就在 C:\WINDOWS\system32\drivers\etc 中。用记事本打开该文件，配置如图 6-1-24 所示。然后在 IE 浏览器中输入域名 www.xinda.com 进行测试。

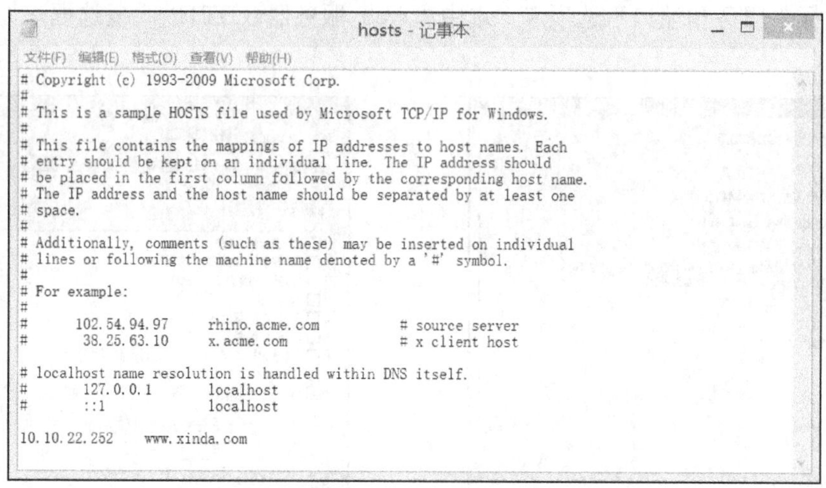

图 6-1-24 HOSTS 文件

8. 测试验收

测试验收要点主要如下。

1）局域网的任意一台计算机动态获取 IP 地址及相关信息。

2）局域网的任意一台计算机上访问共享文件夹。

3）局域网的任意一台计算机可使用共享打印机。

4）局域网内任意一台计算机能够访问 Internet。

5）局域网的任意一台计算机均能用自己的用户名登录 FTP 站点进行上传或下载文件。

6）内网、公网任意一台计算机均能用域名访问 Web 站点。

思考与练习

（1）什么是 NAT？它的作用是什么？

（2）提交一份综合项目实训实训报告书，内容主要包括项目实训目的、网络拓扑结构、实训步骤、收获体会等。

参 考 文 献

陈国浪．2008．网络基础与应用实务[M]．北京：中国电力出版社．

陈国浪．2010．Internet 应用教程[M]．北京：国防工业出版社．

简超，羊清忠．2010．中文版 Windows 7 从入门到精通[M]．北京：清华大学出版社．

刘垚．2011．计算机网络基础及应用教程[M]．北京：清华大学出版社．

龙马工作室．2014．Windows 7 实战从入门到精通(超值版)[M]．北京：人民邮电出版社．

闵军．2014．Windows Server 2008 R2 配置、管理与应用[M]．北京：清华大学出版社．

沈萍萍，张震，关辉．2012．计算机网络基础与实践应用[M]．北京：清华大学出版社．

宋彦民．2015．计算机网络技术基础[M]．2 版．北京：清华大学出版社．

肖庆．2013．计算机网络基础与应用[M]．北京：人民邮电出版社．

张博．2013．Windows Server 2008 R2 网络配置与管理[M]．北京：人民邮电出版社．